素言聚量电商 | 新媒体 · 新传播 · 新运营 系列丛书

短视频创作实战

微课版

王冠宁 张光 张瀛 李思维 | 主编

人民邮电出版社

北京

图书在版编目（CIP）数据

短视频创作实战 ： 微课版 / 王冠宁等主编. -- 北京 ： 人民邮电出版社, 2022.8
（新媒体·新传播·新运营系列丛书）
ISBN 978-7-115-59309-2

Ⅰ. ①短… Ⅱ. ①王… Ⅲ. ①视频制作 Ⅳ. ①TN948.4

中国版本图书馆CIP数据核字(2022)第120320号

内 容 提 要

本书围绕短视频创作的理论和技术，采用理论与实践结合的编写方式，通过大量短视频创作的案例来讲解短视频创作的方法，并结合实战演练帮助读者增强短视频创作的能力。

本书主要内容包括短视频内容策划，短视频拍摄前期准备，短视频拍摄实用方法，电商类短视频创作，抖音、快手等平台类短视频创作，微电影类短视频创作，短视频后期剪辑，短视频发布与推广等。

本书适合作为高等院校和职业院校相关专业短视频制作、微电影创作等课程的教材，也适合作为从事短视频或视频影像工作的相关人员的参考书。

◆ 主　　编　王冠宁　张　光　张　瀛　李思维
责任编辑　楼雪樵
责任印制　王　郁　彭志环

◆ 人民邮电出版社出版发行　　北京市丰台区成寿寺路 11 号
邮编　100164　　电子邮件　315@ptpress.com.cn
网址　https://www.ptpress.com.cn
雅迪云印（天津）科技有限公司印刷

◆ 开本：720×960　1/16
印张：14　　　　2022 年 8 月第 1 版
字数：297 千字　　　　2024 年12月天津第 5 次印刷

定价：59.80 元

读者服务热线：(010)81055256　印装质量热线：(010)81055316
反盗版热线：(010)81055315
广告经营许可证：京东市监广登字 20170147 号

前　言

党的二十大报告指出，加快发展数字经济，促进数字经济与实体经济深度融合，打造具有国际竞争力的数字产业集群。短视频这一形式将是发展数字经济的有力支撑。

随着互联网技术和多媒体技术的不断发展，短视频已经完全融入了人们的日常生活，成为人们记录、传播和交流信息的重要工具。无论是时事新闻、人物故事，还是商业宣传、旅游风景，抑或是美食美妆、生活故事等，都能够通过短视频进行分享。对于短视频的创作者而言，自己创作的作品能够被用户喜欢，一方面会非常有成就感，另一方面还可能取得一定的收益，是两全其美的事。要想短视频取得这样的效果，创作者应在策划、拍摄、剪辑、发布等环节做足功课。基于此，我们编写了本书，让读者能够通过学习书中的知识，在短视频创作的道路上取得长足的进步。

一、本书的内容

本书以应用性和实用性为原则，既有短视频创作的基础知识，也有丰富的短视频拍摄与剪辑实例供读者实践。全书共 8 章，下面分别进行介绍。

- **第 1 章：** 主要讲解短视频内容策划的相关知识，包括短视频的特点与优势，短视频的类型与短视频平台，短视频的创作过程、账号定位、选题策划、内容结构规划、脚本撰写等内容。
- **第 2 章：** 主要讲解短视频拍摄前的各种准备工作，包括组建短视频拍摄团队、准备短视频拍摄器材与设备、准备拍摄场地和道具，以及短视频素材的收集与处理等内容。
- **第 3 章：** 主要讲解拍摄短视频的实用方法，包括短视频的构图方法、景别的使用、固定镜头与运动镜头的使用、转场的设计，以及现场布光的技巧等内容。
- **第 4 章：** 主要讲解电商类短视频的创作，包括电商类短视频及其分类、产品展示类短视频的拍摄方法、场景测试类短视频的拍摄方法等内容。
- **第 5 章：** 主要讲解抖音、快手等平台类短视频的创作，包括平台类短视频的特点与创作要点、推荐分享类短视频的拍摄方法、生活娱乐类短视频的拍摄方法等内容。

- **第 6 章：**主要讲解微电影类短视频的创作，包括微电影类短视频与微电影的区别、微电影类短视频的特点、情感类短视频的拍摄方法、公益类短视频的拍摄方法等内容。
- **第 7 章：**主要讲解短视频后期剪辑的方法，包括使用 Audition 剪辑音频的方法、使用 Premiere 剪辑短视频的方法，以及使用剪映 App 剪辑短视频的方法等内容。
- **第 8 章：**主要讲解短视频的发布与推广，包括发布电商类短视频，发布抖音、快手等平台类短视频，短视频发布技巧，短视频推广渠道与技巧等内容。

二、本书的特点

本书的主要特点如下。

（1）循序渐进。本书从短视频的基础知识开始讲解，逐一介绍了短视频的策划、拍摄准备、拍摄、剪辑、发布和推广等各个环节的知识。

（2）实用性强。本书每一章都以实用为出发点，对理论知识进行了精简，让读者可以从理论知识中快速汲取实用信息；对案例和操作做了详细介绍，让读者能够根据讲解掌握操作。

（3）案例丰富。本书不拘泥于教条式的讲解方式，而是安排了大量生动的案例，可读性强，更利于读者学习。

（4）提供视频讲解。本书不仅配套视频，对于操作内容还配有讲解视频，读者可以扫描二维码观看，以便直观地掌握相关操作。

（5）配套资源丰富。本书配套了 PPT 课件、实例的素材与效果等丰富的教学资源，读者可前往人邮教育社区（www.ryjiaoyu.com）免费下载使用。

由于编者水平有限，书中难免有疏漏和不足之处，敬请广大读者批评指正。

编 者

2023 年 4 月

目　录

第 1 章　短视频内容策划

第 2 章　短视频拍摄前期准备

第 3 章 短视频拍摄实用方法

第 4 章 电商类短视频创作

第5章　抖音、快手等平台类短视频创作

第6章　微电影类短视频创作

第7章　短视频后期剪辑

第 8 章 短视频发布与推广

第 1 章

短视频内容策划

移动互联网技术的发展、智能手机的普及等因素使得人们的碎片时间被充分利用起来。在这种背景下，短视频应运而生，用户可以随时随地利用短视频来打发时间，而热门短视频不仅能在网络中快速走红，也能让创作者获得收益。创作者要想创作出优质的短视频，首先需要做好短视频内容策划。

【学习目标】

- 了解短视频的基础知识
- 掌握短视频账号定位的知识
- 掌握短视频选题策划的技巧
- 熟悉短视频内容结构的规划
- 掌握短视频脚本的撰写思路和技巧

1

1.1 浅谈短视频

自2011年“GIF快手”诞生以来，各类短视频开始层出不穷，我国短视频行业也经历了萌芽、成长、爆发和成熟发展阶段。下面对短视频的基础知识进行简要介绍，帮助大家深入了解短视频。

1.1.1 短视频为什么这么火

短视频到底有多火？《2021中国网络视听发展研究报告》显示，在泛网络视听领域中，短视频领域的市场规模最大，占比达34.1%，市场价值高达2 051.3亿元，同比增长57.5%；短视频的用户使用率最高，达88.3%，用户规模达8.73亿；20.4%的用户第一次上网时使用的是短视频应用。那为什么短视频这么火呢？这与它的特点和优势密不可分。

1. 短视频的特点

短视频具有鲜明的特点，总结起来就是“短、低、快、强”，如图1-1所示。

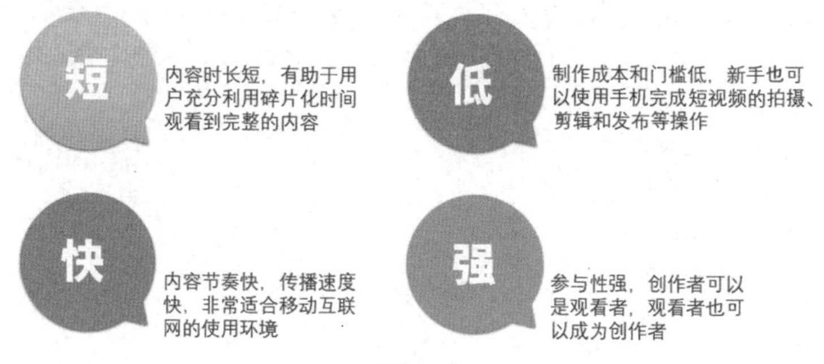

图1-1

2. 短视频的优势

短视频的上述特点使其拥有独特优势，包括满足移动时代碎片化的信息需求、具备较强的社交互动性、传播效率高，以及具备较强的营销能力等。

（1）满足移动时代碎片化的信息需求

短视频不仅符合并满足用户对于内容信息的碎片化需求，也迎合了当下用户的生活方式和思维方式。首先，用户可以利用手机等移动设备在零碎、分散的时间中接收内容信息，如上下班途中、排队等候的间隙等。其次，短视频时长较短，传递的内容信息简单直观，用户不需要进行太多的思考便能够理解其含义。

（2）具备较强的社交互动性

短视频拍摄和发布等操作的门槛较低，为创作者与用户之间的互动交流提供了很大便利。另外，各大社交平台都积极开辟短视频板块，如微博“视频”专区和微信“视频号”

等，如图 1-2 所示。用户不仅可以观看短视频，还可以对短视频进行点赞、评论、收藏、转发等操作，这强化了短视频的社交属性。

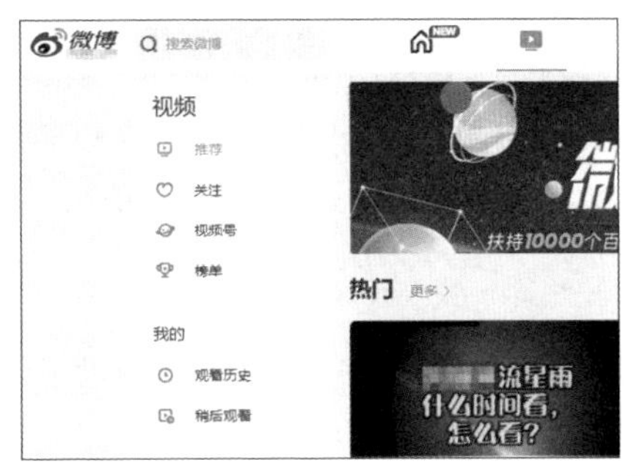

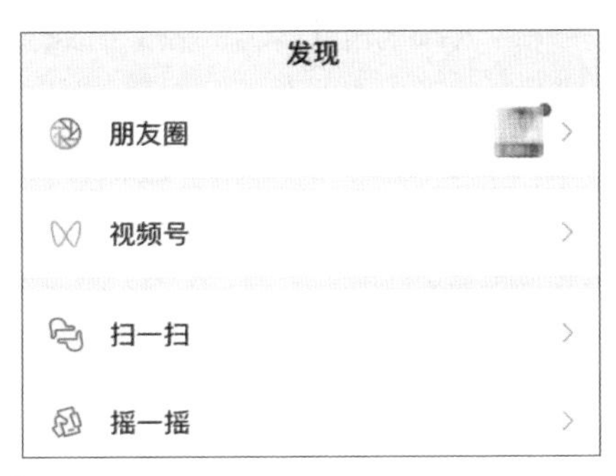

图 1-2

（3）传播效率高

短视频是目前在单位时间内信息传递效率较高的一种表达方式，这种优势使得它在任何时间都能得以广泛传播和分享，因此逐渐占据了人们的碎片时间。

（4）具备较强的营销能力

短视频的特点和优势，使得短视频平台越来越受到用户的青睐，大量的用户对短视频的需求从单纯的娱乐和社交转向了购物消费。粉丝量多的创作者可以在短视频中植入商品或品牌广告，从而获得不错的营销效果。

1.1.2 认识不同的短视频类型和短视频平台

认识不同的短视频类型和短视频平台，有助于创作者更好地进行短视频内容策划。

1. 短视频类型

按内容分类，短视频包括 7 种类型，如图 1-3 所示。

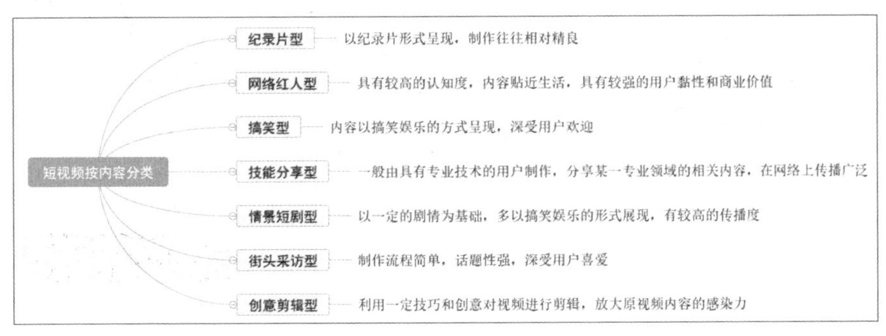

图 1-3

另外，按短视频的创作者分类，短视频可以分为用户生成内容（User Generated Content，UGC）、专业用户生产内容（Professional User Generated Content，PUGC）和专业

生产内容（Professional Generated Content，PGC）3 种。其中，UGC 表示由普通用户自主制作并上传的短视频，其特点在于制作成本低、制作简单，但商业价值也较低（随着广告形式的变化，UGC 凭借其真实、贴近生活的属性，商业价值日益凸显）；PUGC 表示由在专业领域拥有专业知识或拥有一定用户基础的用户制作并上传的短视频，其特点在于制作成本较低，制作时经过一定的策划，商业价值较高；PGC 表示由通常独立于短视频平台的专业机构制作并上传的短视频，其特点在于制作成本高，制作难度大，商业价值高。

2. 短视频平台

短视频平台是短视频发布和传播的渠道，了解各个短视频平台的特点，有助于创作者更有针对性地选择合适的平台来进行短视频运营。

（1）淘宝

淘宝上的短视频能够帮助淘宝商家更直观地宣传商品，可以提高用户的推荐率、商品转化率，节约用户咨询的时间。在淘宝上，用户在商品详情页、店铺首页、订阅、逛逛等领域都可以看到短视频，图 1-4 所示为商品详情页中的短视频。

（2）抖音

抖音是一款音乐创意短视频社交软件，是目前非常热门的短视频平台。抖音的定位是“记录美好生活”，其致力于利用先进的算法为用户推送热门的短视频内容。同时，由于抖音拥有巨大流量，越来越多的商家选择在抖音上进行商品营销。图 1-5 所示为抖音的界面。

（3）快手

快手最初是一款用来制作和分享 GIF 图片的应用软件，后来才逐渐转型为短视频社区，成为供用户记录和分享各种短视频内容的平台。相较于抖音而言，快手更强调多元化、大众化和去中心化，受到广大三、四线城市用户的喜爱。图 1-6 所示为快手的界面。

图 1-4

图 1-5

图 1-6

（4）其他短视频平台

除上述几个热门的短视频平台外，目前还有许多短视频平台供用户选择，如小红书、微信视频号、哔哩哔哩等。

- **小红书：**小红书是一个生活方式分享平台。小红书最初注重分享境外购物经验，后来慢慢扩展到运动、旅游、家居、宠物、穿搭、美食等领域。图 1-7 所示为小红书的短视频界面。
- **微信视频号：**不同于微信的订阅号、服务号，微信视频号是一个以短视频为主的内容记录与创作平台，用户可以在此平台上发布时长不超过 1 分钟的短视频。图 1-8 所示为微信视频号的界面。
- **哔哩哔哩：**哔哩哔哩早期是一个动画、漫画、游戏内容创作与分享的视频网站，经过多年的发展，已经成为一个优质内容生产平台，其中包含短视频板块，用户可以在平台上发布各种短视频内容。图 1-9 所示为哔哩哔哩的短视频界面。

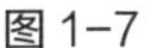
图 1-7

图 1-8

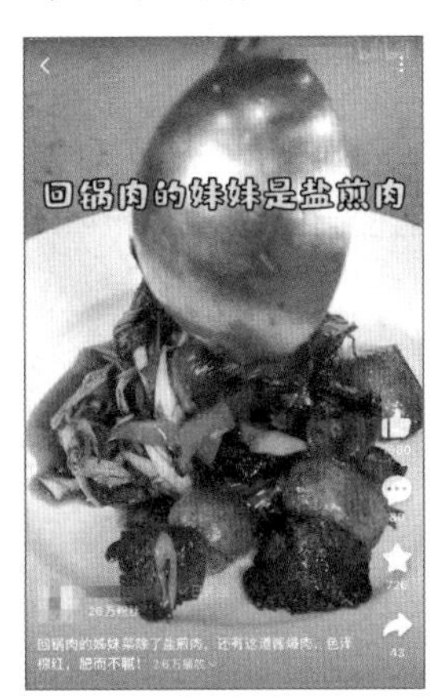

图 1-9

1.1.3 短视频是如何诞生的

短视频创作者要制作出优质的短视频，就需要完成定位、确定选题、创作、拍摄、剪辑和发布等工作。

微课视频

1. 定位

定位是指确定短视频将要呈现给用户的内容，就短视频而言，则主要针对的是账号定位。在进行定位前，创作者首先应当对短视频的商业变现方式有所了解。所谓商业变现，是指通过短视频吸引网络流量，然后将流量最终转化为现金收益。目前，短视频商业变现的主要方式有 4 种，如图 1-10 所示。

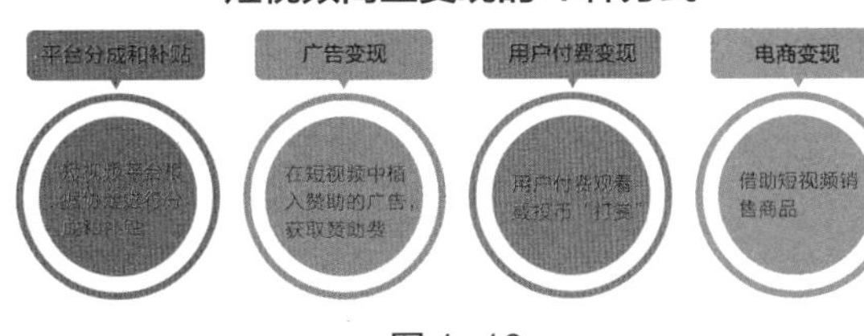

图 1-10

在明确了短视频的商业变现方式后，创作者就可以进行短视频账号定位了。例如，想通过短视频的流量来得到平台分成和补贴及得到广告赞助，那么账号定位可以偏向大众化；如果想借助短视频平台销售商品，则进行账号定位时应该针对精准用户。这方面的具体内容会在本章后面做进一步介绍。

2. 确定选题

确定选题即确定短视频的内容主题。创作者应该重视选题这一环节，确定内容主题后，一般不要轻易变动。很多新手刚开始创作短视频时往往采取“随拍随发”的方式，短视频没有明确的内容主题，显得十分空洞，因而被平台推荐的概率很低。

3. 创作

创作环节主要是针对选题进行脚本的撰写，也就是把短视频想要表达的内容提前写下来，明确哪些部分需要出镜讲解，哪些部分需要进行实物拍摄等。有了脚本后再进行拍摄，可以有效提高拍摄效率。

4. 拍摄

拍摄环节直接影响短视频的质量。同一内容主题的短视频，有的创作者可以拍摄得非常精致，有的创作者则拍摄得非常随意。而要想拍摄出高质量的短视频，创作者就应当全方位了解拍摄前的准备工作、拍摄器材的使用，以及各种拍摄方法和技巧。本书在后面也会重点对这个环节做详细介绍。

5. 剪辑

拍摄环节得到的视频素材往往需要进行剪辑，以将无用的内容删除，并将多个视频素材拼接起来，然后添加音效、文字、背景音乐、贴图等，增强短视频的感染力，提高短视频质量。

6. 发布

完成短视频剪辑后，创作者就可以将其发布到短视频平台，而发布时也需要掌握许多技巧，如选择短视频封面，借助当前网络热点等。成功发布后，短视频就可以在平台上被其他用户观看了。

1.2 账号定位

从商业的角度来看，定位是为了让商品更好地形成核心竞争力，让企业更高效地建立品牌。而短视频的账号定位是为了让用户知道你是谁、你传达的是什么内容、你的内容有什么特别之处。账号定位会影响账号后期的粉丝数量、引流效果及商业变现效率。

1.2.1 账号定位的基本原则

账号定位是创作者需要特别重视的环节，它主要包括人设定位、形象设计、表现形式等。账号定位的基本原则包括垂直原则、价值原则、差异原则、持续原则、深度原则，如图 1-11 所示。

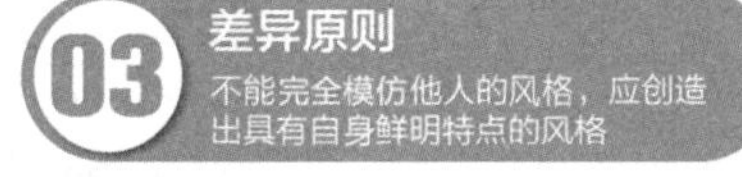

图 1-11

1.2.2 账号人设的定位

人设即人物设定，指在发布短视频前提前设定好人物的性格、身份及说话方式等。好的人设会提高账号的辨识度，使用户形成深刻印象。具体而言，定位账号人设有以下步骤。

1. 确定细分领域

确定细分领域是指确定短视频内容涉及的细分领域，如美食领域包括川菜、粤菜、湘菜等细分领域，健身领域包括无器械健身、有器械健身等细分领域。只有确定短视频内容涉及的细分领域，才能保证短视频的内容紧紧围绕该领域来创作。

2. 对标账号

对标账号指的是分析同领域账号的短视频，了解该领域用户的喜好，汲取同领域账号的优点，避免其缺点。例如，通过对标分析音乐剪辑类短视频，我们可发现许多用户并不喜欢短视频中包含创作者解说的内容。因此，如果我们想要创作这类短视频，则应尽量避免在短视频中添加解说内容。

3. 明确用户利益点

明确用户利益点是指明确用户浏览短视频后会获得的收益，如心情愉悦、增长知识、购买商品等。例如，当我们明确自己创作的短视频是为了让用户增长知识时，就应该尽量确保短视频内容既专业又通俗易懂。

4. 建立人设

完成上述 3 步后，创作者就可以建立有针对性的账号人设了。例如，某位创作者将自己的账号人设定位为“专注中老年奶粉的潮叔”。首先他确定了细分领域为中老年奶粉，然后通过分析同领域账号，了解到用户普遍不喜欢呆板过时的人物形象，于是将自己定位成一位穿着打扮很时髦，举止、谈吐很高雅的男士，并确定了用户的利益点是在愉快的氛围中增长知识，同时购买商品，最终建立了以诙谐而专业的方式销售中老年奶粉的时髦男士这一人设。

1.2.3 账号形象设计

确定人设后，创作者就可以围绕人设来设计短视频账号形象，让用户通过这个形象感受到账号人设的特质。以抖音为例，其账号形象设计主要涉及背景图、头像、名称、介绍与标签等，如图 1-12 所示。

图 1-12

1. 背景图

背景图的默认显示尺寸虽然并不大，但当用户下滑屏幕查看时，背景图会增大显示尺寸并呈现动态效果，因此背景图是账号形象的重要体现。背景图的选用可以参考以下建议。

- **强化内容：**这种方式适用于以个人、团队、宠物等出镜的短视频账号。如果短视频内容以宠物为主，那么背景图就可以选用可爱的宠物图片，以强化短视频内容，如图 1-13 所示；如果短视频内容以真人出镜解说为主，那么背景图就可以选用该人物的精美照片，以强化出镜者的特质，如图 1-14 所示。

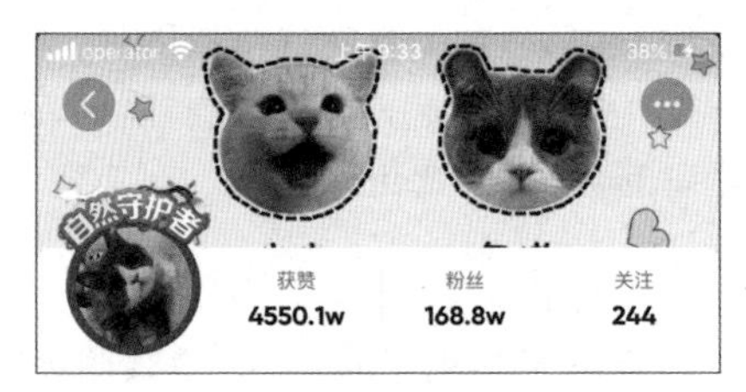

图 1-13

图 1-14

- **补充内容：**背景图是个人主页最抢眼的元素之一，使用背景图进行二次介绍，加深用户对账号的印象也是一种不错的方式，如图 1-15 所示。
- **心理引导：**心理引导是指利用极具特性的图片，向用户进行一定的心理暗示，让用户更深入地感受到创作者的性格和短视频内容的特质，如图 1-16 所示。

图 1-15

图 1-16

2. 头像

头像往往会对用户的第一印象产生较大影响，因此，选择好头像是账号形象设计至关重要的一项工作。

创作者在设置头像时，首先要让用户产生好感，吸引其点击查看；其次要符合自己的定位，如短视频账号定位是纯真的农村女孩，头像就应该是简单、朴实的风格。

高手秘技

创作者在设置以真人出镜的短视频账号的头像时，最好使用自己的正面自拍照或正面全身照，也可使用卡通形象，增加亲和力和感染力，如图 1-17 所示。而企业或各种组织注册的短视频账号的头像，可以选用企业或组织的商标、名称、标识（Logo）等，如图 1-18 所示。

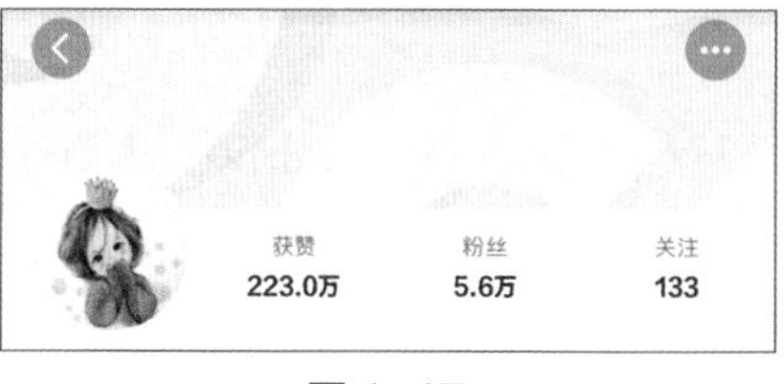

图 1-17

图 1-18

3. 名称

短视频账号的名称是一种具有独占性的符号，好的名称应该具有简短、简单、易记、易传播等特点。例如，某短视频账号的短视频内容主要是以搞笑生动的方式向大家推荐电影，那么其名称可以设置为“顽皮电影”。这个名称符合简短、简单、易记的原则，同时又区别于更为普遍的“搞笑电影”的名称，容易让用户形成深刻印象。

需要注意的是，短视频账号名称一旦设定，最好不要轻易改动，否则会让用户产生陌生感。

4. 介绍与标签

介绍与标签都是对账号信息的补充，创作者可以充分利用它们来向用户展示账号的特点。其中，介绍可以通过简短的语句进行说明，如中国青年报的官方抖音账号的介绍内容为“奋斗的青春最幸福”，这个介绍简短有力地说明了该短视频账号的定位——青春，并传播了正能量。

如果短视频账号有某种非常明显而强烈的特质，添加标签就是体现这种特质的好方式。例如，某个主打怀旧美食的短视频账号可以使用“美食”“怀旧”等标签。

1.2.4 短视频的表现形式

短视频的表现形式指的是短视频内容的展示方式，这需要创作者结合自己习惯或擅长的方式以及目标用户的喜好来共同决定。总体而言，短视频的表现形式可以分为图 1-19 所示的几种。

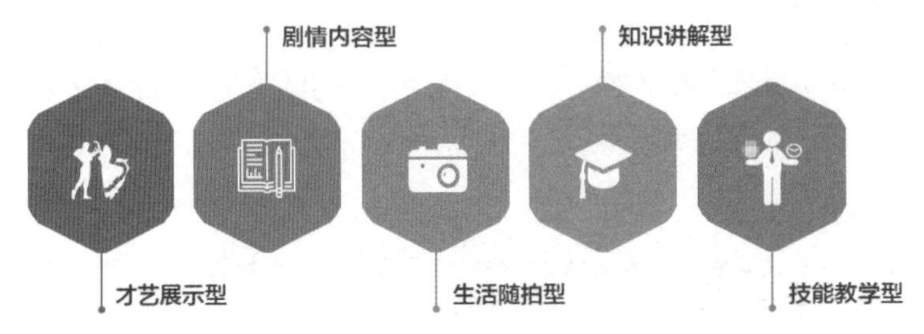

图 1-19

- **才艺展示型：** 创作者如果具备一定的才艺，可以在短视频中进行才艺展示，如舞蹈、书法等，如图 1-20 所示。
- **剧情内容型：** 这类短视频往往需要由团队进行创作，对脚本、拍摄、表演等的要求更高，但它可以在室内或室外等场景中演绎出短小而精彩的故事，如图 1-21 所示。
- **生活随拍型：** 这类短视频记录的是日常真实的生活场景，如图 1-22 所示，其目标用户是追求生活品质的年轻人。

图 1-20

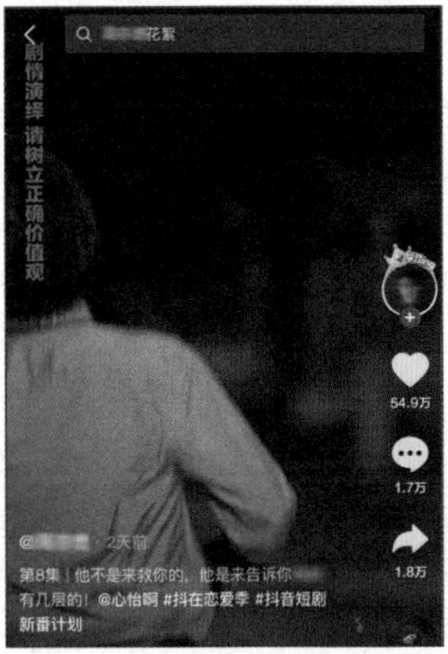

图 1-21

图 1-22

- **知识讲解型：** 短视频创作者如果对某个专业或行业领域较熟悉，可以通过知识讲解的形式拍摄视频，通过分享专业、严谨的知识吸引用户，如图 1-23 所示。
- **技能教学型：** 这类短视频主要是向用户传授各种技能技巧，以解决生活、工作或学习中常见的问题，如图 1-24 所示。

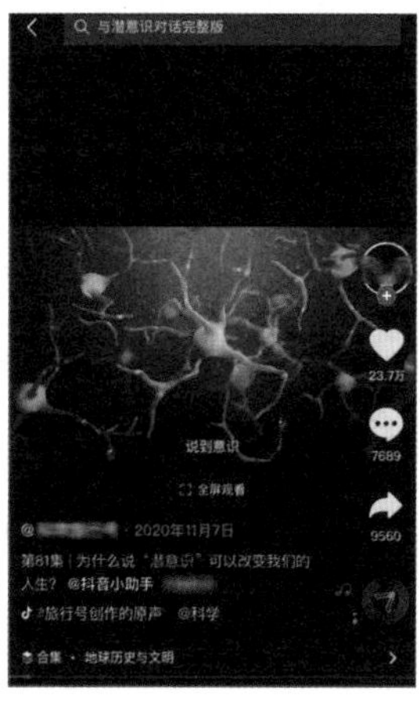

图 1-23

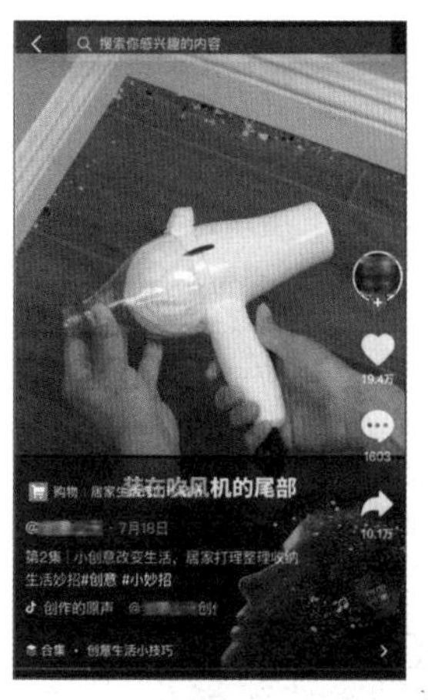

图 1-24

1.3 好的选题是短视频成功的一半

微课视频

选题是创作者对短视频内容的基本设想和构思，对短视频的后续创作十分重要。有了好的选题，短视频的质量就有了基本的保证。

1.3.1 如何使选题的来源“永不枯竭”

通常，选题可以分为常规选题、暂时选题和系列选题 3 种，如图 1-25 所示。

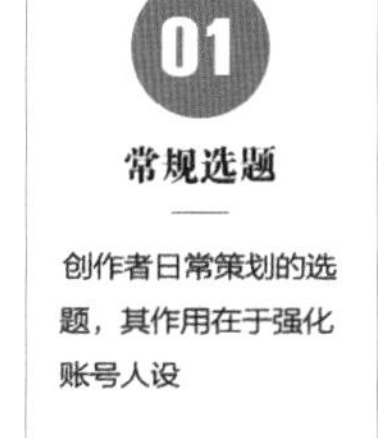

图 1-25

- **常规选题：** 对于常规选题，创作者一般应提前 1~2 天准备提纲、拟定标题、收集素材，进行耐心打磨。为了保证常规选题的来源，创作者一方面应该随时记录日常生活、工作、学习、娱乐时的场景、技能、状态，积累充足的素材，另一方面可以观看与自己账号定位相似的其他账号的短视频，从中找到灵感。另外，创作者还可以通过浏览影视剧、综艺节目等找到合适的选题并记录下来，充实自己的常规选题库。
- **暂时选题：** 对于暂时选题，创作者可以随时关注热点事件，从中选出与自己账号定位相符的热点事件进行策划，同时还可以随时收集各种热门资源，如背景音乐、贴纸、音效、表情等，以辅助暂时选题的策划。图 1-26 所示为根据北京冬季奥林匹克运动会这一热点事件创作的滑雪教学短视频。

- **系列选题：**对于系列选题，创作者应该在 1~2 周以前，针对即将到来的节日，或针对某个事件提前策划。图 1-27 所示为创作者针对某国发生海啸的系列选题。提前积累是策划系列选题的关键，创作者可以将符合账号定位的事件及时记录下来，并在后续将其策划为关联性和连续性强的系列短视频。

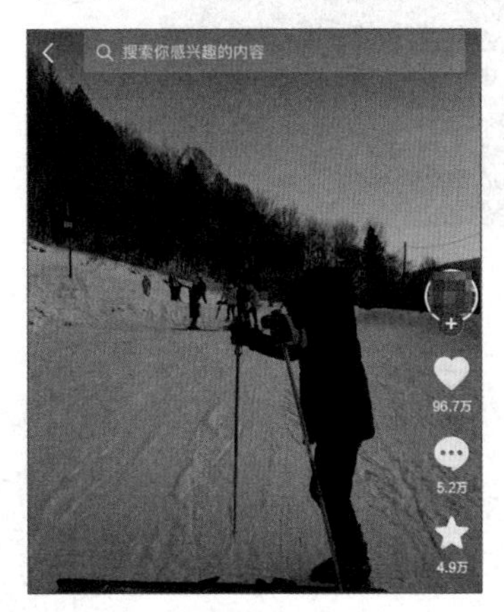

图 1-26

图 1-27

1.3.2 选题策划的核心原则

要想创作出“爆款”短视频，创作者需要遵守四大选题策划的核心原则，分别是符合规则、符合人设、体现创意、符合用户需求。

1. 符合规则

符合规则指的是符合短视频平台的规则，创作者不能创作涉及短视频平台明确的违规内容的短视频。

2. 符合人设

符合人设指的是短视频内容符合账号人设，如账号人设为运动达人，则短视频内容要与运动相关。

3. 体现创意

体现创意指的是短视频要具有创意，即便只是做出了一点微小的创新也会带来截然不同的效果。例如，其他短视频讲解了同一种解决手机内存不足问题的方法，而我们能提供更便捷的方法来解决用户的这一问题。

4. 符合用户需求

各大短视频平台都提供了用户画像功能，通过该功能创作者就能查看关注账号用户的具体情况，如性别、年龄、地域、活跃度等，并利用这些信息，进一步分析出用户的需求。

例如，某创作者分析出关注自己账号的用户以一、二线城市的中等收入的女性白领为主，她们对生活有较高的要求，不希望工作占据过多时间，并需要进行自我肯定和自我突破。通过对这类用户的分析，创作者就可以在短视频内容中给出提升生活品质、提升自我的有效方法，以增强用户的自信和乐观精神，如图 1-28 所示。

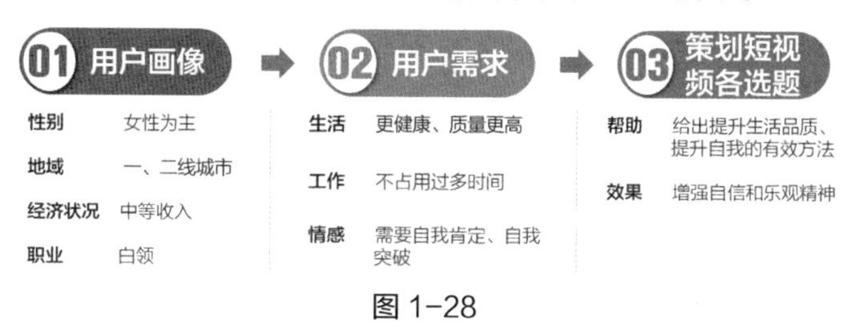

图 1-28

1.3.3 万能的短视频选题公式

在符合核心原则的前提下，创作者可以参考图 1-29 所示的短视频选题公式，从而适当避免选题枯竭的窘境发生。

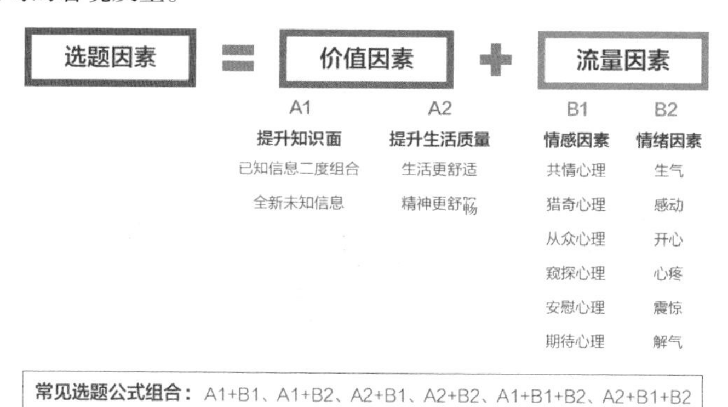

图 1-29

例如，图 1-30 所示的蔬果创意摆盘短视频，其选用的选题公式组合为“已知信息二度组合 + 期待心理 + 震惊”，即将大家都熟知的各种常见蔬果（已知信息二度组合），借助各种奇思妙想实现了创意摆盘，不仅提高了生活质量（期待心理），还让用户发现这些平常的蔬果经过设计后能变得如此精美（震惊）。

又如，图 1-31 所示的关于亚特兰蒂斯的短视频内容，就使用了“全新未知信息 + 猎奇心理 + 震惊”的选题公式组合。

图 1-30

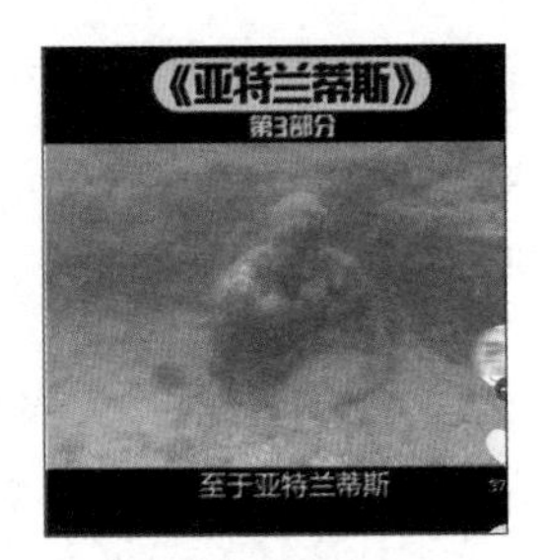

图 1-31

1.4 短视频内容结构规划要领

要想使时长有限的短视频得到用户的青睐，创作者就应该掌握短视频内容结构的规划要领。

1.4.1 短视频的吸引力法则

所谓短视频的吸引力法则，就是要在短视频的开头处设置一些诱因，在用户心中植入某种动机，使其建立观看期待，以制造出强大的吸引力。创作者可以参考以下几种设置诱因的方法。

1. 使用特殊文案

能建立观看期待的，不一定是短视频本身，配合短视频发布的介绍文案也可以制造悬念，引导用户观看短视频。如文案“没想到是这样的结局！”就会引起用户的好奇，而“猜中了开头没猜中结尾”就是一种亮点预告。图 1-32 所示便是几种容易建立观看期待的文案。

图 1-32

2. 明确告知

这种方式是指在短视频开头就明确告知用户短视频的主题或主要内容，然后进行详细讲解。只要抛出的主题足够有趣或与用户需求相关，该短视频就能引起用户的好奇心与求知欲，让用户产生看下去的欲望。常见的明确告知方式包括开场抛出问题、话题，如图 1-33 所示，或抛出利益点等。

3. 制造身份代入感

身份代入感可以让用户快速认同短视频内容，从而继续观看。要制造身份代入感，创作者可以在短视频开头处提及特定人群的地域、职业、爱好等属性，或共同关注的话题。图 1-34 所示为泰山挑山工工作的短视频，用户在观看时会自行代入体力劳动者这一特定身份，感叹体力劳动的不易，从而引发共鸣。

图 1-33

图 1-34

4. 视觉冲击

若短视频能给用户带来视觉冲击，用户会产生继续观看的强烈欲望。视觉冲击不仅可以是罕见的美景，也可以是意外的场面、新奇的玩法或各种反差较大的画面组合等，只要是奇特而少见的事物，或不一样的视觉效果、剪辑手法，都会给用户带来视觉上的冲击，让他们的视线被牢牢吸引。图 1-35 所示的模拟飞机飞行的短视频就能给用户带来较大的视觉冲击。

5. 人物魅力

有些用户很看重创作者的个人魅力，包括外貌、气质、妆容、穿着、谈吐、举止等各个方面，如图 1-36 所示。创作者可以充分发掘自身的魅力，并在短视频开头处进行展示，从而吸引用户的注意力。

图 1-35

图 1-36

6. 音乐

音乐是短视频中不可忽视的元素，不同风格的音乐会带给用户不同的情绪反应，从而直接建立起相应的观看期待。短视频如果一开场就配有动听的音乐，很可能会让用户产生继续观看的冲动。尤其是短视频平台中被广泛使用的热门音乐，其在用户心目中往往与某类短视频内容绑定在一起，用户一听到该音乐，就会对短视频内容产生相应的期待。

1.4.2 规划短视频内容结构的步骤

为了更好地规划短视频的内容结构，创作者可以将整条短视频的播放进程划分为 6 个步骤，其中每个步骤对应不同的目标和时间，如图 1-37 所示。

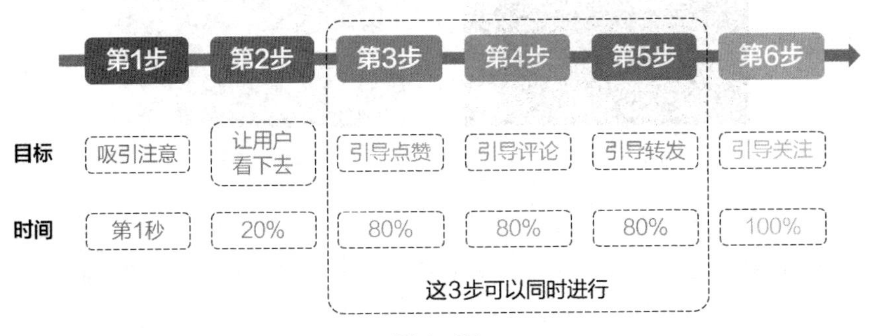

图 1–37

- **第 1 步：** 这一步的目标是吸引用户注意，从而提升短视频的完播率。用户对短视频的耐心度很低，因此短视频在第 1 秒就要引起用户好奇、惊讶，或让用户产生共鸣等，使其注意到这条短视频。
- **第 2 步：** 用户点击短视频后，有可能随时结束观看，因此这一步就是要想尽办法让用户继续观看，例如持续输入优质内容，吸引用户继续观看，或者使用户持续保持好奇，又或者让用户感到舒心、开心等。
- **第 3~5 步：** 从这一步开始，创作者需要引导用户进行各种互动操作，如点赞、评论、转发等，要想实现这些目标，创作者需要明确用户的需求，包括笑点、泪点等，让用户产生共鸣，进而可以更好地实现与用户的互动，引导用户参与到短视频当中，提高互动率。
- **第 6 步：** 用户如果喜欢这个短视频，那么他可能会进一步了解该创作者的其他短视频内容，如果这些短视频的内容一致，形式类似，且与账号人设相匹配时，用户进行关注的概率是非常高的。此时，创作者就可以适时地引导用户关注账号，如“关注我观看更多精彩短视频”等。

1.5 写好脚本是短视频质量的保证

短视频脚本是指拍摄短视频时所依据的大纲底本，它体现的是短视频内容的发展大纲，对故事发展、节奏把控、画面调节等都起到至关重要的作用。

1.5.1 3种常见的短视频脚本

常见的短视频脚本有 3 种类型，包括提纲脚本、分镜头脚本和文学脚本。

1. 提纲脚本

提纲脚本无法提供精确的拍摄方案，仅适合街头采访、景点探访或讲解等采用纪实手法拍摄的短视频。虽然不能做到精确，但提纲脚本同样可以反映各个拍摄场景的大致内容。表 1-1 所示便是典型的提纲脚本。

表 1-1 成都太古里拍摄方案（提纲脚本）

时间线	拍摄场景	大致内容
到达	拍摄漫广场	介绍太古里的总体情况，介绍漫广场的设计灵感
探寻古寺	拍摄大慈寺	介绍大慈寺的历史，顺便介绍相关人文风情等内容
寻访美食	拍摄米其林星级餐厅	介绍米其林星级餐厅的大致情况和经典美食
“网红”点打卡	拍摄裸眼 3D 屏幕	介绍裸眼 3D 的原理和真实体验
精品购物	拍摄精致商业门店	介绍太古里商店的总体布局、品牌商家、商品类型
结束	航拍太古里	总结太古里的游玩体验

2. 分镜头脚本

分镜头脚本主要包括对镜头、景别、拍摄内容、台词剧本、镜头时长、背景音乐等的要求，不仅包括完整的故事，还需要把故事内容转变成可以指导拍摄的每一个镜头，让拍摄团队可以根据脚本准确完成整个视频内容的拍摄工作。表 1-2 所示为某美食点评短视频的分镜头脚本。

表 1-2 某美食点评短视频拍摄方案（分镜头脚本）

镜号	镜头	景别	拍摄内容	台词剧本	镜头时长 / 秒	背景音乐
1	固定镜头	中景	主播朝镜头打招呼	想要消费少，还想吃到饱，这种好事真的有吗？	3	轻松愉快
2	固定镜头	中景	主播趴到桌子上	这还真有！	1	

续表

镜号	镜头	景别	拍摄内容	台词剧本	镜头时长/秒	背景音乐
3	推镜头	近景	拿出某品牌的凉皮	就是它！ ××凉皮！	1	轻松愉快
4	推镜头	特写	展现盒子背面的营养成分表	××凉皮使用××精粉制作，精选多种纯天然原材料，全手工制作	4	
5		全景	黑幕＋文字解释	真的物超所值	1	
6	固定镜头	中景	回到主播正面	××凉皮有多种口味，适合不同人群的需求	4	
7	推镜头	近景	拆包的过程	这个凉皮包装很严实，拆包也非常轻松	3	
8	摇镜头	中景	拌好的凉皮成品	我们拆开凉皮把它拌一下	2	
9	摇镜头	特写	把拌好的凉皮用筷子夹起来展现在镜头前	这个凉皮清爽的味道现在已经冲到我的鼻腔里了	4	
10	固定镜头	特写（慢镜头）	慢镜头下凉皮的抖动	大家看，每个凉皮互不粘连，就像新鲜出炉一样	4	
11	固定镜头	中景	主播面向镜头讲解	虽然××凉皮从原材料选购到生产加工和后期包装都做到了极致，但价格却相当亲民哦！说了这么多我先吃一口为敬	6	
12	固定镜头	中景	主播吃一口凉皮，吃完后说	味道有点辣！吃不了辣的小伙伴辣椒油少放一点儿！哎，要是有一根黄瓜那就完美了！	5	
13	固定镜头	中景	主播擦了擦嘴巴说	这一款可以带到办公室直接吃！	2	
14	固定镜头	中景	主播把大包装的凉皮拿到桌面上	如果是在家里，这种大包装的性价比会更高！	3	
15	固定镜头	全景	主播摆手，说再见	今天就到这里，我们下期见！	2	
共计：45秒						

3. 文学脚本

文学脚本是在各种小说、故事等文学作品的基础上修改而来的脚本，它不像分镜头脚本那么细致，适用于无剧情的短视频，如教学视频、测评视频等。文学脚本只需要规定出镜人物的动作、台词及拍摄的景别和镜头时长即可，可以把它看成简化版的分镜头脚本。

1.5.2 探寻短视频脚本的撰写思路

短视频脚本的撰写思路因人而异，创作者可以反复研究他人拍摄的短视频，包括其中的场景布置、镜头运用、台词动作等，然后多加实践，经过长期积累后，就会形成自己的撰写思路。下面介绍一种常见的短视频脚本撰写思路以供参考，如图 1-38 所示。

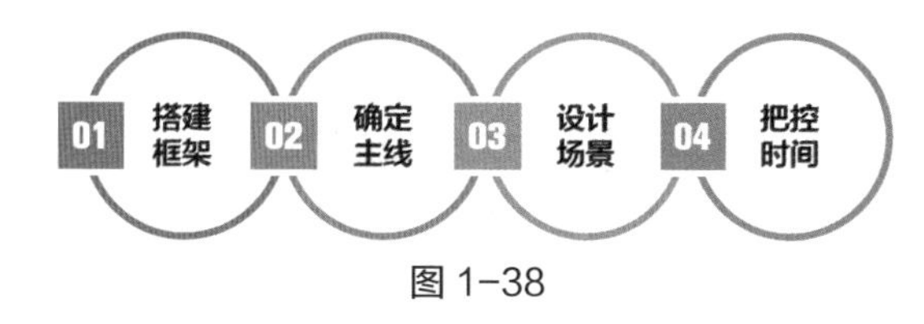

图 1-38

- **搭建框架**：搭建框架就是为短视频脚本的内容进行总体规划，确定整条短视频的内容结构，如是否包含开头、过程和结尾等环节，各环节应当展示哪些内容等。
- **确定主线**：无论哪种类型的视频，都必须有一个主线，东拼西凑制作出来的短视频是经不起推敲的，用户很快就会对这种短视频丧失兴趣。创作者可以先确定短视频的核心内容，然后围绕核心内容进行创作。例如，核心内容是表现美丽的晚霞的，创作者则可以将展现不同季节或地域的晚霞作为主线。
- **设计场景**：根据短视频内容确定需要哪些场景，室内还是室外，每个场景中的道具、人物、剧本等如何设计。一旦设计好场景，短视频的脚本内容就可以信手拈来。
- **把控时间**：把控时间需要注意两个方面，一方面是短视频的总时长控制以及每个场景的时长控制，另一方面则是前面介绍过的规划短视频内容结构的 6 个步骤，即如何将合适的内容安排在合适的时间段。

1.5.3 实用的短视频脚本撰写技巧

想要创作出有吸引力的短视频，创作者需要掌握一定的短视频脚本撰写技巧。就剧情类短视频而言，升华主题、设置冲突和反转是较有效的短视频脚本撰写技巧。

1. 升华主题

升华主题是文学上常用的表现手法，用以提升主题的思想境界，如从热爱母亲升华到热爱祖国。短视频中的升华主题主要是指将一个浅显、普遍的问题，提升到另一个精神层面，通常安排在结尾处。如果短视频包含升华主题的内容，则其很容易得到大量的点赞和评论，并被大量转发，如图 1-39 所示。

图 1-39

2. 设置冲突和反转

适当设置冲突和转折等可以增强短视频的戏剧性，给用户惊奇感，从而牢牢吸引用户。

- **冲突**：在短视频中，冲突可以表现为人与人之间的冲突，也可以表现为人物自身的内心冲突，还可以表现为人与自然环境或社会环境之间的冲突。例如，放学后，有两位学生在课桌下翻找，恰巧被走廊上的同学看见了，走廊上的同学便怀疑他们在做不好的事情。

- **反转：** 反转讲究“情理之中，意料之外”。在短视频中，设置反转的方法很多，创作者可以通过人物性格来设置反转剧情，也可以安排不按常规套路发展的结尾来给用户出人意料的感觉。例如，在上面的例子中，当走廊上的同学走进教室询问时，才发现这两位学生是在为同学们检查、维修课桌。原来，上课时，这两位学生发现自己的课桌零件部分松动，想到其他同学的课桌可能也会出现这种情况，便决定利用课余时间为同学们检查、维修课桌。这样的反转会带给用户“恍然大悟”的感觉，加深用户的印象。

本章小结

本章以短视频内容策划为核心，介绍了短视频的特点和优势，不同的短视频类型与短视频平台，短视频的基本制作流程，短视频账号的定位，短视频选题的策划，短视频内容结构的规划，以及短视频脚本的撰写方法和技巧等许多实用的知识。

短视频内容策划是创作出高质量短视频的前期保障，创作者应重视短视频内容的策划，并不断地积累各种素材，观看其他优秀的短视频。只有这样，创作者才能真正打开短视频创作的大门。

实战演练——淘宝商家短视频常规选题策划

某淘宝商家上架了一款商品，现在需要为该商品拍摄一条短视频，让该商品快速得到用户的青睐。为此，该淘宝商家需要为该短视频策划出一则常规选题。

策划该选题时，该淘宝商家重点从两方面对商品进行介绍，一方面针对商品卖点、价格、功能、使用方法等做简单介绍，另一方面对商品的可信度进行详细介绍，打消用户的疑虑。具体策划思路如图 1-40 所示。

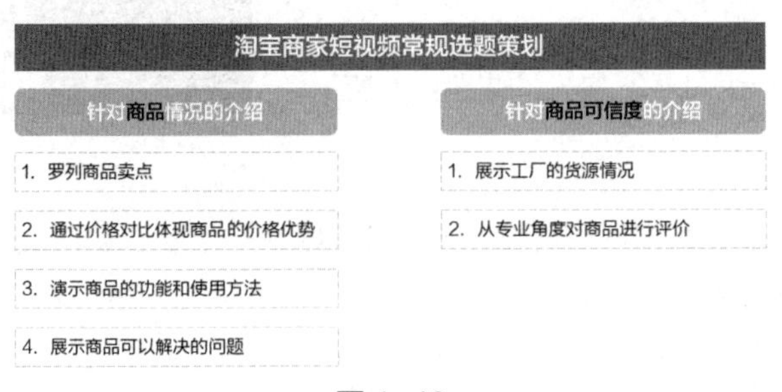

图 1-40

第 2 章
短视频拍摄前期准备

利用手机等各种移动终端设备，人们每天都可以接触大量短视频，但其中内容质量参差不齐。创作者要想制作高质量的短视频，关键在于做好短视频拍摄的前期准备工作。

【学习目标】

- 了解短视频拍摄前的人、物、场准备
- 熟悉各种短视频拍摄器材和设备的使用技巧
- 了解各类短视频素材的收集与处理

2.1 人、物、场的准备

短视频拍摄的前期准备涉及人员、物品和场地 3 个方面，合称“人、物、场”的准备。做好这 3 个方面的准备，创作者可以有效提升拍摄时的执行力，从而提高短视频的质量。

2.1.1 搭建高效的短视频拍摄团队

微课视频

虽然目前一个人就可以轻松完成短视频的拍摄工作，但随着用户对短视频质量的要求越来越高，搭建一个高效的短视频拍摄团队就显得很有必要。单就短视频拍摄而言，短视频拍摄团队的搭建可以参考图 2-1 所示的架构。

导演	演员	摄影	灯光	化妆	道具
• 短视频拍摄的组织者和领导者	• 在短视频中根据要求扮演指定的角色	• 使用不同的拍摄技能记录短视频内容	• 利用各种灯具，根据拍摄要求打造各种光影环境	• 根据拍摄要求为演员化妆、补妆	• 负责场景、道具的布置和使用

图 2–1

短视频拍摄团队搭建完成后，要想实现高效协作，则需要注意以下几点。

- **明确分工：**根据整体拍摄任务以及每个成员的特长，分配给每个成员不同的任务，使工作任务明确，每个成员能各尽所长。
- **及时沟通：**在拍摄的前期、中期和后期，团队成员都应该通过正式及非正式的形式进行沟通，互相交换意见、看法、建议，认真阅读并理解拍摄脚本，以便更好地开展拍摄工作。
- **互相信任：**团队成员之间需要互相信任，避免互相猜忌、埋怨，每个成员都应以务实勤恳的工作作风、诚信负责的良好品行赢得他人的信任和尊重。同时各成员也需要以开放的心态对待合作者，懂得欣赏他人、信任他人。
- **增强荣誉感：**各成员应为实现团队目标而尽心竭力，不计较个人利益得失，以团队整体利益为重，并以作为团队的一员而自豪。

2.1.2 认识短视频拍摄的常用器材与设备

微课视频

短视频拍摄的内容不同，创作者需要的器材与设备也就不同，下面介绍常用的器材与设备。

1. 拍摄器材

目前而言，创作者选用的拍摄器材主要有三大类，即智能手机、数码相机和无人机，这 3 类设备各有优势。

（1）智能手机

这里所说的智能手机主要是指具备强大拍摄功能的智能手机。一些刚刚进行短视频拍摄的创作者，往往会选择使用智能手机进行拍摄。使用智能手机拍摄的优缺点如下。

- **优点：** 使用智能手机拍摄的优点首先是不用另外购买拍摄器材，节约拍摄成本。其次，智能手机小巧轻便，不仅便于携带、操作方便，能够实现随想随拍，如图2-2所示，而且有利于创作者进行各种创新拍摄，图 2-3 所示便是利用智能手机进行错位拍摄的效果。另外，智能手机上安装的各种 App，也有利于短视频的后期剪辑和分享。

图2-2

图2-3

- **缺点：** 智能手机由于传感器面积小，因而成像质量整体上不如专业的数码相机。另外，智能手机的焦距不够长，变焦拍摄会影响成像质量，而且景深效果也不够好。最后，使用智能手机拍摄的视频的画面尺寸有限，不利于后期剪辑。图 2-4 所示分别为智能手机与数码相机的成像质量和景深效果对比。

智能手机的成像质量

数码相机的成像质量

智能手机的景深效果

数码相机的景深效果

图2-4

高手秘技

目前，绝大多数的智能手机都没有真正意义上的光学变焦功能（利用光学镜头实现变焦），而是通过数码变焦的方式来调整焦距。而数码变焦的原理是通过手机的处理器，把图片内的每个像素面积增大，从而达到放大的目的，因此使用智能手机拍摄时，稍微进行变焦操作就会发现成像质量明显下降。所以，使用智能手机拍摄短视频时，尽量不要使用变焦拍摄。

（2）数码相机

数码相机是一种利用电子传感器把光学影像转换成电子数据的拍摄器材，一般具有摄像功能，且成像质量与手机相比更好，在短视频拍摄中的应用越来越广泛。目前，在数码相机中，常用的包括单反、微单和运动相机。

- **单反：**单反即单镜头反光式取景照相机，所谓“单镜头”，是指摄影时的曝光光路和取景光路共用一个镜头。单反成像质量较高，可以根据需要切换不同的镜头，能够满足短视频拍摄的各种需要。图 2-5 所示即为单反及不同的镜头。

单反外观

标准变焦镜头

远摄变焦镜头

定焦镜头

图 2-5

- **微单：**微单指的是微型可换镜头式单镜头数码相机。微单与单反相比，体积更小巧，便于携带，但可以像单反一样更换镜头，并具备与单反相同的画质。从硬件上看，微单取消了单反的反光板、独立的对焦组件和取景器。图 2-6 所示为几款不同的微单。

索尼微单

松下微单

富士微单

图 2-6

- **运动相机：**运动相机是一种专用于记录运动过程的相机，常以运动者的第一视角进行拍摄。运动相机体积小、重量轻、易携带、支持长时间广角且高清的视频录制，广泛应用于冲浪、滑雪、极限自行车、跳伞、跑酷等极限运动视频的拍摄。图 2-7 所示为运动相机以及用运动相机拍摄的跳伞画面。

图 2-7

（3）无人机

无人机是一种通过无线电遥控设备或机载计算机控制系统来操控的不载人飞行器，使用它拍摄短视频可以从天空的角度航拍地面，能够轻易拍摄出极具视觉震撼力的视频。例如，中央电视台纪录频道推出的“航拍中国”系列纪录片，其中的每一个镜头都是使用无人机拍摄的，取得了不错的效果。图 2-8 所示为无人机及无人机航拍画面。

图 2-8

2. 稳定设备

稳定设备是指能够保持拍摄器材的稳定，使视频画面不会产生不必要的抖动的设备，通常情况下，保持视频画面的稳定是非常必要的。常见的稳定设备主要有三脚架、手持稳定器、滑轨等。

- **三脚架：**三脚架是拍摄固定镜头和摇镜头的必备稳定设备，如图 2-9 所示，智能手机、数码相机都可以放置在专门的三脚架上加以固定。创作者在选择三脚架时，首先要考虑的因素是稳定性，其次才应考虑材料、重量、价格等因素。

图 2-9　　图 2-10

- **手持稳定器：**手持稳定器几乎是 Vlog 短视频创作者的必备稳定设备，如图 2-10 所示，它不仅可以避免手持拍摄器材时产生的画面抖动，而且具有精准的目标跟踪拍摄功能，可以跟踪并锁定人脸或其他拍摄对象，在运动拍摄、全景拍摄等场景中都能派上用场。
- **滑轨：**滑轨是左右或上下平移拍摄器材的实用稳定设备，如图 2-11 所示，它可以提供直线或曲线的拍摄轨道，将智能手机或数码相机架设在轨道上就能实现移动拍摄。许多电影电视节目的拍摄

图 2-11

都会用到滑轨，对于短视频而言，使用滑轨拍摄能制作出媲美电影的画面效果，但其布置和安装较为麻烦。

3. 灯光设备

无论室内拍摄还是室外拍摄，要想视频画面呈现良好的光影环境，灯光设备是必不可少的。

- **摄影灯：** 短视频拍摄中用到的摄影灯较多，如 LED 灯、卤素灯等，各种摄影灯的使用场景也不相同。如 LED 灯的寿命长、能耗低，适用于各种需要光源的场景；卤素灯属于热光源，使用时需要注意散热。图 2-12 所示为 LED 灯和卤素灯。

LED 灯

卤素灯

图 2-12

- **灯架：** 灯架是支撑摄影灯的必备设备，它可以控制摄影灯的位置、高度和方向，以便于拍摄时更好地进行布光。
- **便携灯：** 便携灯泛指那些轻巧实用，可以手持使用的摄影灯。便携灯虽然不如摄影灯专业，但也可以满足拍摄场景对光源的基本需求，其最大的作用在于临时布光。各种便携灯如图 2-13 所示。

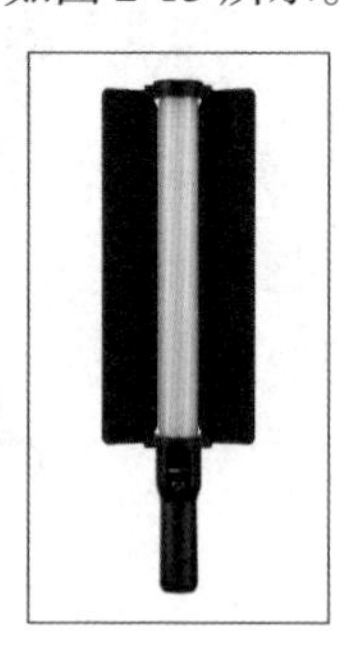
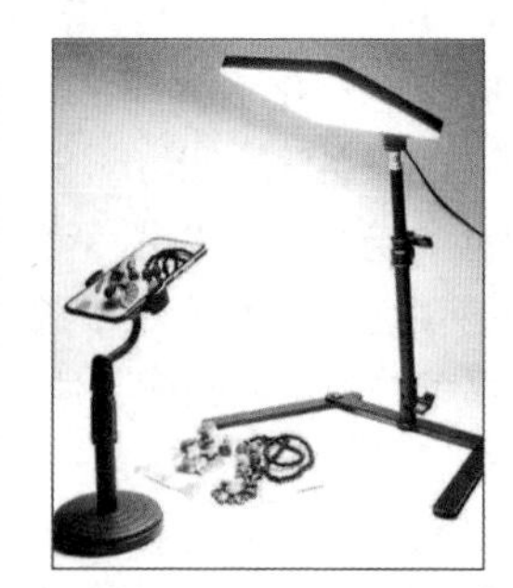

图 2-13

- **柔光箱：** 将柔光箱套在摄影灯上，可以使光源发出的光线更加柔和，并能有效消除画面中的光斑和阴影。柔光箱如图 2-14 所示。

- **反光板：**反光板多用于布置辅助光源，当需要消除拍摄对象的阴影区域时，创作者可以使用该设备将摄影灯或太阳等自然光的光线反射到拍摄对象上。反光板如图 2-15 所示。
- **反光伞：**反光伞不仅可以起到反光作用，还能柔化光线，当用强光灯照射伞内时，散射出的光线会变得柔和。其作用类似于柔光箱，但比柔光箱更便于携带。反光伞如图 2-16 所示。

图 2-14

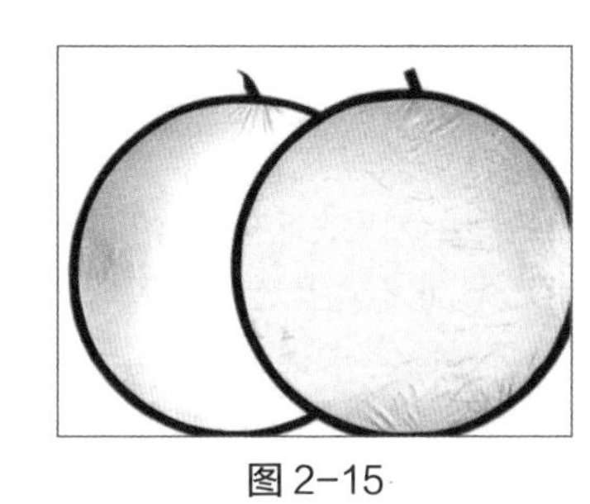

图 2-15

图 2-16

高手秘技

除上述灯光设备外，有时为了人为控制光影效果，创作者还会在光源上添加柔光罩或束光筒等设备。其中，柔光罩是一种半透光的白布，将其套在灯头上可以形成散射光并消除阴影，而且阴影的消除相较于使用柔光箱而言更加有效。束光筒与柔光罩的作用相反，将其安装在灯头前，可以达到聚光的效果。

4. 收音设备

在拍摄视频的过程中，数码相机或智能手机等设备自带的收音效果不够好，为了提升收音效果，创作者可以添置专门的收音设备。目前市场上的收音设备很多，常用的主要有枪式话筒和无线领夹话筒。

图 2-17

- **枪式话筒：**枪式话筒在户外拍摄时十分实用，只需要将其对准声源方向就能收录优质的声音，如图 2-17 所示。
- **无线领夹话筒：**无线领夹话筒在使用时需要夹在演讲者身上，通过它能够收录高质量的声音，如图 2-18 所示。

图 2-18

2.1.3 短视频拍摄的场地、道具、服装、妆容

除了短视频拍摄的人员构成和器材与设备外，短视频拍摄的场地、道具、服装和妆容也是创作者在创作短视频时不能忽略的要素。这些要素同样能够影响短视频的整体质量，并能在一定程度上决定短视频能否在第 1 秒就引起用户的注意。

1. 场地

短视频拍摄场地有室内和室外之分。对于室内场地而言，前期进行短视频拍摄时，应尽量选择符合拍摄风格要求且容易使用的场地，如学校宿舍、家庭住房等。这类场地通过简单布置就能满足短视频拍摄的需求，若这类场地无法满足需求，就可以考虑租用或搭建专门拍摄的场地，如图 2-19 所示。在使用商场等公共室内场地时，创作者要提前和场地运营方沟通好拍摄流程与手续，避免因缺乏拍摄允许而造成损失。

而室外场地大多数属于公共场所，因此不存在租用的问题。创作者在选择室外场地时，一定要使其与视频内容相契合，同时要综合考虑天气、安全、是否影响周围环境、是否有违公序良俗等问题。图 2-20 所示的拍摄场地——天台就有一定的潜在危险，不建议选择。

总体而言，无论在室内还是在室外拍摄，创作者选择和搭建场地时都应当以短视频脚本为基础，使场地与视频内容相得益彰。

图 2-19

图 2-20

2. 道具、服装和妆容

道具、服装和妆容实际上都属于场景搭建的内容，其目的都是使场景更符合短视频拍摄需求，使呈现出的画面更加美观和谐。

- **道具：**道具的种类五花八门，生活、学习、工作中使用的各种实物都可以作为道具，如图 2-21 所示。需要注意的是，道具的应用要自然、合理，不能喧宾夺主，过分吸引用户的注意力。
- **服装和妆容：**这里的服装和妆容包括演员穿着的服饰、佩戴的饰品以及脸部的妆容等，它们能起到为短视频增光添彩的效果，使画面看上去更加专业、更具美感，如图 2-22 所示。当然，在设计服装和妆容时，创作者要注意避免设计奇装异服以及容易引发争议的妆容等。

图 2-21

图 2-22

2.2 短视频拍摄器材与设备的使用技巧

了解了各种短视频拍摄器材与设备后，创作者还有必要掌握其中一些器材和设备的基本使用技巧，以便在短视频拍摄期间更加得心应手地加以使用。

2.2.1 主要拍摄器材的使用技巧

智能手机和数码相机的使用方法较简单，但创作者要想利用它们拍摄出独特的画面，则需要掌握一些使用技巧。

1. 智能手机拍摄技巧

创作者在充分了解智能手机的功能和性能的基础上，使用一定的拍摄技巧，有助于使用智能手机拍摄出高质量视频。

- **手动设定曝光与对焦：** 使用智能手机拍摄视频，尤其是拍摄较复杂的场景时，智能手机会根据光线环境频繁改变曝光值和对焦点，此时创作者可以尝试长按屏幕某个区域以激活自动曝光 / 自动对焦锁定功能，如图 2-23 所示。这样就能更好地确定焦点，避免因环境光线或拍摄抖动等外界因素影响对焦和曝光效果。
- **设置分辨率：** 不同的智能手机，默认的拍摄分辨率不同，为了保证视频拍摄的清晰度，创作者可以将拍摄分辨率手动设置为高分辨率，如 1080p（分辨率）和 60fps（帧率），如图 2-24 所示。分辨率越高，后期剪辑视频时的调整空间就会越大。
- **合理进行画面构图：** 由于智能手机比较轻巧，在使用智能手机拍摄短视频时，创作者可以从任意角度拍摄，如正面拍摄、俯拍、仰拍、斜侧 45° 拍等。因此，在拍摄时，创作者可以不断调整拍摄角度，合理地对画面进行构图，从而得到良好效果的短视频画面。图 2-25 所示为通过仰拍来呈现高大的建筑物的画面构图。

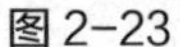

图 2-23

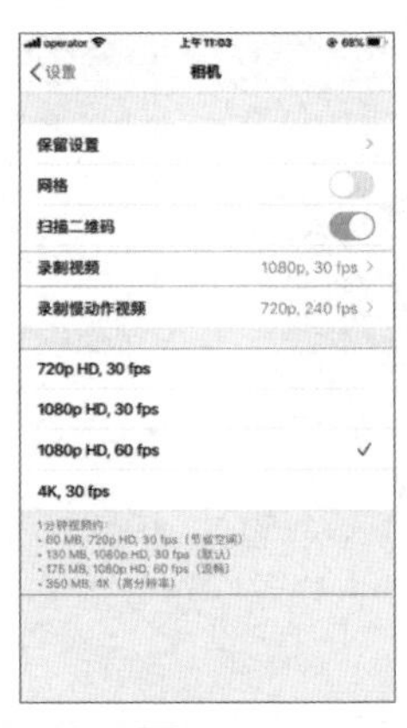

图 2-24

图 2-25

2. 数码相机拍摄技巧

相较于智能手机，使用数码相机拍摄的技巧更多，下面介绍几个比较实用的技巧。

- **快门设置：** 快门是用于控制光线照射感光元件时间的装置，快门速度在数码相机上以“1、1/2、1/4、1/8、1/15、1/30、1/60”等数字显示。快门速度越慢，画面的运动模糊效果越明显（适合延迟拍摄）；快门速度越快，画面越清晰锐利（适合拍摄运动画面），如图 2-26 所示。对于短视频拍摄而言，快门速度最低需要设置为拍摄帧率的“2 倍”，才能得到符合人眼视觉习惯的视频画面。例如，视频帧率为 25 帧，则快门速度需要设置到 1/50 秒及以上，如果视频帧率是 60 帧，则快门速度应设置为 1/120 秒及以上。

低速快门

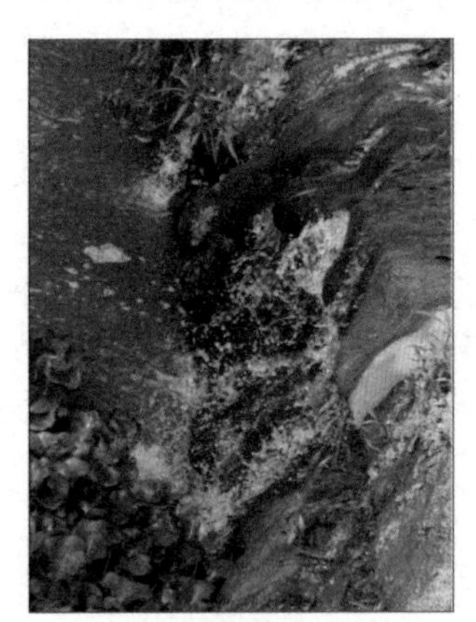

高速快门

图 2-26

- **光圈设置：** 光圈是用于控制光线透过镜头并进入机身内感光面光量的装置，光圈大小在数码相机上以“F1.0、F1.4、F2.0、F2.8、F4.0、F5.6”等显示。F 后面的数值越小，光圈越大，进光量越多，画面越亮，主体背景的虚化效果越明显；F 后面的数值越大，光圈越小，进光量越少，画面越暗，主体背景的虚化效果越微弱，如图 2-27 所示。拍摄短视频时的光圈大小，应依据画面的虚化程度需要来调整。

- **感光度设置：**感光度的英文缩写为“ISO”，指的是对光线的敏感程度，是数码相机中感光元件性能的重要参数。感光度越高，数码相机在弱光环境下的拍摄能力就越强，但噪点相对较多，画质较差；感光度越低，数码相机在弱光环境下的拍摄能力就越弱，但噪点较少，画质较好。当光线充足时，感光度设置在 400 以内就能获得非常细腻的画质。当光线较弱时，若具备三脚架，则感光度同样可以设置在 400 以内，否则就需要调高感光度，通过牺牲画质来保证画面得到合理的曝光。图 2-28 所示为数码相机中设置感光度的界面。

图 2-27

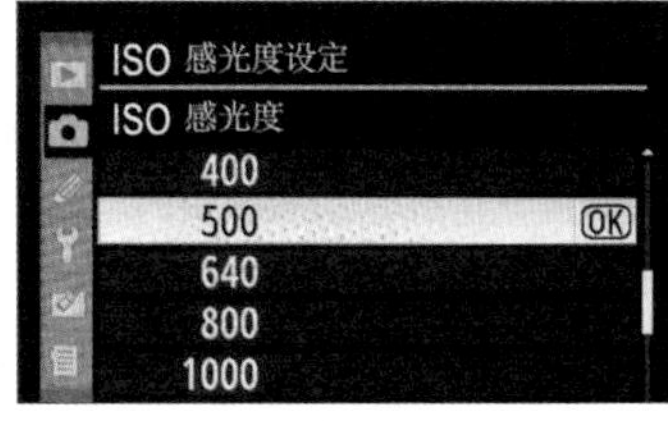

图 2-28

- **调整焦距：**视频拍摄一大难点是控制对焦，一些数码相机基于静态照片拍摄需求开发的对焦技术在视频拍摄时表现不太好，因此在进入视频拍摄模式时，拍摄者需要手动调整焦距（有些高性能数码相机只需点击屏幕就能实现快速对焦），以保证画面的清晰度。
- **高清晰度拍摄：**不同于智能手机，数码相机是专业的拍摄器材，可以拍摄更高清的视频。如果智能相机支持 4K 模式，则前期拍摄时尽量使用该模式进行高清拍摄，以提升画质和扩大后期调整空间，这有助于后期剪辑时进行二次构图，如图 2-29 所示。

前期拍摄

后期二次构图

图 2-29

高手秘技

用无人机拍摄时，创作者主要需要考虑构图，建议初期尽量使用正俯视的角度，既容易上手，又能拍摄出好的效果。在构图时可以考虑采用对角线、水平线、垂直线等基本构图方法（相关知识会在后文进行详细介绍）。另外，使用无人机拍摄时一定要考虑场地和天气问题，避免造成不必要的人身伤害和设备损坏。

2.2.2 稳定设备的使用技巧

三脚架、手持稳定器、滑轨等稳定设备是拍摄高清画面的必备稳定设备，掌握它们的使用技巧，可以达到事半功倍的效果。

- **三脚架配重挂钩的使用：**三脚架配重挂钩适合在室外拍摄时使用，如果现场因风力、坡度等因素影响而导致三脚架自身不稳定时，可以在配重挂钩上挂上有一定重量的物体，以保证三脚架稳定，如图 2-30 所示。
- **三只“脚”的位置分配：**使用三脚架时，一般情况下都应该将其中一只“脚”指向拍摄主体，然后将另外两只“脚”在后面分开，这样做的好处一方面是拍摄人员不容易被三脚架绊倒，另一方面是能保证数码相机不容易向前倾翻。除非有特殊情况，否则不能采取如图 2-31 所示的摆放方式。
- **手持稳定器的调节：**目前，市场上很多手持稳定器都具有电动调节的功能，例如智云、大疆、浩瀚等厂商生产的手持稳定器，拍摄者只需要把智能手机、数码相机正确放置到手持稳定器上，就能通过按键实现快速调节。因此，如果条件允许，建议购买具备电动调节功能的手持稳定器，如图 2-32 所示，省去手动调节的烦琐。

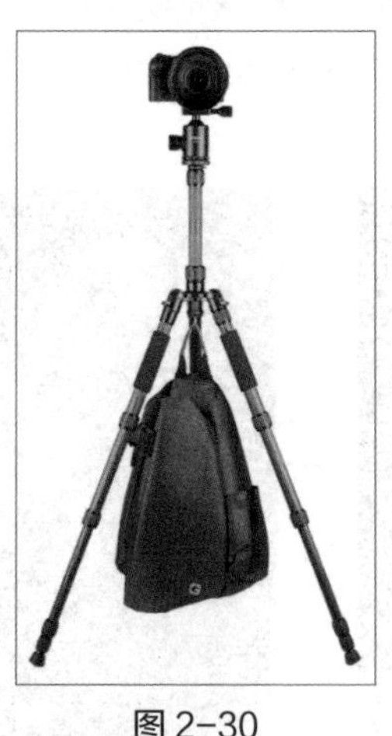

图 2-30

图 2-31

图 2-32

- **滑轨的使用：**滑轨使用最多的操作就是左右平移、前后推拉。将滑轨安置在三脚架的云台上，借助云台的倾斜度，还能营造出类似摇臂拍摄的效果，如图 2-33 所示。在这些基础操作中，前后推拉是新手容易出错的操作，原因是前后场景的焦点变化容易导致失焦。解决方法是在滑轨滑动的初始和结束位置分别在镜头对焦环（镜头上用于调节焦距的环形装置）处做好标记，然后在滑动滑轨的过程中，匀速拧动镜头对焦环，以保证画面始终清晰和稳定。

高手秘技

摇臂是一种大型的拍摄器材，它可以实现全方位的拍摄，经常出现在电影、综艺节目、广告等的拍摄现场，如图 2-34 所示。

图 2-33

图 2-34

2.2.3 收音设备的使用技巧

收音效果同样是影响短视频质量的重要因素。无论人声、风声还是其他声音，都会产生不必要的噪声，因此在使用各种收音设备时，一大关键是要解决噪声问题。我们可以借助一些工具有效降低噪声，如防喷罩、防风屏和吸音罩。

- **防喷罩：** 录制人声时，如果嘴巴直接对着话筒说话，气流会直接传递到话筒上，出现明显的“喷音”效果，给后期处理增添麻烦。此时在话筒前面放置一个专业的防喷罩，就可以有效避免产生“喷音”效果，如图 2-35 所示。
- **防风屏：** 防风屏一般是“C”形结构，将它放置在话筒后面，包裹话筒区域，可以有效减少因房屋内部结构产生的混音问题，如图 2-36 所示。

图 2-35

图 2-36

- **吸音罩：** 防喷罩与防风屏通常在室内使用，而在室外，为了减少风声等环境声音的干扰，可以为话筒套上吸音罩。不同类型的话筒有不同类型的吸音罩可供选择，如图 2-37 所示。

图 2-37

2.3 短视频素材的收集与处理

短视频是一种综合的数字媒体作品，可以集成文字、图片、视频、音频、动画等各种类型的素材内容，并通过视频的方式展现出来。因此，创作者在前期准备时可以收集、积累各类素材，以备后期剪辑时使用。

2.3.1 文字素材的收集与处理

短视频中对文字素材的需求一般集中在文案和字体两个方面。对于文案而言，如何快速收集到各种需要的文案内容，如何保证文案中没有敏感词和违禁词，是令创作者感到棘手的问题；对于字体而言，哪些字体可以使用，如何获取也是创作者希望知晓的内容。

1. 文案的收集

除了自行编写文案以外，创作者可以借鉴其他视频中的文案内容，将其提取并收集起来进行二次创作，以快速增强自己的文案编写能力。下面介绍使用“录音啦软件”提取视频文案的方法，具体操作如下。

文案的收集

步骤 01 打开需要提取字幕的视频，并暂停播放，如图 2-38 所示。

图 2-38

步骤 02 下载并打开“录音啦软件”，注册登录后单击 按钮，在打开的界面中单击 区域选择 按钮，如图 2-39 所示。

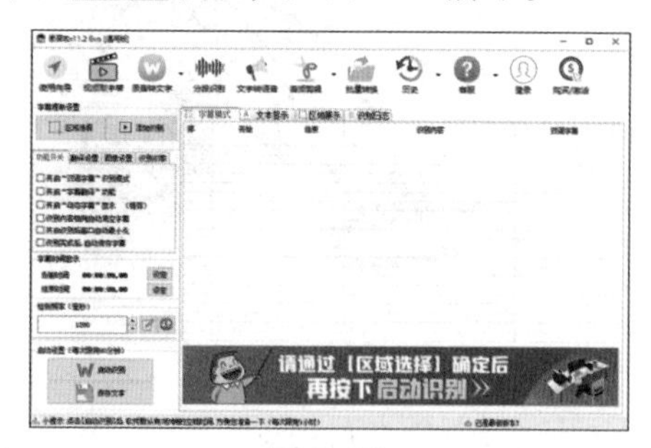

图 2-39

步骤 03 在视频画面上按住鼠标左键不放拖曳鼠标指针，框选出字幕所在区域，如图 2-40 所示。

图 2-40

步骤 04 在框选的区域上单击鼠标右键，在弹出的快捷菜单中选择“完成区域选择”命令，如图 2-41 所示。

图 2-41

步骤 05 单击视视频取字幕界面中的 启动识别 按钮，便可重新开始播放视频，如图 2-42 所示。

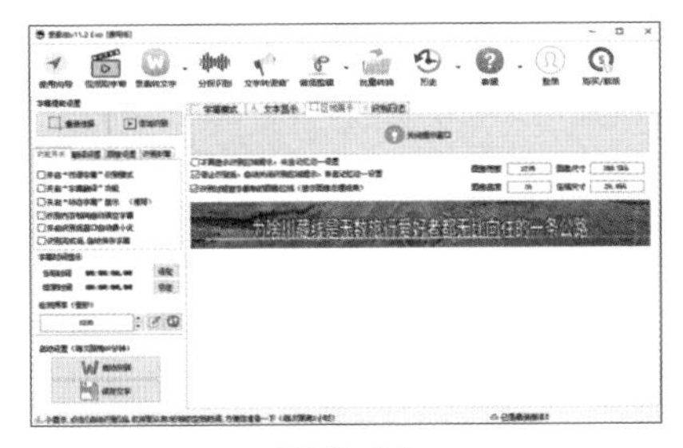

图 2-42

步骤 06 此时“录音啦软件”将根据视频播放进度依次识别画面上的每个文字（自动识别可能会出现一定的错误，如错别字、语句不通顺等），如图 2-43 所示。

图 2-43

步骤 07 视频播放完成后，单击视频取字幕界面中的 停止识别 按钮停止识别字幕内容，如图 2-44 所示。

图 2-44

步骤 08 此时若需要将识别出的文字内容直接保存为字幕文件，则可单击 保存文字 按钮，或在识别内容区域上单击鼠标右键，在弹出的快捷菜单中选择【存储列表】/【单项 SRT 字幕】命令，如图 2-45 所示。

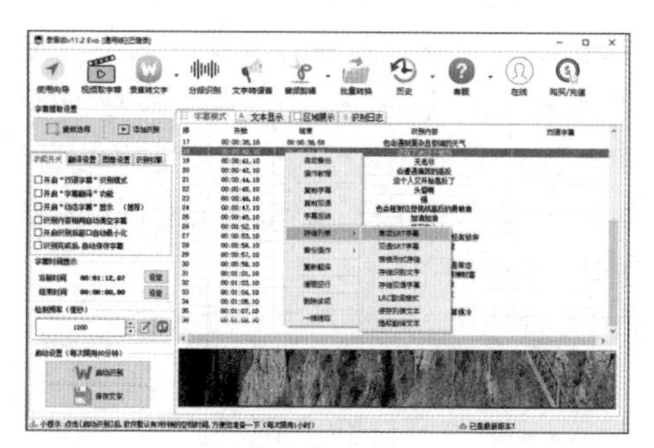

图 2-45

步骤 09 打开“另存为”对话框，设置文件保存的位置和名称，单击保存(S)按钮，如图 2-46 所示。

图 2-46

步骤 10 若只想保存为纯文本，则可单击“文本显示”选项卡，并单击保存文字按钮，如图 2-47 所示。

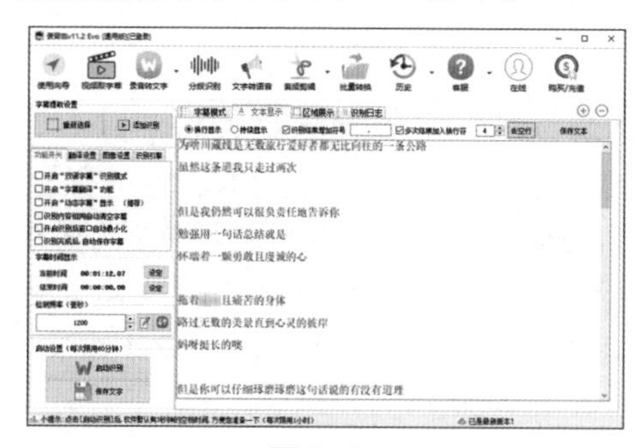

图 2-47

步骤 11 打开“另存为”对话框，设置文件保存的位置和名称，单击保存(S)按钮，如图 2-48 所示。

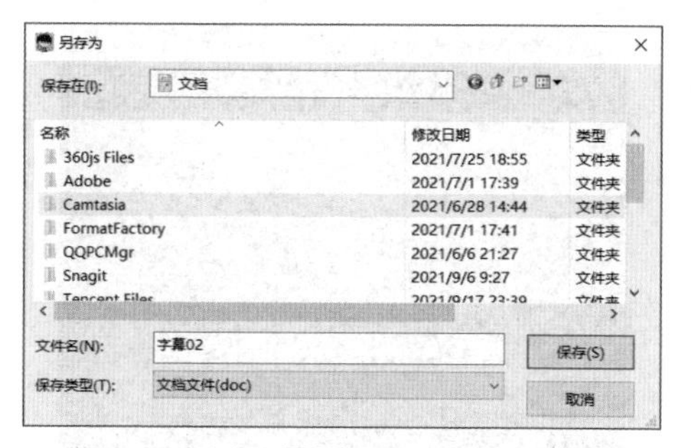

图 2-48

步骤 12 找到文件保存的位置并将其打开，便可重新编辑文本内容，如图 2-49 所示。

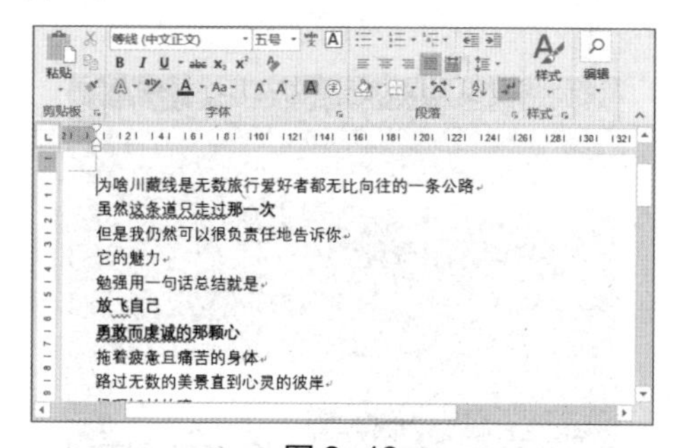

图 2-49

高手秘技

“录音啦软件”的识别成功率取决于视频中字幕的清晰程度，这与该字幕的字体外观、大小、颜色等相关。在提取出字幕后，创作者应该对其进行重新整理，将其修改成自己需要的文案。此外，如果无法直接打开保存为 SRT 格式的字幕文件，创作者则可用记事本将其打开，并修改其中的内容。

2. 文案的处理

文案内容必须经过处理，才能保证其符合短视频平台的规定，否则短视频无法成功发布。此时创作者同样可以借助网络工具来快速完成文案的处理，找到其中的敏感词和违禁词，具体操作如下。

文案的处理

步骤 01 进入句易网，注册账号，将需要处理的文案复制并粘贴到页面中（配套资源：素材\第 2 章\字幕 .doc），单击 文字过滤 按钮，如图 2-50 所示。

图 2-50

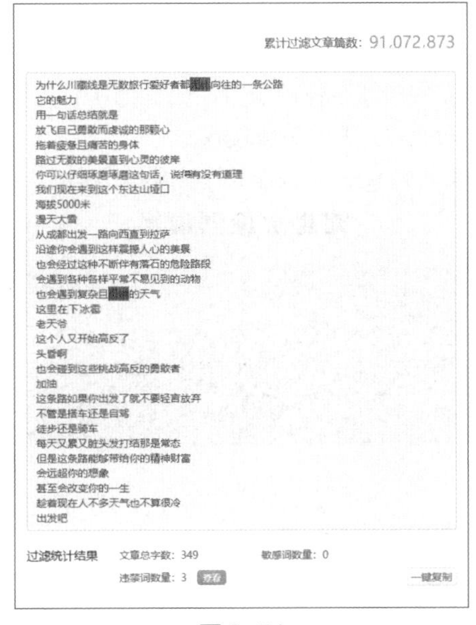

图 2-51

步骤 02 对复制的文字内容进行分析处理，完成后将在右侧的文本框中显示处理结果，并通过不同颜色的底纹突出显示敏感词和违禁词，如图 2-51 所示。

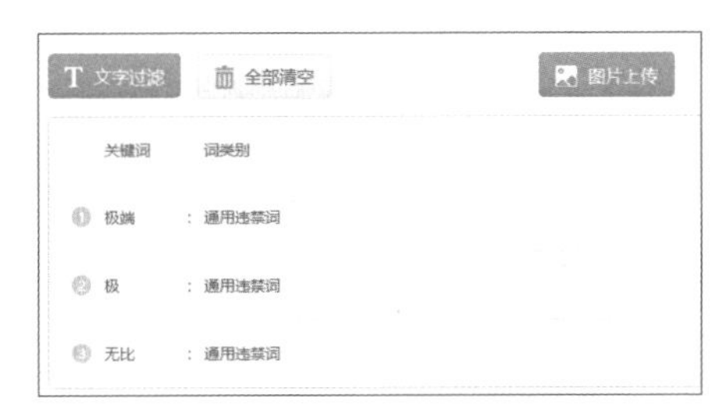

图 2-52

步骤 03 单击 查看 按钮，可在页面中查看每个违禁词的违规情况（黄色底纹为敏感词），如图 2-52 所示。

步骤 04 单击 一键复制 按钮则可将违禁词复制到计算机上的文档中，方便修改文案时进行对照，如图 2-53 所示。

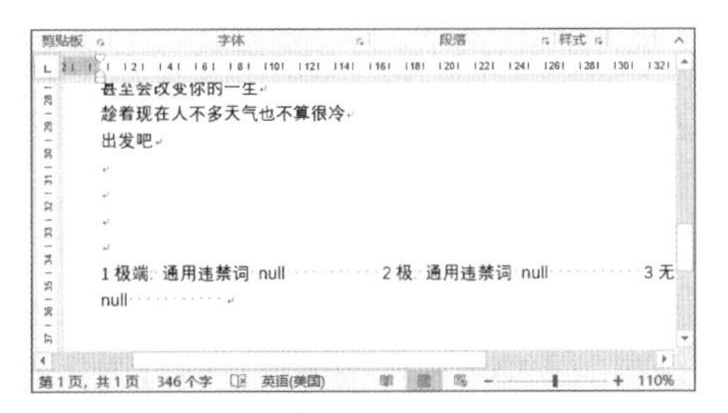

图 2-53

3. 字体的收集

字体决定了短视频中文字的外观样式，不同的字体会带给用户不同的观赏效果，例如，图 2-54 所示的两种字体中，左图所使用的字体就使“阻止土地沙漠化”这一呼吁显得更加坚定有力，右图中则显得软弱无力。创作者平时可以通过网络下载美观的字体，将其复制到系统盘下“Windows/Fonts”文件夹中，就能将该字体安装到计算机上，并被其他应用软件所识别。需要注意的是，短视频如果用于商业用途（以下简称“商用”），则需要注意字体的版权问题，创作者应尽量使用字体开发方允许免费商用的字体，或者申请授权，避免造成侵权。

图 2-54

高手秘技

北京北大方正公司推出的一款字加软件，可以帮助创作者更好地收集字体，将该软件下载、安装到计算机上并启动后，单击窗口上方的“免费”选项卡，可以查看免费使用的字体（免费使用的字体不表示能够免费商用，如需商用，必须购买相应的版权）；选择左侧的“我的字库”选项，单击 本地字体 按钮，则可使用计算机上已经安装的字体，如图 2-55 所示。

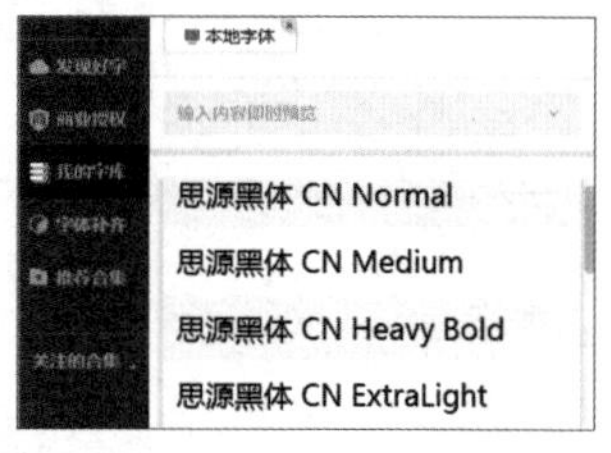

图 2-55

2.3.2 图片素材的收集与处理

图片（包括表情、贴图等）在短视频中可以起到修饰的作用。借助短视频后期剪辑软件，图片也可以进行动态显示，如在通过短视频推荐产品时，创作者便可以将该产品的图片添加到短视频中，并通过逐渐放大、旋转角度等动态效果，让产品形象更加深入人心。

对于产品类图片素材，创作者应该通过不断拍摄积累的方式进行收集，将视频无法体现出的质感或其他细节信息通过图片展现出来。对于其他需要通过网络收集的图片素材，则同样应当注意版权问题。

在收集到图片素材后，创作者也可以利用一些基础的图片编辑软件对图片素材的尺寸、画面效果等进行处理。下面以美图秀秀为例，介绍处理图片素材的基本方法，具体操作如下。

图片素材的收集与处理

步骤 01 下载、安装并启动美图秀秀软件，在打开的窗口右上角单击 打开 按钮，打开“打开图片”对话框，选择“产品主图.jpg”图像文件（配套资源：素材\第2章），单击“打开”按钮，如图2-56所示，将其打开。

图 2-56

步骤 02 单击“美化图片”选项卡，单击 裁剪 按钮，打开“裁剪”对话框，选择“产品主图 1000*1000”选项，然后放大裁剪框，如图2-57所示。单击 应用当前效果 按钮应用当前效果，返回“美化图片”选项卡界面。

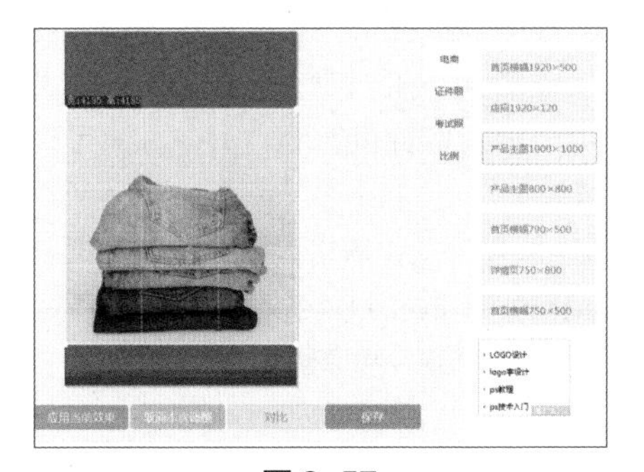
图 2-57

步骤 03 在“美化图片”选项卡右侧的“特效滤镜”栏中选择“基础”选项卡中的“全彩”选项，拖曳滑块将“透明度”设置为“50%”，单击 确定 按钮，如图2-58所示。

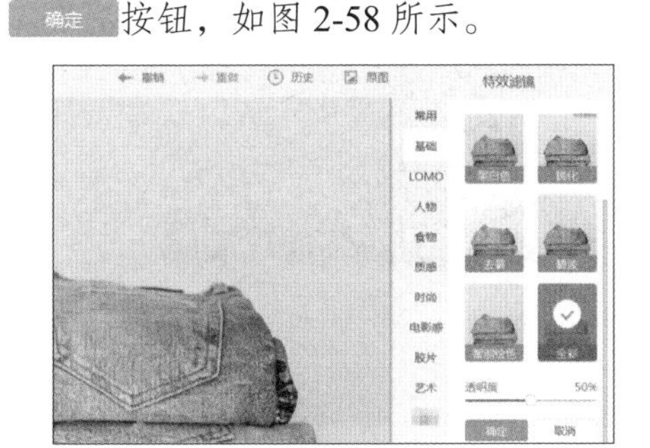
图 2-58

步骤 04 单击窗口上方的“文字”选项卡，选择左侧的“水印”选项，然后选择右侧“水印”栏下的“电商”选项卡，并选择其中的“热门推荐”选项，如图2-59所示。

图 2-59

步骤 05 打开“编辑”面板，在文本框中输入“新品上市”文本，设置字体类型为“汉仪中黑简”，字体颜色为“R:0，G:69，B:98”，拖曳“气泡大小”滑块至“80%”，拖曳“旋转角度”滑块至“21%”，然后拖曳水印对象至图片画面的右上方，效果如图2-60所示。

图 2-60

步骤 06 确认无误后单击窗口右上角的 保存 按钮，打开“保存”对话框，根据需要设置保存路径、文件名与格式、画质，完成后单击 保存 按钮，如图 2-61 所示（配套资源：效果\第 2 章\产品主图 .jpg）。

图 2-61

2.3.3 视频素材的收集与处理

视频素材一方面可以通过拍摄获取，特别是户外拍摄的创作者，更应该随时拍摄各种天气下的自然环境并收集相应的视频素材。另一方面，对于网络上非常火热的短视频片段，创作者也可以将其下载并收集起来，融合到自己的短视频中。视频素材在收集后也需要进行编辑处理，具体内容将在后面介绍短视频剪辑操作时一并讲解。

2.3.4 音频素材的收集与处理

音频素材包括背景音乐、音效和人声等类型，其中背景音乐类素材可以通过当前短视频平台中热门的音频榜单进行收集；音效类素材一方面可以通过自行录制收集，如大自然的风声、雨声，小动物的叫声，以及人类社会中产生的各种声音等，另一方面可以通过网络下载收集；人声类素材可以通过自行录制收集。

音频素材通过适当处理可以有效提高质量并满足短视频创作需求。能处理音频素材的软件比较多，如 Audacity、Audition、Ocenaudio、LMMS、WavePad、GoldWave 等。本书将在第 7 章中以 Audition 为例详细介绍音频编辑软件的使用方法，这里暂不做详细讲解。

2.3.5 动画素材的制作

动画素材包括二维动画、三维动画和动态图片等，其中二维动画制作软件有 Flash、万彩动画大师等；三维动画制作软件有 3ds Max、Maya 等；动态图片制作软件有 ImgPlay、GifCam 等。下面以 ImgPlay 为例，介绍动态图片的制作方法，具体操作如下。

动画素材的制作

步骤 01 在手机上下载、安装并启动 ImgPlay，点击界面上方的数据类型下拉按钮，在弹出的下拉列表中选择“使用照片而制作”选项，如图 2-62 所示。

图 2-62

步骤 02 在显示的界面中选择需要制作成动态图片的照片（配套资源：素材\第 2 章 \01.jpeg、02.jpeg、03.jpeg、04.jpeg），点击制作按钮，如图 2-63 所示。

图 2-63

步骤 03 在当前界面中可拖曳下方的速度滑块调整播放时间，这里将时间设置为 6 秒（界面上方会显示时长数据），然后点击“文本”按钮T，准备开始文本的制作，如图 2-64 所示。

图 2-64

步骤 04 进入设置文本的界面，在其中输入需要的文本内容，如图 2-65 所示。

图 2-65

步骤 05 点击界面下方的“字体”按钮，在“字体”列表框中选择所需的字体，如图 2-66 所示。

图 2-66

步骤 06 点击界面下方的“样式”按钮，在“样式”列表框中设置字体样式，如图 2-67 所示。

图 2-67

步骤 07 在界面中拖曳文本可调整其位置，将文本移至界面上方中间处，然后按住“缩放”按钮拖曳，适当缩小文本，最后点击右上角的下一步按钮，如图 2-68 所示。

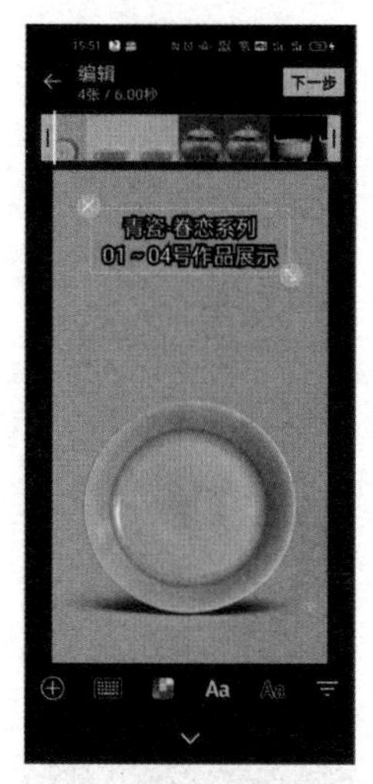

图 2-68

步骤 08 打开“分享 / 保存”界面，直接点击按钮，如图 2-69 所示。

图 2-69

步骤 09 在弹出的界面中选择“GIF 高清晰画质”选项，如图 2-70 所示（配套资源：

效果\第 2 章\产品展示动态图片 .gif）。

图 2-70

高手秘技

如果在第 1 步中选择的数据类型是视频，创作者则可以拖曳界面上方两侧的黄色裁剪条裁剪视频，保留需要的内容，并点击左下角的“播放顺序”按钮 调整动画的播放顺序，包括正放、倒放、正放后倒放 3 种。

本章小结

本章讲解了短视频拍摄前期准备的相关知识，包括人、物、场的准备，拍摄器材和设备的选择与使用，以及各类短视频素材的收集与处理等内容。

短视频拍摄是一项综合性工作，特别是对短视频质量要求较高的创作者而言，拍摄短视频需要耗费极大的精力。为了保证短视频的质量，创作者应该做足各项前期准备，如短视频拍摄团队的搭建、器材与设备的选择、场地的布置等，让后续的短视频拍摄工作更加顺利。

实战演练——做好产品短视频的拍摄准备

某淘宝新注册个人商家，为了推广口罩准备拍摄一条短视频，介绍产品的特点。受限于人力、物力、财力，该商家希望以最经济的方式拍摄出一个优质的短视频，具体可以从以下方面进行准备。

首先，从人员方面来看，该商家可以自己出镜，拍摄器材可以利用三脚架固定，无须其他人员参与；从场地方面来看，商家可以选择自己的住所作为拍摄场地，准备一把座椅、一张书桌，选择一面纯色干净的墙作为背景，配上美观的桌布，摆放上需要展示的产品即可；商家本人可以身着简洁大方的服装，配上简单的饰品，如图 2-71 所示；从拍摄器材方面来看，该商家只需准备三脚架或其他稳定器、智能手机，如果光线不够，可以准备便捷灯进行临时布光。

图 2-71

第 3 章 短视频拍摄实用方法

很多创作者在看到别人发布的优质短视频时，往往会对其中的画面表现、镜头运用和光影效果等赞不绝口，期望自己也能拍出这种短视频。实际上只要学会了构图、运镜、设计转场、布光等知识，拍摄出优质的短视频并不是难事。本章将介绍拍摄短视频的各种实用方法。

【学习目标】

- 熟悉拍摄画面的构图技巧
- 掌握各种不同拍摄景别的应用方法
- 掌握各种拍摄镜头的使用
- 了解并熟悉转场的技巧
- 熟悉现场布光的方法

3.1 轻松学会短视频构图

“构图”一词源于西方绘画中的构图学，在我国国画中则称为布局。在摄影中，构图的目的是把要在画面中呈现的对象适当地组织起来，构成一个协调且充满美感的画面。

3.1.1 短视频构图的四大要素

短视频构图的四大构图要素包括主体、陪体、前景和背景。

1. 主体

主体是短视频表达的重点内容，也是画面中的焦点或想要突出的重要元素。主体在视频画面中起主导作用，是主题思想的主要体现者。一个明显的拍摄主体出现在画面上可以更好地吸引用户的视线。

对于短视频而言，拍摄主体应该精确对焦，拥有较高的清晰度，且拍摄画面整体上应尽量保持简洁，以便突出主体，如图 3-1 所示。

图 3-1

2. 陪体

陪体在画面中用来衬托主体，并兼具平衡画面的作用。“红花配绿叶”便是主体与陪体关系的典型体现。对于短视频而言，陪体并不一定必须存在或显示在画面中，只有需要衬托主体的某种特点时，才需要加入陪体进行对比衬托。

例如，当需要表现商品的真实大小时，便可以在旁边放置一个尺寸被人们所熟知的陪体来对比表现商品大小；当需要表现建筑物的高大时，就可以将演员加入画面中，结合近景至远景的运镜手法，逐渐展示出建筑物的真实高度，如图 3-2 所示；当需要衬托桌上的美食时，就可以在美食周围加入各种道具，如餐具、水果等，如图 3-3 所示。

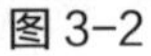
图 3-2

图 3-3

3. 前景

前景的作用包括增加画面层次感、遮挡画面中杂乱的部分、引导用户视线和烘托主体。例如，拍摄风光视频时，增加地面前景或用近处的物体形成前景，可以明显增强画面的层次感和纵深感；拍摄较远的物体时，可以利用窗户作为前景，通过镂空的窗户引导用户将视线聚焦到主体上，并增强画面的纵深感，如图 3-4 所示；在拍摄人物时，利用花朵绿叶等靠近镜头形成朦胧虚化的前景，柔化主体之外的区域，既能烘托主体，又能简化画面，如图 3-5 所示。

图 3-4

图 3-5

4. 背景

背景可以交代环境特点，也可以烘托画面主体。虽然很多时候我们需要尽可能地简化背景，让画面更加简洁，以突出拍摄主体，但一些特殊场景也需要背景的存在。例如拍摄旅行视频时，我们一般会让风景出现在画面中，以交代拍摄地点和环境特征，此时画面中的人物是主体，风景是背景，背景的加入进一步烘托了主体，如图 3-6 所示。

图 3-6

3.1.2 短视频构图的基本原则

短视频构图的基本原则包括“水平垂直”“交叉叠加”“检查边缘”“背景简化”等。掌握这几种原则，不仅拍摄出的画面质量会更高，而且后期处理的时间会更少。

1. 水平垂直

当拍摄画面中存在本应该水平或垂直的事物时，如地平线、海平线、树木、建筑物等，应当尽量让画面保持水平或垂直的状态，否则会让用户观看时感到不舒服或不自然。只要在取景构图时注意到这些水平或垂直的事物，借助拍摄器材的网格参考线，就能拍摄出水平或垂直的画面。图 3-7 所示为不水平的画面与水平的画面的对比。

图 3-7

高手秘技

在拍摄高大的建筑物时，由于拍摄器材位置过低，若要拍摄出建筑物的全景，镜头会自然向上仰视，画面中的建筑物就会出现后倾的效果。要解决这种问题，一方面可以重新寻找合适的拍摄地点，使镜头处于平视状态，另一方面可以使用广角镜头拍摄以尽量避免失真，然后通过后期处理来得到垂直的画面。

2. 交叉叠加

当两种没有直接联系的事物在画面中相交或重叠时，可能会因为颜色相近、形状相似等造成交叉叠加的情况，导致事物的表现力降低。在图 3-8 中，左图鸽子的颜色与草地颜色有些交叉叠加，在一定程度上影响了画面的表现力，此时我们需要重新寻找合适的背景进行衬托，如将镜头适当降低并以稍微仰视的角度拍摄空旷的背景，就解决了交叉叠加的问题，得到右图所示的效果。

图 3-8

3. 检查边缘

在构图时，如果画面边缘误入某一事物，就会分散用户的注意力，破坏画面的洁净度。虽然我们可以在后期通过裁剪画面的方式去除画面边缘的杂乱事物，但如果在拍摄时就规避这一问题，后期的工作量就会减小。

在图 3-9 中，左图画面右上角出现了多余的树枝，影响了整个画面的洁净度，如果拍摄时认真检查画面边缘，轻微向左平移拍摄器材，或者直接从另一个角度取景，就能让画面边缘干净整洁，从而得到右图所示的效果。

图 3-9

4. 背景简化

短视频的画面背景如果太过杂乱，不仅会影响主体的呈现，也可能出现背景中的对象喧宾夺主的情况。简化背景的常见方法就是转换拍摄角度。在图 3-10 中，左图的背景中不仅有枫树，还有天空，整体背景显得非常杂乱，不利于主体的突出，此时可以调整拍摄角度，以接近纯色的对象作为背景，如天空、虚化后的枫树等，使背景成为一个干净的整体，让主体枫叶能从背景中脱颖而出，更好地吸引用户注意力，呈现如右图所示的效果。

图 3-10

3.1.3 短视频构图的常用方法

短视频构图的方法有很多，常用的包括中心构图法、水平线构图法、垂直线构图法、九宫格构图法、对角线构图法、引导线构图法等。熟悉并运用这些构图方法，可以在短时间内增强我们的拍摄能力和提高拍摄画面的质量。

- **中心构图法：**中心构图法是将拍摄主体放置在画面中心，其优势在于主体突出、明确，而且画面容易取得左右平衡的效果，如图 3-11 所示。

图 3-11

- **水平线构图法：**水平线构图法就是以水平线条为参考线，将整个画面二等分或三等分，通过水平、舒展的线条表现出宽阔、稳定、和谐的效果，如图 3-12 所示。

图 3-12

- **垂直线构图法：**垂直线构图法就是画面以垂直线条为参考线，充分展示景物的高大和深度，如图 3-13 所示。

图 3-13

- **九宫格构图法：**九宫格构图法就是通过两条水平线和两条垂直线将画面平均分割为 9 块区域，将拍摄主体放置在任意一个交叉点位置，这种构图法可以使画面看上去非常自然、舒服，如图 3-14 所示。

图 3-14

- **对角线构图法：**对角线构图法是指将拍摄主体沿画面对角线方向排列，表现出动感、不稳定性或充满生命力等感觉，如图 3-15 所示。

图 3-15

- **引导线构图法：**引导线构图法是指通过引导线将用户的视觉焦点引导到画面的主体上，如图 3-16 所示。

图 3-16

3.2 短视频五大景别的区分与应用

景别即场景区别，指的是拍摄器材与拍摄对象由于距离不同，在画面中所呈现出的范围大小的区别。景别一般可以分为 5 种类型，分别是远景、全景、中景、近景、特写。

微课视频

3.2.1 表现空间范围的远景

远景视野深远、宽阔，主要表现地理环境、自然风貌、开阔宏大的场景等画面，如图 3-17 所示。远景相当于从较远的距离观看景物和人物，画面能包容广大的空间，人物在画面中显得较小，背景占主要地位，通过整体画面给人以广阔、宏大的感觉。

在需要展现辽阔的大自然、宏伟的建筑群、盛大的活动场面、室内的整体布局情况等的时候，都可以使用远景这种景别。

图 3-17

3.2.2 突出全貌的全景

全景用来表现场景的全貌与人物的全身动作，与远景相比，全景主要是突出画面主体的全部面貌，整个画面会有一个比较明确的视觉中心，更能够全面阐释主体与环境之间的密切关系。换句话说，全景主要以主体的存在为前提，其概念是相对画面的主体而言的，全景既可以是人的全景、物的全景，也可以是人和物共同的全景。

全景画面中包含整个人物的形貌，它既不像远景那样由于细节过小而经不起仔细观察，也不会像中景、近景画面那样不能展示人物全身的形态、动作，在叙事、抒情和阐述人物与环境的关系等方面可以起到独特的作用，如图 3-18 所示。

图 3-18

3.2.3 展现局部的中景

中景主要是用来表达人与人、人与物、物与物之间的情节交流以及相互之间的关系的，在拍摄人物时通常呈现其膝盖以上的范围，以反映人物的动作、姿态、手势等信息。

中景和全景相比，重点在于表现人物的上身动作。它是叙事功能很强的一种景别，在包含对话、动作和情绪交流的场景中，利用中景可以兼顾人物与人物之间、人物与周围环境之间关系的表达，如图 3-19 所示。

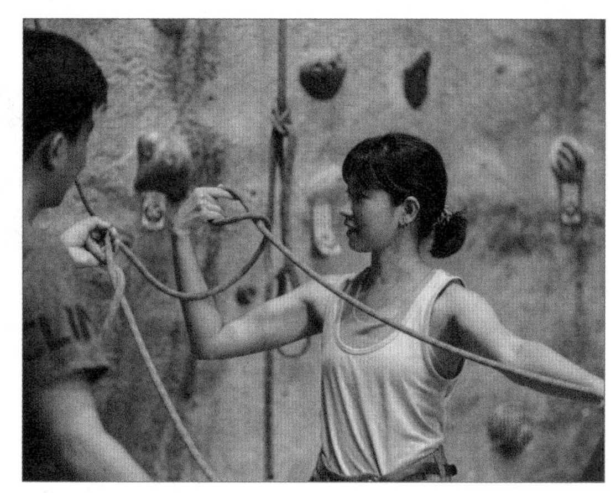

图 3-19

3.2.4 着重近距离观察的近景

近景主要表现拍摄物体局部的对比关系，在拍摄人物时，通常呈现人物胸部以上的神态细节。从视觉效果来看，近景能清楚地呈现人物的细微动作，既有助于表现人物之间的情感交流，也能使用户将注意力高度集中于主体的主要特点，基本忽略环境与主体的关系，让主体在用户眼中形成一个鲜明的、强烈的印象，因此近景是刻画人物性格最有力的景别。

近景中的环境退于次要地位，因此画面构图应尽量简练，实际拍摄时常用长焦镜头拍摄，利用大景深虚化背景。近景人物一般只有一人作为画面主体，人物细节需要展现得比较清晰，才有利于表现人物的面部或其他部位的特征，如图 3-20 所示。

图 3-20

3.2.5 抓住细节的特写

特写主要用于表现人或物的一个关键点，通过放大局部的细节来揭示主体的本质，特写中的景物表现比较单一，舍弃烦琐，直奔主题，拍摄对象充满画面，如图 3-21 所示。特写镜头可以起到提示信息、营造悬念、刻画人物内心活动等作用。特写画面中的细节最突出，能够很好地表现拍摄对象的线条、质感、色彩等特征。

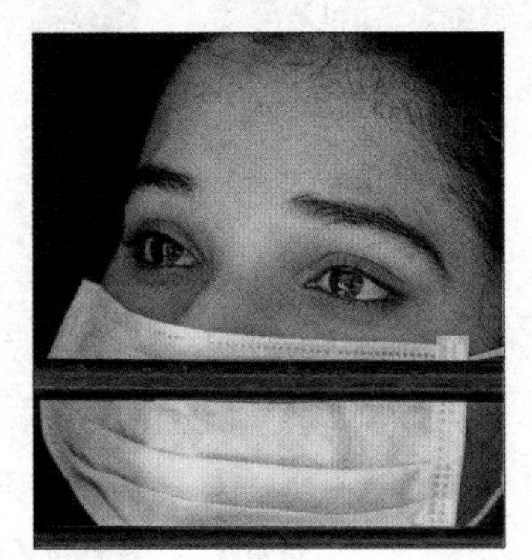

图 3-21

3.2.6 各种景别的常见衔接技法

众所周知，短视频内容是由一系列镜头画面衔接而成的，创作者要想使这些画面成功地完成叙事等功能，画面的衔接就需要符合用户的思维方式。仅就景别而言，创作者应该采用循序渐进的方法展现画面，使各画面的衔接更加顺畅和自然。各种景别的常见衔接技法有以下 3 种。

- **前进式技法：**这种景别衔接技法是指画面由远景、全景向中景、近景、特写过渡，适用于表现逐渐高涨的情绪或逐渐紧张的气氛。许多电影或电视剧的开头都常使用这种技法，如先用远景表现街道、建筑物，然后用全景表现人物所居住的楼房，接着用中景或近景表现室内环境，最后用特写镜头表现屋内的细节，从而很自然地交代了人物的居住位置和环境。
- **后退式技法：**这种景别衔接技法与前进式技法刚好相反，画面由近到远，表示情绪从高昂逐渐转向低沉、压抑，也可以表现从细节扩展到全局的视觉效果。例如，一些视频结尾会利用这种技法，使画面依次从室内、小区，延展到小区全景、整个街道的全貌，再到整个地球、太空，以表现世界的宏大和人物的渺小。
- **环行技法：**这种景别衔接技法是把前进式技法和后退式技法结合在一起使用的。一般是由全景→中景→近景→特写，再到特写→近景→中景→远景，以表现情绪由低沉到高昂，再由高昂转向低沉的效果。也可以先由特写→近景→中景→远景，再到全景→中景→近景→特写，以表现情绪由高昂转向低沉，再由低沉到高昂的效果。例如，用全景拍摄校园全貌，用中景展现教室全貌，用近景展现某位学生的身体姿势，用特写展现该学生的表情，用特写展现电铃响动，然后用近景展现该学生收拾课本背起书包，用中景展现该学生走出教室，用全景展现该学生走出学校大门，用远景展现该学生回家时整个乡村小路和周围环境的全貌，以表现学生焦急等待放学的心情，为后面的剧情留下一定的悬念，吸引用户继续看下去。

3.3 合理使用各种拍摄镜头

拍摄短视频时，每一个镜头对应一个画面，因此短视频实际上就是由一个个镜头组成的。合理运用不同的镜头有助于拍摄出高质量的短视频，而要想做到这一点，拍摄人员就需要对各种镜头的作用比较熟悉。总体来看，拍摄镜头可以分为固定镜头和运动镜头两大类，而运动镜头中又包含推、拉、摇、移、跟等类型，下面逐一介绍。

微课视频

3.3.1 “宁而不静”的固定镜头

固定镜头不仅仅指的是摄影机或数码相机等拍摄器材的位置不变，也指镜头的焦距和光轴（镜头的中心线。要想拍摄对象不发生变形，光轴需垂直于水平线）保持固定不变。固定镜头在视频拍摄中非常常见，可以长久地拍摄运动或静态的事物，轻易展现出事物的发展变化情况或状态特点，其作用可以归纳为介绍环境、展示细节、控制节奏等。

1. 介绍环境

固定镜头不仅可以展现拍摄现场的环境，也能通过展现的环境营造出一定的氛围。例如，图 3-22 所示的画面中，夜幕下空旷的街道和一动不动的路灯就渲染出了一种悲凉落寞的氛围；图 3-23 所示的画面中，朝阳下恬静的花园则渲染出了充满生机与希望的氛围。

图 3-22

图 3-23

2. 展示细节

通过固定镜头拍摄的画面通常有一个相对稳定的边框，能突出画面中的拍摄对象，并给用户分析画面细节留出足够的时间，如图 3-24 所示。固定镜头也具有交代关系的作用，能够通过人物的对话、动作和表情等，展现出复杂的人物关系，如图 3-25 所示。另外，固定镜头可以通过中景、近景或特写，突出人物丰富的面部表情，从而表现人物的性格特点或情感特征，充分展示画面的细节，如图 3-26 所示。

图 3-24

图 3-25

图 3-26

3. 控制节奏

固定镜头能够客观反映拍摄对象的运动速度和节奏变化，如在拍摄雪景时，固定镜头能使纷飞的雪花和静止不动的房屋背景形成鲜明的对比，展示雪花飞舞的速度和节奏，如图 3-27 所示。固定镜头可以强化画面的动态表现效果，如使用固定镜头拍摄火山口的岩浆缓缓流动的过程，就能带给用户强烈的视觉冲击，如图 3-28 所示。固定镜头还可以借助延时拍摄的方式完整呈现漫长的过程，并通过后期处理加快视频的播放节奏，如图 3-29 所示。

图 3-27

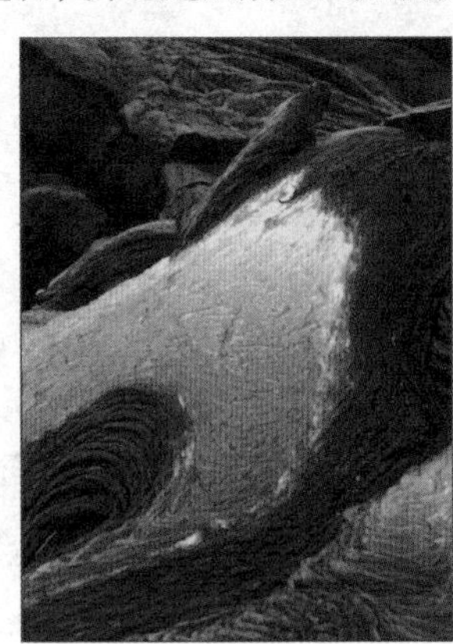
图 3-28

图 3-29

3.3.2 生动炫丽的运动镜头

与固定镜头相反，运动镜头是指通过改变拍摄器材的位置或镜头焦距等，拍摄出各种极具动感的画面效果。根据拍摄手法的不同，运动镜头可以分为不同的类型，下面依次介绍。

1. 推镜头

推镜头可以通过调整拍摄器材的位置或镜头焦距，向拍摄对象方向前进，使拍摄对象在画面中变得越来越大，呈现出视觉前移的效果，如图 3-30 所示。推镜头在描写细节、突出主体、刻画人物、制造悬念等方面非常有用。

图 3-30

高手秘技

在需要捕捉人物面部的细微表情变化，或需要放大人物的某个部位的细节，或需要强调其某个细微动作时，使用推镜头能够让用户主动地关注这些细节。

2. 拉镜头

拉镜头与推镜头相反，是指拍摄器材向拍摄对象的反方向运动，或调整焦距，使画面框架远离拍摄对象，呈现出由近及远、由局部到整体的效果，如图 3-31 所示。很明显，拉镜头可以增加画面信息量，逐渐显现出拍摄对象与整个环境之间的关系。

图 3-31

3. 摇镜头

摇镜头是指拍摄器材位置固定不动，通过三脚架的云台或拍摄人员的身体进行上下或左右摇摆拍摄的一种拍摄方式，图 3-32 所示的画面便是使用从上至下的摇镜头拍摄的。当无法在单个固定镜头中拍摄出所有想要拍摄的事物，如沙漠、海洋、草原等宽广深远的景物，或悬崖峭壁、瀑布、高耸入云的建筑物等垂直高大的对象时，就可以使用摇镜头来逐渐展现事物的全貌。当然，摇镜头除了用于介绍环境外，也适用于展现两个主体之间的关系，如二者在进行交流时，可以用摇镜头从一个主体转移到另一个主体，从而建立他们之间的联系。

图 3-32

4. 移镜头

移镜头是指拍摄器材沿水平面在任意方向做直线运动的拍摄方式，长距离的移镜头一般会借助滑轨等稳定设备稳定拍摄画面，图 3-33 所示便是将滑轨安放在拍摄对象前面，拍摄器材在滑轨上从左至右水平横移拍摄的画面效果。与摇镜头相比，用移镜头拍摄时拍摄器材会进行直线运动，从而产生比摇镜头更富有流动感的画面，视觉效果也更强烈。

图 3-33

高手秘技

移镜头可以拍摄出各种丰富的画面，如拍摄对象处于静止状态时，使用移镜头拍摄该对象可以造成巡视或展示的视觉感受；当拍摄对象处于运动状态时，使用移镜头拍摄该对象可以形成跟随拍摄的视觉效果；当拍摄器材与拍摄对象呈逆向运动时，还可以营造擦身而过、惊险等气氛。

5. 跟镜头

跟镜头是拍摄器材跟踪运动着的拍摄对象进行拍摄的一种拍摄方式。由于跟镜头始终跟随拍摄一个在运动中的对象，从而可以连续而详细地表现该对象的活动情形或动作和表情。因此，跟镜头既能突出运动中的主体，又能交代其运动方向、速度、形态、表情及其与环境的关系等。图 3-34 所示即为使用跟镜头拍摄大雁飞翔的过程。

图 3-34

6. 旋转镜头

旋转镜头是指拍摄器材以拍摄对象为中心，做 360° 圆周运动的拍摄方式，如图 3-35 所示。这种镜头能够产生酷炫的效果，但要注意拍摄器材的运动速度不能过快，否则容易造成眩晕的视觉感受。

图 3-35

7. 升镜头

升镜头是指拍摄器材一边上升一边拍摄的拍摄方式，经常用来表现辽阔的空间或宏大的场景，如图 3-36 所示。

8. 降镜头

降镜头是指拍摄器材一边下降一边拍摄的拍摄方式，可以使用户的关注点跟随镜头的方向逐渐从高处转向低处，如图 3-37 所示。

图 3-36

图 3-37

高手秘技

有时为了呈现特殊的效果，创作者还可能会用到甩镜头和晃镜头。其中，甩镜头是指从一个拍摄对象快速转移到另一个拍摄对象的拍摄方式，主要用于表现物体的快速移动，如投掷飞镖的场景就可以使用甩镜头来表现；晃镜头主要用于人为地制作出画面抖动的效果，以增加画面的真实感，一些仿纪录片形式的电影中就经常出现晃镜头。

3.4 短视频常用转场的设计

微课视频

如果将短视频中具有某个单一的或相对完整意思的多组镜头称为一个段落或场景，那么转场便是段落与段落、场景与场景之间的过渡与转换。

3.4.1 转场在短视频中的作用

一部完整的短视频作品必定由许多段落或场景组成，而段落和场景又是由一系列镜头构成的，如果将短视频作品看成一栋高楼大厦，而段落或场景就是大厦的每一个单元，那么转场便是加固各个单元的设备，它不仅能保证大楼的坚固，也能使大厦更加整齐、流畅。总体来看，转场在短视频中的作用主要体现在以下 3 个方面。

- **连接紧密：**利用转场可以将不同内容的段落或场景联系得更加紧密，使用户不至于感觉场景转换过于突兀，也更有利于用户理解短视频想要表达的内容。

- **加深印象：**巧妙的转场设计可以让用户对短视频中的场景的印象更加深刻。例如从农家圆形的晾晒农具场景直接过渡到一轮圆月就能给用户新奇感，对圆形农具形成深刻印象。
- **增强体验：**一些场景段落之间的色调落差过大、色彩变化太快，为了使用户的体验感更好，创作者可以通过转场使两个场景的过渡更自然，不至于使用户产生反感情绪。

3.4.2 八大转场技巧

许多短视频剪辑软件都提供了转场功能，创作者可以在后期为短视频添加需要的转场，这种方式称为技巧转场。与之相对应的就是无技巧转场，它是用镜头的自然过渡来连接上下两段场景的，更加强调视觉的连续性。但是，并不是任何两个镜头之间都可应用无技巧转场，因此创作者需要掌握一些常见的无技巧转场的设计与应用方法，才能将这些技巧恰当地应用到短视频制作中去。

1. 相似转场

相似转场需要上下两个镜头的主体相同或相似，或者在造型、形状、运动方向、色彩等属性上有一定的相似性，这样才能营造视觉上的连续性，让转场更加顺畅，让用户感到耳目一新的同时又觉得理所当然。图 3-38 所示的从瓢虫转换到甲壳虫玩具便利用了相似转场。

图 3-38

2. 反差转场

反差转场是指利用上下两个镜头在景别、运动变化等方面的对比，形成明显的段落落差，其中最常用的一种手法就两极镜头的运用。如果以大景别结束、小景别开场，则这种转场会加快叙事节奏；如果以小景别结束、大景别开始，则这种转场的叙事节奏会更加自然。图 3-39 所示的画面中，上一个镜头是沙粒的特写，下一个镜头是沙漠的远景，如此转场可以让用户强烈感受到浩瀚的沙漠全是由微不足道的沙粒所组成的。

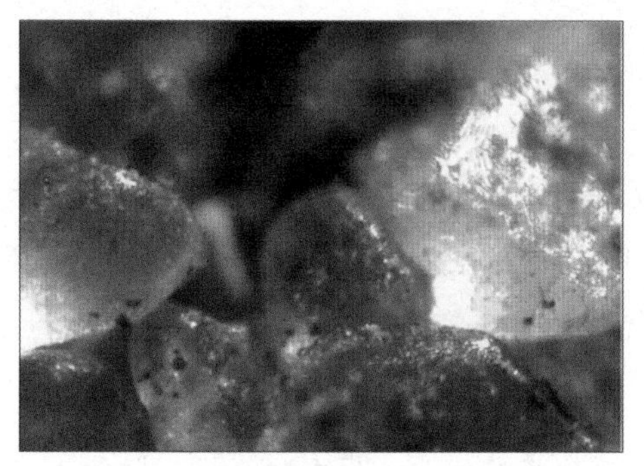
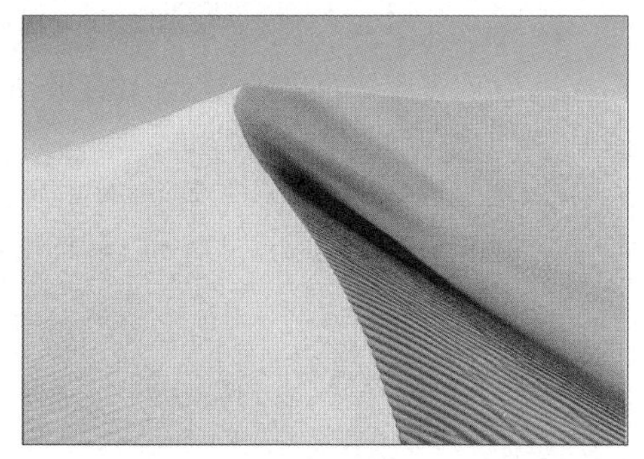

图 3-39

3. 遮挡镜头转场

遮挡镜头转场需要利用遮挡物来挡住镜头，待遮挡物消失后，下一个镜头已经切换到了另一个画面。遮挡镜头的物体不仅可以是前景中的物体，也可以是运动中的主体。遮挡镜头转场可以使用户无法从镜头中辨别出拍摄对象的性质、形状和质地等物理特征，而且非常期待遮挡后出现的画面。在图 3-40 中，上一个镜头的画面慢慢被黑色的墙体所遮挡，下一个镜头便切换到卧室，既交代了主体所处的环境，又自然地呈现出了主体当前的状态。

图 3-40

4. 承接因素转场

承接因素转场也叫逻辑因素转场，即利用上下镜头之间的造型和内容上的某种呼应、动作连续或情节连贯的关系，使段落的过渡顺理成章。例如，上一个镜头中人物甲刚刚从火车上下来并在四处张望，下一个镜头中出现一个向火车方向热情招手的人物乙，用户就会很自然地认为人物乙正在向人物甲打招呼。在图 3-41 中，上一个镜头展现了人物投篮的动作，下一个镜头便展现篮球被投进篮框的画面，符合用户的预期，这也是典型的承接因素转场。

图 3-41

5. 空镜头转场

空镜头转场是指画面中没有人物的镜头，一般用于刻画人物心理、渲染气氛、为情绪的抒发提供空间，或者为了叙事的需要，展现出对应的时间、地点等。图 3-42 所示即为空镜头，画面中几乎只能看见车灯和车灯的移动。

图 3-42

6. 运动转场

运动转场分为拍摄器材运动、主体不动和主体运动、拍摄器材不动两种形式，其转场效果真实、流畅，可以连续展示一个又一个空间场景，强调段落间的内在连贯性。在运动转场中，较常用的是出画入画转场，即在前一个镜头中主体走出画面，在后一个镜头中主体走入画面的转场方式，可以连续表现主体的运动情况和场景变化情况，如图 3-43 所示。

图 3-43

7. 声音转场

声音转场是指用音乐、音响、解说词、对白等元素，来配合画面实现转场。常见的声音转场主要有声音前置和声音延宕，前者是指下一个场景中的声音提前进入上一个场景，后者是指上一个场景中的声音延长到下一个场景中。图 3-44 所示为画面处于黑屏时，出现了笔在纸上快速划写的声音，紧接着便转到了用笔在图纸上标记的场景。

图 3-44

8. 视角转场

视角转场也称为主观镜头（顺着人物视线方向拍的镜头）转场，指的是上一个镜头展现的是主体的视线方向，下一个镜头便展现主体所看到的具体场景，即借助人物的视线方向来实现转场，如图 3-45 所示。

图 3-45

3.5 现场布光的技巧

无论是室内还是室外，在拍摄短视频时，都可能需要进行现场布光，以使光影效果能够满足拍摄需要。特别是在光线不充足的室内，或阴雨天时的室外，现场布光就更加有必要了。下面介绍各种光源以及常用的布光技巧。

3.5.1 各种位置的光源

微课视频

主体被不同方向或角度的光源照射时，会产生不同的明暗效果。根据光源相对于主体的位置，光源可以分为顺光、侧光、逆光、顶光、底光等。

1. 顺光

顺光也称为正面光，指光线投射方向与拍摄方向一致的光源，如图 3-46 所示。顺光时，主体受到均匀的照明，影调比较柔和，能很好地体现出主体固有的色彩，但若处理不当，画面会比较平淡，空间立体效果也会较差，在色调对比和反差上不如侧光强烈。在布光时，往往把较暗的顺光用作辅光或修饰光。

图 3-46

2. 侧光

侧光是指光线投射方向与拍摄方向成 90° 左右的光源，如图 3-47 所示。受侧光照明的物体，有明显的阴暗面和投影，因此侧光对拍摄对象的立体形状和质感有较强的表现力。但是，侧光往往会形成一半明一半暗的过于折中的影调和层次，这就需要拍摄人员在构图上考虑拍摄对象的受光面和阴影的比例关系。

图 3-47

3. 逆光

逆光也称作背面光，是指来自拍摄对象后面的光线照明。逆光一般只能照亮拍摄对象的轮廓，所以经常被用作轮廓光。在逆光下，拍摄对象大部分处在阴影之中，但其轮廓分明，观者可以通过轮廓区分其与其他景物，如图 3-48 所示。

图 3-48

高手秘技

当光线投射方向与拍摄方向成 45° 左右时，这种光源称为侧顺光或斜侧光，它能够很好地表现出拍摄对象的立体感，能丰富画面的阴暗层次，起到很好的造型、塑型作用；当光线投射方向与拍摄方向成 135° 左右时，这种光源称为侧逆光，也称反侧光或后侧光，它可以使拍摄对象被照明的一侧出现一条亮轮廓，能较好地表现拍摄对象的轮廓和立体感。

4. 顶光

顶光是指来自拍摄对象上方的光源，如图 3-49 所示。在顶光下拍摄人物时，会呈现前额发亮、眼窝发黑、鼻影下垂、颧骨突出、两腮有阴影等反常效果，不利于体现人物形象的美感。但此时如果用辅光提高阴影亮度，也可以获得较好的造型效果。

图 3-49

5. 底光

底光是指由下向上照射的光源，位于拍摄对象前面的称为前底光，位于拍摄对象后面的称为后底光。底光可以模拟油灯、台灯、篝火等自然照明效果，也可以刻画人物形象、渲染气氛，对细节有一定的修饰和美化作用。

3.5.2 各种类型的光源

根据光源的作用不同，光源还可以分为主光、辅光、背景光、修饰光、轮廓光、氛围光等类型。要想学会布光，创作者就应该了解各种类型的光源及其作用。

1. 主光

主光即照明中起主要作用的光源，用于显示拍摄对象的基本形态，表现画面的立体空间和拍摄对象的表面结构。其主要功能是表现光源的方向和性质，产生明显的阴影和反差，塑造拍摄对象的形象，因此主光又称为“塑形光”。

主光通常设置在拍摄对象上侧前方，即镜头的斜上方 30°~45° 的位置。

2. 辅光

辅光用于增加主光照不到的位置的画面层次与细节，降低阴影的密度，以减弱主光造成的明显阴影。通常而言，辅光应该选用柔和的、无明显方向的散射光或反射光。

3. 背景光

背景光一般位于拍摄对象的后方，并朝向背景照射。背景光可以突出拍摄对象或美化画面，对画面的色调影响较大，可以使人物身形更加清晰，让画面拥有纵深感。

4. 修饰光

修饰光是对拍摄对象的局部添加的强化塑形的光线，其作用主要是修饰和更精细地展现拍摄对象，为画面营造气氛。需要注意的是，修饰光的照射范围和强度不能过大。

5. 轮廓光

轮廓光用于勾勒拍摄对象的轮廓，可以更好地呈现拍摄对象的形状，增强其线条感。

6. 氛围光

氛围光可以用来模拟某种现场光线效果，营造某种特殊的环境和氛围。

3.5.3 常用布光技巧解析

对于短视频拍摄来说，布光是非常重要的环节，是决定短视频能否吸引用户继续看下去的前提条件之一。

微课视频

1. 单灯布光

单灯布光就是使用单一光源照射拍摄对象的布光方式，其中常用的布光技巧包括蝴蝶光、伦勃朗光、环形光、分割布光等。

- **蝴蝶光：** 蝴蝶光也叫派拉蒙光或美人光，多用于表现女性。采用这种布光技巧拍摄的人物鼻子的下方会产生一个类似蝴蝶状的阴影，蝴蝶光因此而得名。具体布光技巧为，将光源布置在镜头上方，也就是人物面部的正前方，由上向下从 45° 方向投射到人物面部（见图 3-50）。采用这种布光技巧可为人物面部增加一定的层次感，如图 3-51 所示。

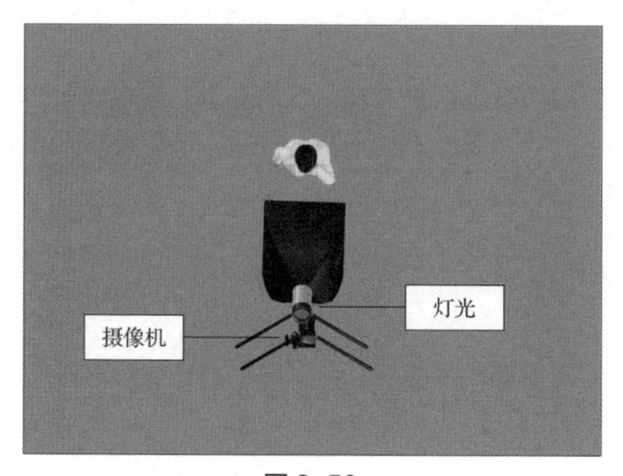

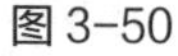
图 3-50

图 3-51

高手秘技

蝴蝶光的效果：鼻子下方出现阴影，但阴影未与嘴唇连接，鼻子显得更挺拔；眉毛下方出现阴影，眼窝显得更立体；下巴下方出现阴影，下巴显得更立体；两腮处偏暗，能塑造更瘦削的脸型。

- **伦勃朗光：**伦勃朗是荷兰的一位著名画家，采用这种布光技巧拍摄的人像酷似伦勃朗的人物肖像绘画，伦勃朗光因此而得名。具体布光技巧为，人物的面部转向一侧到刚刚看不到该侧耳朵，然后在这一侧给予光源，让面部的 2/3 被照亮，而另外的 1/3 处于阴影中。拍摄时人物面部可以稍稍转离光源，光源位置需高过头部，让鼻子的阴影与面部的阴影相连。采用这种布光技巧会使人物阴影一侧的面部构成三角形光斑，由此拍摄的画面具有平面感和戏剧性，如图 3-52 所示。

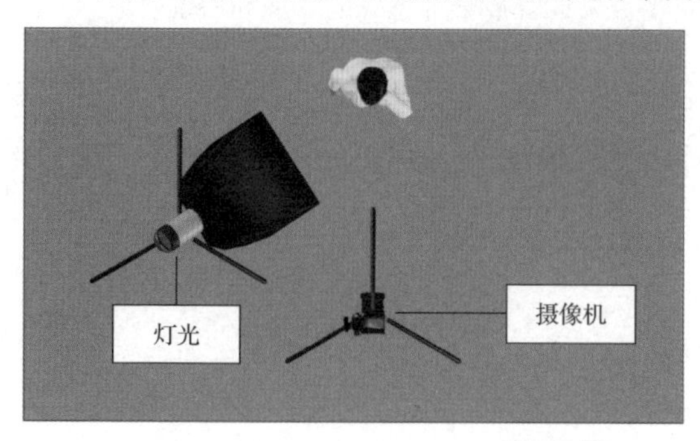

图 3-52

- **环形光：**环形光因拍摄的人物面部会产生环状阴影而得名。具体布光技巧为，光源高度比人物面部稍低，光源与光轴的夹角大约在30°左右（见图3-53），鼻部阴影不能与面部阴影连接，也不能让鼻部阴影接触到嘴唇。这种布光技巧非常适用于拍摄椭圆形面孔，能够强调人物的轮廓和立体感，如图3-54所示。

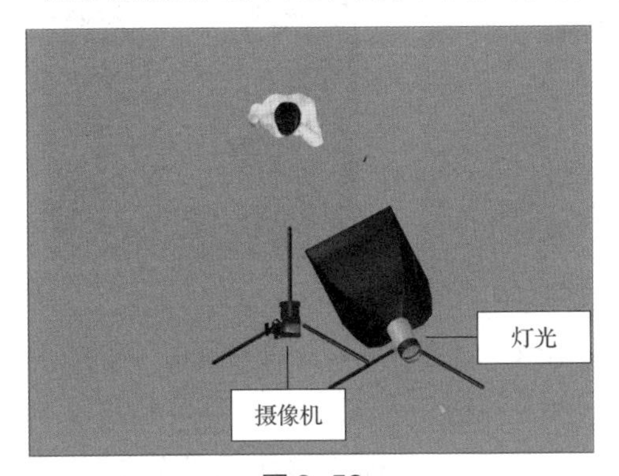

图3-53

图3-54

- **分割布光：**分割布光也叫阴阳布光，因把面部一分为二，一边亮一边暗而得名。具体布光技巧为，将光源置于人物的正侧方（光源与光轴的夹角为90°），如图3-55所示，可将摄像机稍稍移前或移后，以适应不同的脸形。采用这种布光技巧能制造出对比强烈的戏剧感，适合表现气场很强的人物，给用户以强硬的感觉，如图3-56所示。

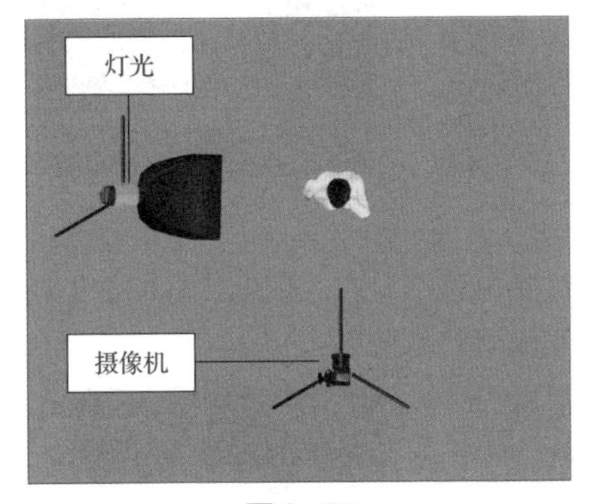

图3-55

图3-56

2. 双灯布光

双灯布光有助于更好地控制光线，丰富光影效果和层次。一般来说，双灯布光中的主光用来造型，辅光用来控制立体感和细节。

- **左右平均布光：**左右平均布光即在摄像机左右各放一个同等功率、柔性光质的光源。采用这种布光技巧可以拍摄出明快、高调的感觉，但人物会微微显胖，画面立体感较弱，如图3-57所示。

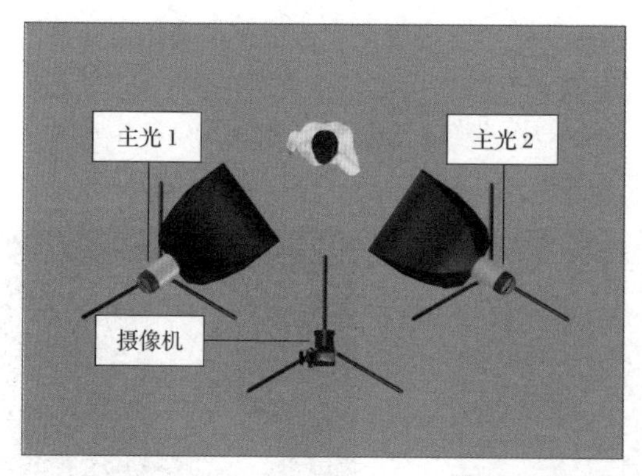

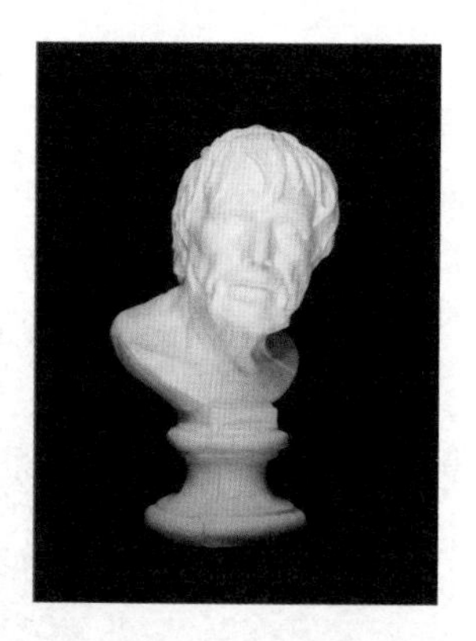

图 3-57

- **上下平均布光:** 上下平均布光即在摄像机上下各放一个同等功率、柔性光质的光源。采用这种布光技巧拍摄出的画面立体感比左右平均布光更强，如图 3-58 所示。

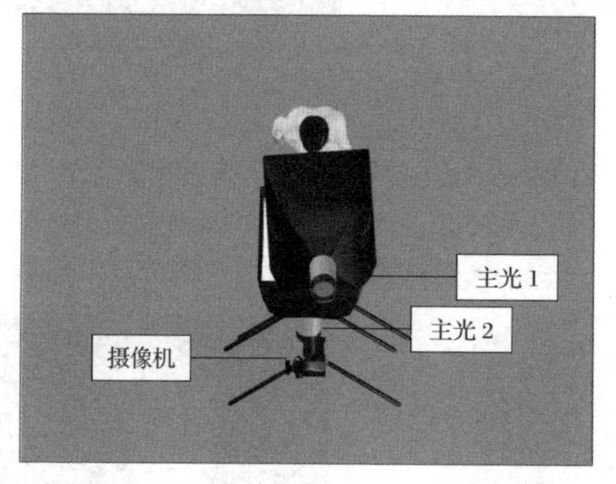

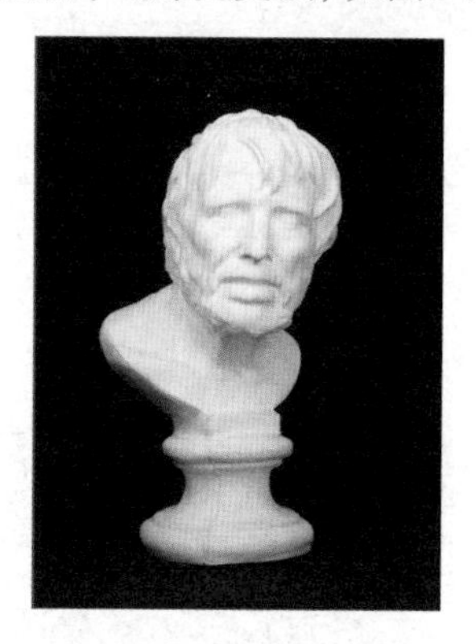

图 3-58

- **主光 + 辅光:** 主光 + 辅光是一种双灯立体布光方法，根据主光和辅光的亮度、位置、角度的不同，可以营造出各种不同的画面效果，如图 3-59 所示。

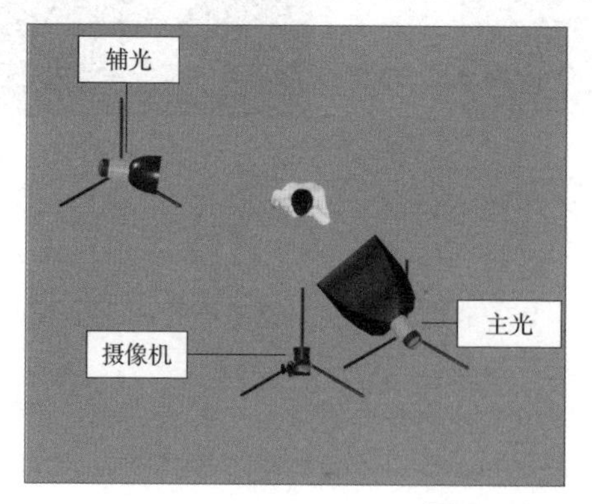

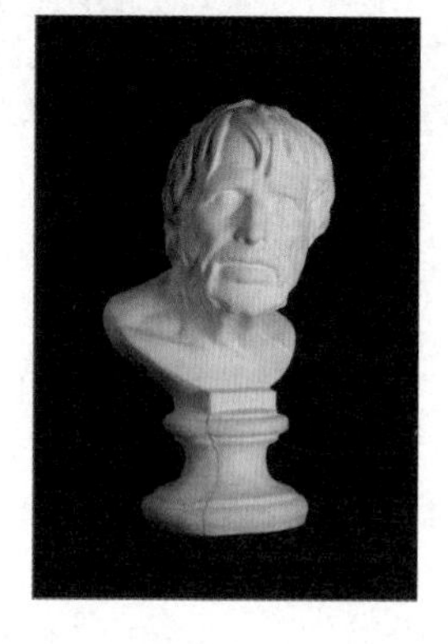

图 3-59

- **主光＋轮廓光：**主光＋逆光是指使用一个光源作为正面主光，表现人物的面部神态，用另一个光源在人物后面对着拍摄设备作为轮廓光，表现人物的轮廓形态，如图 3-60 所示。

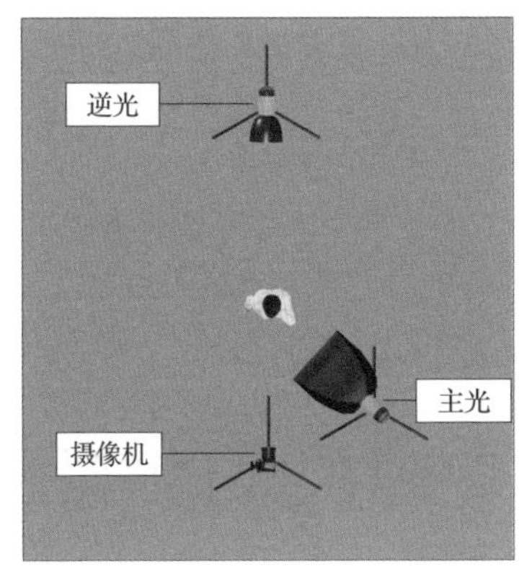

图 3-60

3. 三灯布光

三灯布光是十分常见的室内布光技巧，适合小范围照明，其光源包括主光、辅光和轮廓光，主光用来照亮场景中的主要拍摄对象及其周围区域，并确定明暗关系和投影方向；辅光用来填充阴影区域以及被主光遗漏的场景区域，调和明暗区域之间的反差，同时形成层次感；轮廓光用来将主体与背景分离，展现空间的形状和深度，如图 3-61 所示。

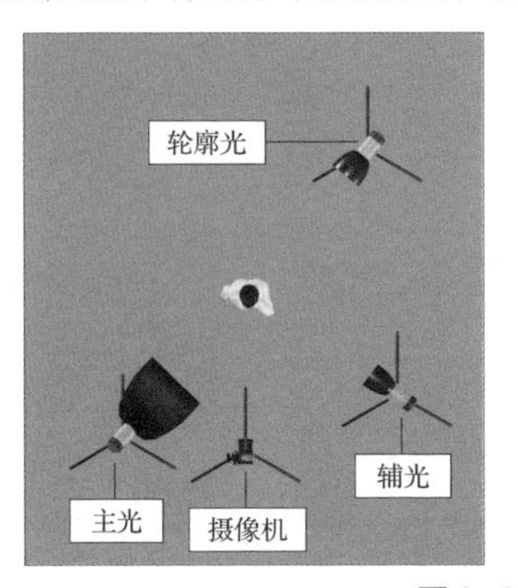

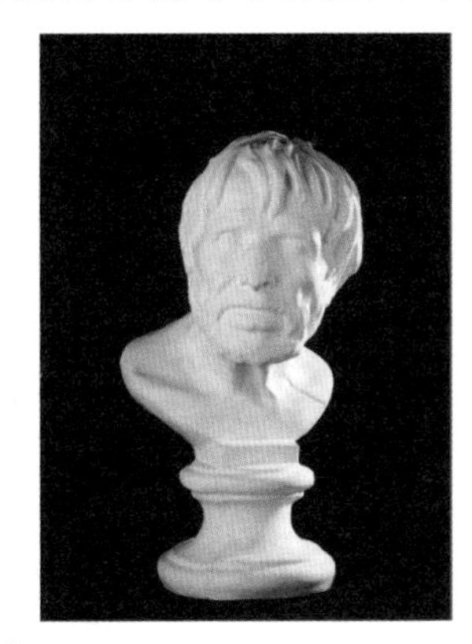

图 3-61

高手秘技

对于室外拍摄而言，自然光就是最好的光源，创作者需要做的工作一方面是选择合适的光线条件进行拍摄，另一方面是充分利用遮阳板、反光板等设备通过遮挡、反射等方式来更有效地利用自然光。

本章小结

本章全面介绍了拍摄短视频的实用方法，包括短视频构图的要素、基本原则和常用方法，短视频拍摄的五大景别的含义和作用，各种景别的常见衔接技法，短视频拍摄时使用的固定镜头和运动镜头，短视频转场技巧，各种位置和类型的光源，以及常用布光技巧等内容。

这些知识都是拍摄短视频时会用到的“干货”，对创作者掌握拍摄技巧、增强拍摄能力和提高短视频质量有至关重要的作用。当然，在理解了这些知识后，创作者还需要反复练习，只有不断进行拍摄练习才能从根本上真正吸收并运用这些知识，最终提高短视频的拍摄质量。

实战演练——设计美食短视频的构图与布光

某专业美食博主准备拍摄一个美食短视频，通过画面向用户介绍并展示该美食的制作方法、口味、特点和价格等，时长为10~15秒。现在其需要为该短视频进行构图和布光设计，然后考虑采用哪种景别和镜头来展示内容。

首先，其可以考虑使用中心构图法，以简化画面内容、突出整体。具体可以根据美食特点选择合适的器皿，将器皿和美食作为主体来展现。布光方面，其可以考虑使用3盏灯，1盏作为主光（顶光）、1盏作为轮廓光、1盏作为辅光。具体来说，主光配合柔光箱使用，从美食右侧上方倾斜15°往下照射，轮廓光的位置在美食左侧，向下倾斜45°照射，让美食更有光泽感、立体感，看起来更能引发食欲；辅光的位置在主光右下方，用来提亮暗部阴影，增加暗部细节，提升整体质感。景别和镜头方面，考虑要直观地展示美食，其可以采用近景和特写两种景别，并采用推镜头（镜头一）和旋转镜头（镜头二）进行展示。根据以上设计拍摄出来的效果如图3-62所示。

图3-62

第 4 章

电商类短视频创作

在短视频越来越热门的当下，无论淘宝、京东，还是其他电商平台的商家，都会通过短视频来展示产品。这是因为相比于文字和图片，商家可以在短视频中使用各种方式让用户更直观地了解产品，最终提高产品销量。

【学习目标】

- 了解电商类短视频及其常见类型
- 掌握产品展示类短视频的拍摄方法
- 掌握场景测试类短视频的拍摄方法

4

4.1 电商类短视频及其分类

电商类短视频的拍摄目的是比较明确的，就是通过各种各样的形式，让用户更全面地了解产品，从而提高成交转化率（成交量与流量的比值，是衡量销售情况的重要指标）。要拍摄电商类短视频，创作者首先需要了解与其相关的知识。

4.1.1 认识电商类短视频

微课视频

电商类短视频的作用可以归纳为 3 点，分别是优化提升进店效果、优化提升互动效果、优化提升账号效果。进店效果对应的指标是用户的点击率，互动效果对应的指标包括点赞量、评论量、转发量等，账号效果对应的指标则是账号头像点击率和账号关注量等，如图 4-1 所示。

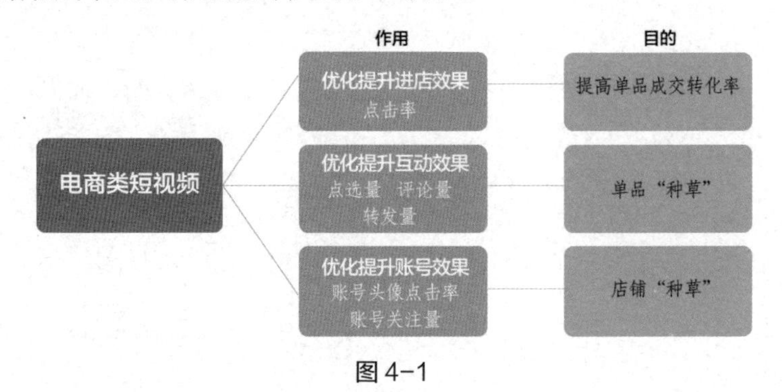

图 4-1

高手秘技

“种草”是一个热门的网络用语，表示将某种产品的某种优秀品质分享推荐给他人，以激发他人购买欲望的行为。

从指标角度分析，短视频的基础指标就是有效观看的用户数量，越多用户观看短视频，表示该短视频推荐产品的效果越好。当用户点击观看后，有多少用户会看完短视频内容、有多少用户会关注账号、有多少用户会产生互动行为、有多少用户会被短视频引导进店等对应的是短视频的各种行为指标，其最终效果是促进主体“种草”、单品“种草”、成交转化等，如图 4-2 所示。因此，在创作并拍摄电商类短视频时，创作者就应该认真考虑如何强化这些指标，提高电商类短视频的质量，使其真正达到增加销量的效果。这就是拍摄电商类短视频的基本思路。

高手秘技

图 4-2 中的 IPV 也称 Detail PV，指的是用户找到店铺产品后，点击进入产品详情页的次数。引导 IPV 指的是短视频引导用户进入产品详情页的次数。

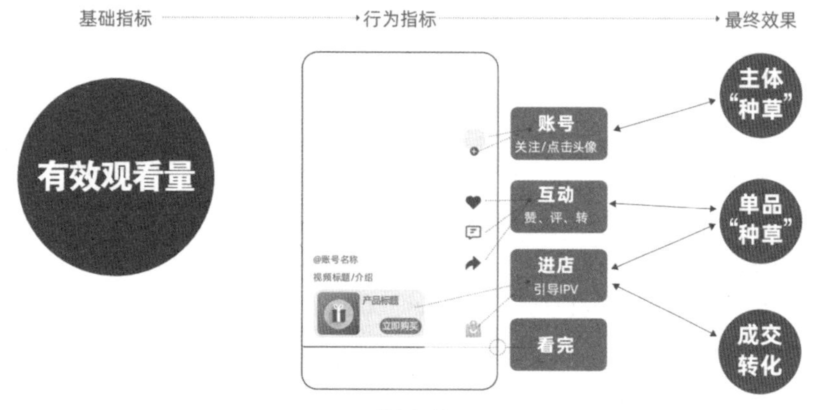

图 4-2

根据大数据，用户观看电商类短视频时，不同的时间节点会对应不同的行为。因此，创作者就应该根据这些时间节点来设计内容，进而更有效地提升各项指标。例如，前 3 秒是能否留住用户的关键期，因此短视频前 3 秒的内容要有足够的吸引力。当用户继续观看短视频时，第 9 秒左右便是其互动行为的攀升点，因此创作者可以在这个时间节点加入一些引导性内容，让用户更主动地产生互动行为。11 秒后是用户进店的黄金时间，创作者可以在此时强化引导，进一步激发用户的购买欲望。用户观看至第 16 秒时，可能会对发布短视频的账号感兴趣，此时创作者可以在短视频中展现一些账号主体的相关信息，吸引用户关注账号。具体指标的提升关键点及对应的时间节点如图 4-3 所示。

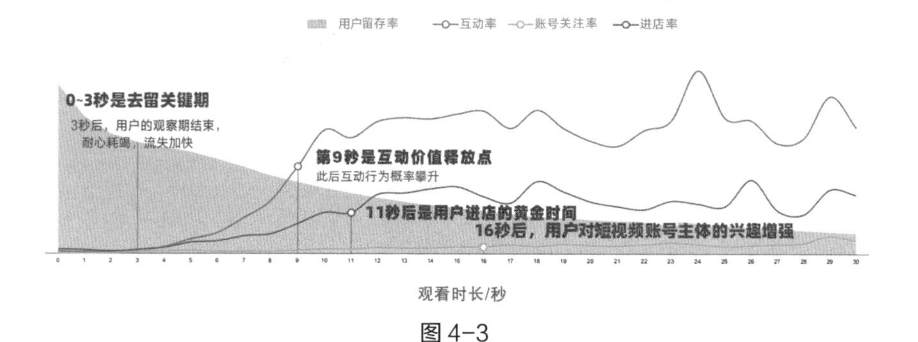

图 4-3

高手秘技

各电商平台都会为平台商家提供短视频数据分析工具，以淘宝为例，商家可以在“卖家中心”进入“生意参谋”主页，再在“业务专区”中找到“商家短视频”功能，便可以查看相应短视频的各项数据指标。

4.1.2 电商类短视频的常见类型

电商类短视频根据内容和作用的不同，可以分为产品展示类短视频、场景测试类短视频、广告类短视频、知识类短视频等。

1. 产品展示类

产品展示类短视频比较常见，且制作成本和拍摄难度都较低。这类短视频的内容主要以展示产品的外观、功能为主，比较适合家用电器、数码产品、服饰、日用品等品类。例如，拍摄展示点读笔的短视频时，创作者可以首先通过节奏明快的卡点音乐多方位展示产品的外观、颜色，抓住用户的眼球，然后介绍产品的材质、功能特点等，并搭配不同的学习场景来展现该产品的使用方法，如图 4-4 所示。

2. 场景测试类

场景测试类短视频比较适合食品、美妆、服装、日用百货等品类，其内容主要是产品的对比测评与使用场景的模拟等。与产品展示类短视频相比，这类短视频的脚本相对更复杂，不仅要模拟使用场景，还要全面且客观地表现产品的特点。这类短视频的典型代表是开箱测评短视频，如图 4-5 所示。

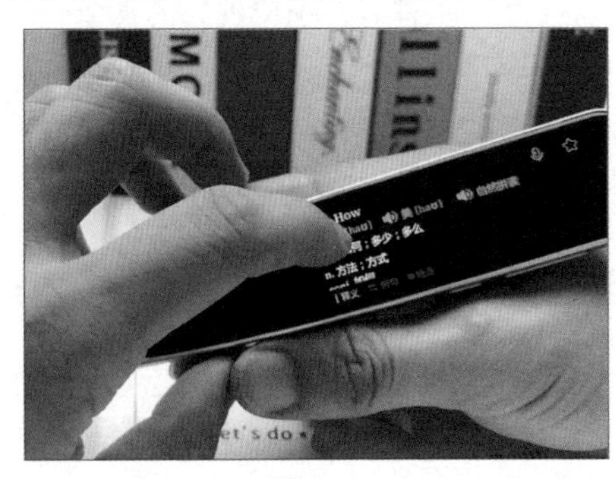

图 4-4

图 4-5

3. 广告类

广告类短视频主要出现在电视、各大视频网站的贴片广告中，在电商渠道出现的概率比较低，但一些大厂商每次发布新品时也会使用这类短视频在电商渠道中进行市场推广。图 4-6 所示便是某电饭煲品牌在产品详情页中展示的广告类短视频，其不仅内容专业，而且聘请了专业模特，制作成本较高，脚本较为复杂，对拍摄技术的要求也较高。

4. 知识类

相比于广告类短视频，知识类短视频更加接地气，制作门槛和成本都相对较低，对产品品类的包容性也更大（因为每个产品背后都会有很多让用户感兴趣的知识）。图 4-7 所示的短视频便为用户介绍了烹饪青蟹的小知识。

图 4-6

图 4-7

4.2 电商类短视频创作实战

在各种电商类短视频中，最常见的就是产品展示类和场景测试类短视频。下面便以这两种类型的电商类短视频为例，介绍创作电商类短视频的拍摄方法。

4.2.1 产品展示类短视频

随着移动互联网技术的发展与普及，短视频这种能生动形象地展现产品特色的内容表现形式受到了众多商家的青睐，特别是电商商家，他们纷纷借助短视频来展现自己的产品。部分小商家受限于成本、时间、团队等各方面的因素，对短视频的要求并不高，只希望短视频能够完成展示产品的任务。某个人商家准备为一款连衣裙拍摄产品展示类短视频，并将其放置在产品详情页中，以让用户可以充分了解该款连衣裙的上身效果。下面我们就来帮助完成该短视频的策划和拍摄工作。

1. 产品展示类短视频的拍摄思路

在拍摄前，我们首先应该明确此次拍摄的目的，是通过短视频推荐新产品、促进产品销售，还是清理库存等。明确目标后，才能找准拍摄方向。如果是推荐新产品，那么关键自然在于“新”。在这个基础上，如何通过短视频展现产品的卖点、产品的设计理念、产品的效果、产品背后的品牌故事等，就是我们在拍摄时需要思考的问题。如果是为了产品促销，那么关键点就要落在“促销”上，在展示产品特色的基础上，我们可以考虑突出产品促销信息。如果是为了清理库存，我们则可以将关键点放在“物美价廉”上，让用户通过短视频马上感受到这种优势。此后，就可以考虑如何通过每一个镜头的内容和镜头衔接来表达出想要表达的信息。

2. 短视频策划

本例中的连衣裙单品展示短视频的拍摄目的是充分展现连衣裙的上身效果，那么短视频中就需要真人出镜并穿上这套连衣裙进行展示。假设商家适合出镜，那么只需要另请一人担任摄影师即可，如果商家不适合出镜，则可以自己担任摄影师，并另请一人担任模特。为了充分展现产品，我们可以使用全景、中景、近景等景别，并结合固定镜头和运动镜头来展现产品。在整条短视频中，模特不需要剧本台词，但需要根据每一个镜头做出合适的动作和表情。该短视频的脚本如表4-1所示。

表4-1　连衣裙单品展示短视频脚本

镜号	景别	镜头	内容	时长/秒
1	全景	固定镜头	模特在屋外树下转圈	2
2	中景	推镜头	模特继续转圈，用双手稍稍提起裙摆	3
3	中景	拉镜头	模特悠闲地在屋檐下行走，用双手稍稍提起裙摆	2
4	近景	跟镜头	模特继续行走，画面展示连衣裙的下半部分	3
5	近景	跟镜头	模特缓慢向前行走，画面展示连衣裙的下半部分和模特的脚部	3
6	全景	跟镜头	模特在屋檐下缓慢后退	2
7	中景	升镜头	模特坐在屋檐下，画面由下至上展示连衣裙的整体效果	2
8	近景	升镜头	模特缓慢行走，画面由下至上近距离展示连衣裙的整体效果	3
9	全景	固定镜头	模特从屋内远处稍微快速地向镜头走来	2
10	近景	跟镜头	模特坐在椅子上，头慢慢往回转，画面展示连衣裙的背部效果	3
11	中景	固定镜头	模特倚在桌边，然后站起来旋转半周	3
12	中景	固定镜头	模特坐在椅子上，双手放在桌上，微笑着正视前方	2
13	全景	推镜头	模特在屋檐下转圈	5
共计：35秒				

3. 短视频拍摄准备

短视频拍摄准备可以从人、物、场3个方面着手。对于这条短视频，我们可以在团队搭建、拍摄器材选择、场地选择方面做好准备工作。

- **团队搭建：**本例中的拍摄团队至少需要2人，一人作为模特出镜展示服装，一人担任摄影师。如果有多余的团队成员，则可以安排一人负责模特的妆容、服饰、配饰的整理工作，以及使用遮阳板或反光板等进行简单的现场布光。
- **拍摄器材选择：**拍摄器材可以选择拍摄功能较强的智能手机，条件允许时也可以选择数码相机。另外还需要准备手持稳定器、遮阳板（可降低光照强度，一般为黑色）、反光板等。
- **场地选择：**根据脚本内容，场地应选择在室外，一方面要寻找符合连衣裙风格的室内与室外环境，另一方面要考虑人群、天气等其他因素对拍摄带来的影响。拍摄团队可以优先考察几个目标地点，然后实地拍摄一些片段并查看效果，再选择合适的场地。

4. 短视频拍摄

完成短视频内容的策划并做好准备工作后，我们便可以根据脚本内容进行短视频的拍摄。拍摄时，每一个镜头可以拍摄多遍以保留更多素材，每个镜头的拍摄时长也要超过脚本上规定的时长，便于后期剪辑。具体拍摄过程如下。

镜头 01 模特在屋外树下，双手微微提起连衣裙，面带微笑地通过转圈的方式让连衣裙的裙摆飞舞起来，如图 4-8 所示。

图 4-8

图 4-9

镜头 02 模特继续转圈，然后停下来用双手稍稍提起裙摆，脸上露出灿烂的笑容，如图 4-9 所示。

镜头 03 模特用双手向后捋头发，然后悠闲地在屋檐下行走，在行走的同时同样用双手稍稍提起裙摆，如图 4-10 所示。

图 4-10

镜头 04 模特继续行走，镜头缓慢跟随，画面展示连衣裙的下半部分的特点，如图 4-11 所示。

图 4-11

镜头 05 模特缓慢向前行走，镜头缓慢后退，画面展示连衣裙下半部分，并显示模特的脚部区域，如图 4-12 所示。

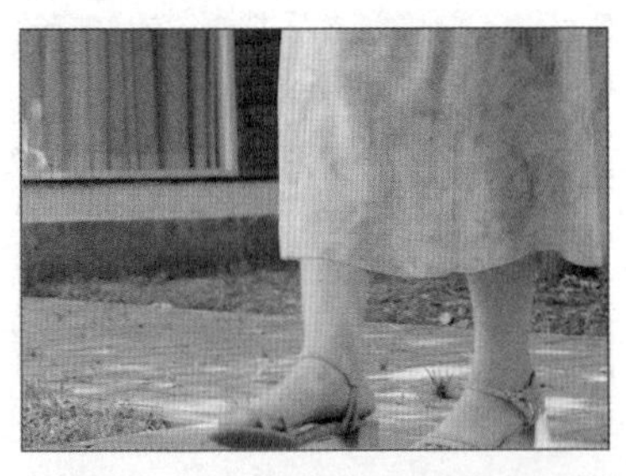

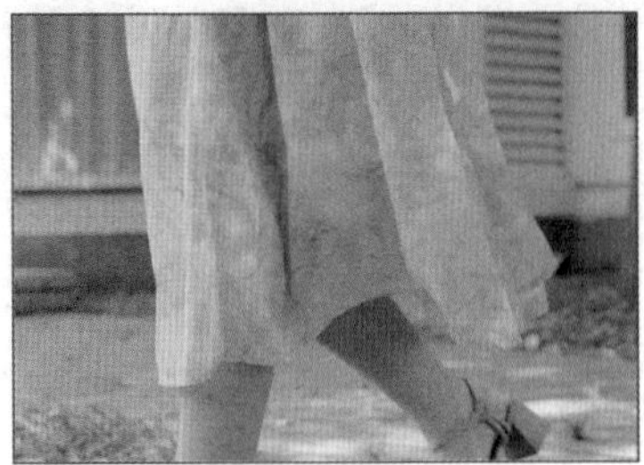

图 4-12

镜头 06 模特在屋檐下缓慢后退，镜头缓慢跟随，画面展示连衣裙的整体效果，如图 4-13 所示。

图 4-13

镜头 07 模特坐在屋檐下，自然地捋头发，并看向身旁一侧，镜头缓慢升起，画面展示连衣裙在模特坐着时的整体效果，如图 4-14 所示。

图 4-14

镜头 08 模特缓慢地行走，镜头缓慢升起，近距离展示连衣裙的整体效果，如图 4-15 所示。

图 4-15

镜头 09 模特从屋内远处向镜头走来，速度稍微加快，画面展示连衣裙在动作幅度加大下的呈现效果，如图 4-16 所示。

图 4-16

镜头 10 模特坐在椅子上，头慢慢往回转，镜头从右侧慢慢跟随到左侧，画面展现连衣裙背部的效果，如图 4-17 所示。

图 4-17

镜头 11 模特倚在桌边，然后站起身来缓缓旋转半周，继续展示连衣裙的整体效果，如图 4-18 所示。

图 4-18

镜头 12 模特坐在椅子上，双手放在桌上，微笑着正视前方，画面展示连衣裙的侧面效果，如图 4-19 所示。

图 4-19

镜头 13 模特在屋檐下转圈，镜头非常缓慢地推近，360° 展示连衣裙的整体效果，如图 4-20 所示。

图 4-20

4.2.2 场景测试类短视频

除产品展示类短视频外，电商类短视频中出现最多的就是场景测试类短视频。下面以台灯使用介绍短视频为例，介绍这类短视频的拍摄方法。

1. 场景测试类短视频的拍摄思路

创作者在创作这类短视频时应该考虑如何在有限的时间内向用户充分展示产品最核心或关键的功能、特色，然后围绕这个思路，打造一个自然、流畅的短视频，既让用户充分了解产品各方面的情况，又让用户对产品的核心功能和特色了然于心。

2. 短视频策划

此短视频需要让用户了解此款台灯的外观、开关方法、光源调节方法，以及台灯在使用和控制上的便捷性。该短视频的脚本如表 4-2 所示。

表 4-2 台灯使用介绍短视频脚本

镜号	景别	镜头	内容	时长 / 秒
1	全景	固定镜头	展示在台灯下阅读的场景	5
2	中景	固定镜头	旋转按钮调节台灯灯光，让用户看到调整亮度的方法和台灯的最大光照强度的大致调节范围	6
3	中景	固定镜头	旋转并闭合灯体，让用户看到灯体的旋转幅度和顺滑度	7
4	近景	摇镜头	展示在台灯下书写的光线效果	6
5	中景	固定镜头	用智能手机拍摄台灯，通过智能手机屏幕展示台灯并没有出现明显的频闪情况，然后将智能手机移开	3
6	中景	固定镜头	详细展示利用智能手机 App 调整台灯亮度、光源颜色，以及开关台灯的方法	32
7	中景	固定镜头	展示手动开启台灯并调整亮度的方法	6
8	中景	摇镜头	从左至右向用户展示在台灯下书写的效果	4
9	近景	固定镜头	向用户展示在台灯下使用笔记本电脑办公的效果	3
10	中景	摇镜头	从左至右向用户展示台灯及其照明下的笔记本电脑的效果	4
共计：1 分 16 秒				

3. 短视频拍摄准备

拍摄此短视频需要做的准备工作如下。

- **团队搭建：**本例中的拍摄团队仅需 2 人，一人负责拍摄，一人担任模特，并负责台灯操作和完成其他辅助动作，如阅读、书写等。
- **拍摄器材选择：**拍摄功能强大的智能手机、三脚架，以及能够适当提供环境光的光源。
- **场地选择：**打造一个简单的书房场景，出镜的物品包括书桌、桌布、台灯、少数放置在桌面上的装饰品、笔记本、图书、笔记本电脑、用于控制台灯的智能手机。

4. 短视频拍摄

本次拍摄任务应重点突出台灯的使用方法，将其优势充分展示出来。具体拍摄过程如下。

镜头 01 在台灯开启的状态下，拍摄台灯、书桌以及模特正在阅读并翻页的画面（模特可以不完全入镜），让用户看到台灯开启后的灯光效果和阅读氛围，如图 4-21 所示。

图 4-21

镜头 02 模特旋转台灯按钮，将照明强度调整到最大值，一方面让用户看到调整亮度的方法，另一方面也可以让用户了解到此款台灯的最大光照强度，如图 4-22 所示。

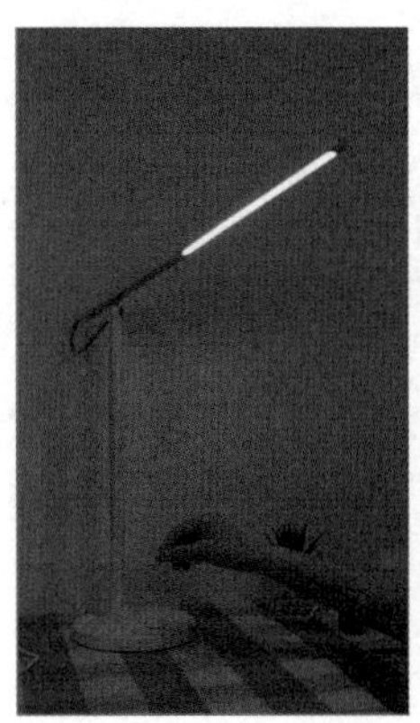

图 4-22

镜头 03 在台灯关闭的情况下，模特用手逐渐将灯体闭合，让用户了解台灯未使用时可以折叠起来，不会占用过多的空间，如图 4-23 所示。

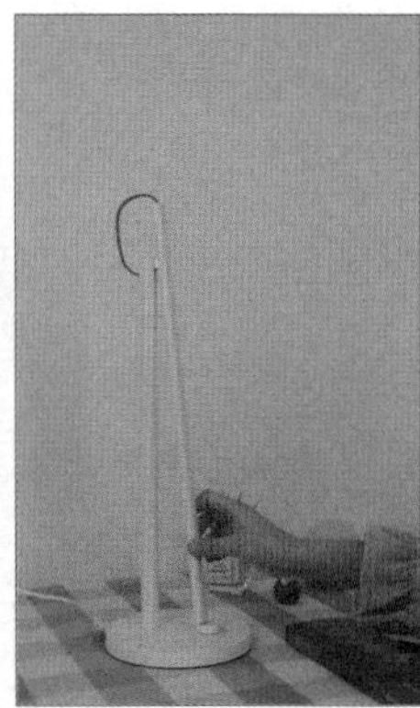

图 4-23

镜头 04 使用俯拍角度的摇镜头从左至右逐渐展示模特在台灯下书写的动作，让用户感受到此款台灯可以提供舒适的光线，如图 4-24 所示。

图 4-24

镜头 05 镜头中呈现用智能手机拍摄台灯的画面，让用户观察到屏幕上的台灯没有出现频闪的情况，说明台灯光源稳定。然后将智能手机移开，露出后面的台灯，增加画面的真实感，如图 4-25 所示。

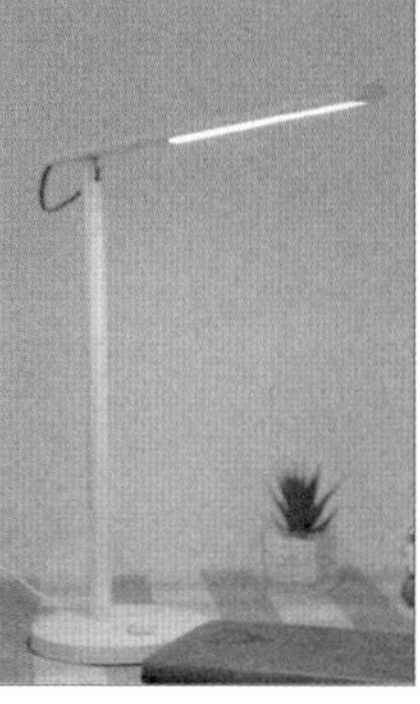

图 4-25

镜头 06 拍摄智能手机 App 界面，将背景中的台灯虚化，然后依次演示通过 App 开启台灯、调整亮度、更换光源颜色、关闭台灯等操作，如图 4-26 所示。

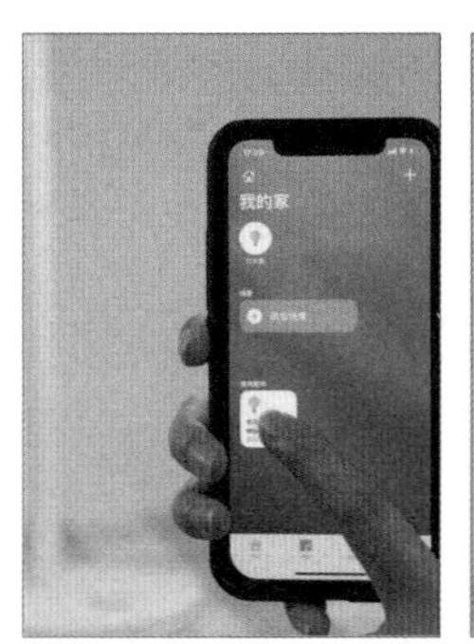

图 4-26

镜头 07 拍摄模特示范手动打开台灯并调整亮度的方法，加深用户对这些基本操作的印象，并进一步让用户感觉到操作的便捷性，如图 4-27 所示。

图 4-27

镜头 08 通过平视角度的摇镜头再一次从左至右显示模特在台灯下书写的情况，如图 4-28 所示。

图 4-28

镜头 09 近景拍摄模特在台灯下使用笔记本电脑的画面，模特可以自然地敲击键盘，如图 4-29 所示。

图 4-29

镜头 10 从左至右使用摇镜头正面拍摄台灯和笔记本电脑，营造出一种精巧别致的氛围，如图 4-30 所示（配套资源：效果 \ 第 4 章 \ 台灯使用介绍 .mp4）。

图 4-30

本章小结

本章首先介绍了电商类短视频的作用、相关指标等内容，然后介绍了电商类短视频的常见类型，再以产品展示类短视频和场景测试类短视频为例，介绍了制作电商类短视频的拍摄方法。

创作电商类短视频时，商家应该充分吸取其他商家制作的同类产品短视频的拍摄精华，并汇总用户评价内容，分析用户对产品的需求点，然后考虑如何将这些需求点融入短视频拍摄，从而创作出优质的短视频。

实战演练

为帮助大家巩固创作电商类短视频的拍摄方法，下面将通过两个实战演练来进一步讲解短视频脚本的编写以及短视频的拍摄等内容。

实战演练1　拍摄长尾夹展示短视频

长尾夹是一种常见的办公文具，其使用方法较为简单，因此可以考虑从精致、小巧、美观等角度向用户进行展示，并配合灵活多变的运镜技巧充分体现长尾夹的这些特色。该短视频的脚本如表 4-3 所示。

表 4-3　长尾夹展示短视频脚本

镜号	景别	镜头	内容	时长 / 秒
1	近景	旋转镜头	整齐排列各种颜色的长尾夹，通过旋转的方式拍摄其外观和颜色	2
2	近景	摇镜头	从左至右展示整齐排列的各种颜色的长尾夹	2

续表

镜号	景别	镜头	内容	时长 / 秒
3	近景	推镜头	逐渐将画面放大，且控制焦距变化，让长尾夹以从远到近、从模糊到清楚的方式呈现在画面中	3
4	近景	固定镜头	拍摄将长尾夹夹到书本上的画面	2
5	近景	固定镜头	拍摄展示长尾夹使用方法的画面	3
6	近景	推镜头	拍摄不同尺寸的长尾夹，使其从远到近地展示在画面中	2
7	近景	摇镜头	从左至右拍摄长尾夹，控制焦距，在拍摄过程中使其从模糊逐渐变得清晰	2
共计：16 秒				

开始拍摄之前，我们可以准备若干个多种颜色的长尾夹，将其整齐排列在桌面上，考虑到需要使用旋转镜头，因此可以在桌面上事先准备一个可以旋转的、面积较大的圆盘，在圆盘上铺上桌布（或摆上纯色干净的书本），拍摄时一人负责拍摄，一人辅助拍摄，具体过程如下。

镜头 01 将焦点对准画面远处，一边旋转圆盘使长尾夹处于旋转状态，一边将焦点慢慢从远处调到近处，如图 4-31 所示。

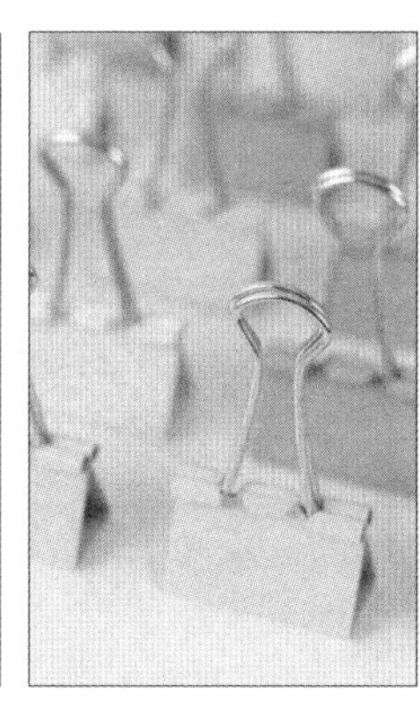

图 4-31

镜头 02 从左至右使用摇镜头拍摄长尾夹，进一步让用户感受到产品的精致、小巧和美观，如图 4-32 所示。

图 4-32

镜头 03 将镜头焦距调整到虚化状态，一边使用推镜头拍摄长尾夹，一边将焦距从模糊调整到清晰状态，如图 4-33 所示。

镜头 04 助手拿起准备好的书本，并将一个长尾夹轻松地夹到书本上，摄影师将这一过程通过近景固定镜头拍摄下来，如图 4-34 所示。

 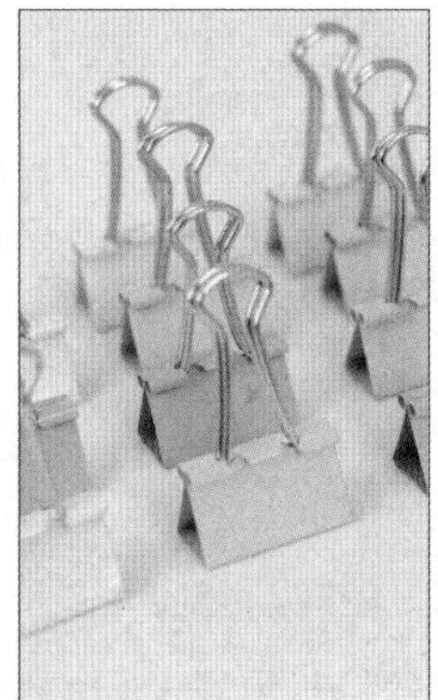

图 4-33

 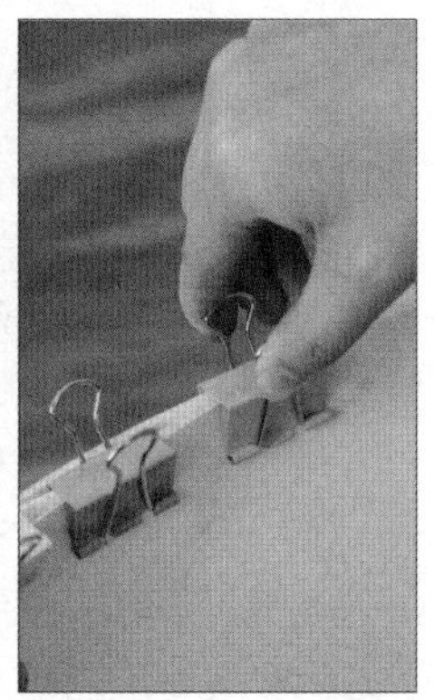

图 4-34

镜头 05 助手拿起一个长尾夹，轻松展示长尾夹的使用方法，摄影师将这一过程通过近景固定镜头拍摄下来，如图 4-35 所示。

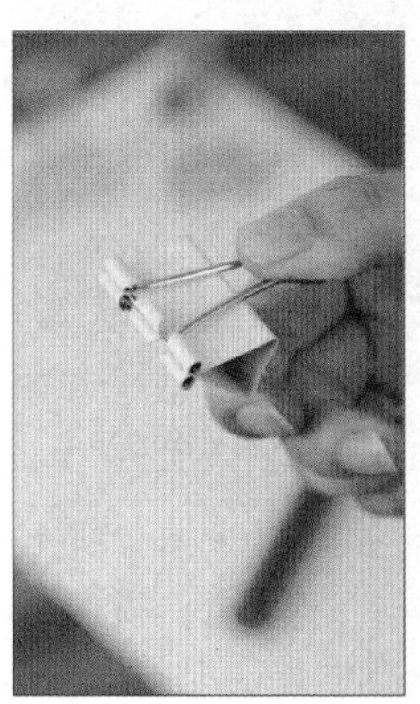 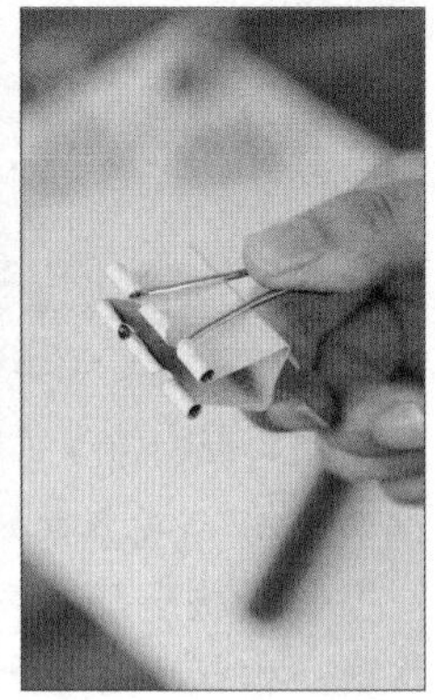

图 4-35

镜头 06 将不同尺寸的长尾夹摆放好，通过推镜头的方式进行拍摄，让用户了解产品的不同尺寸，如图 4-36 所示。

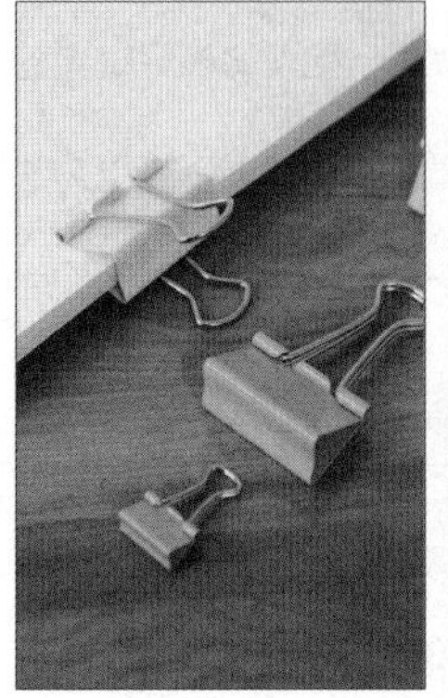 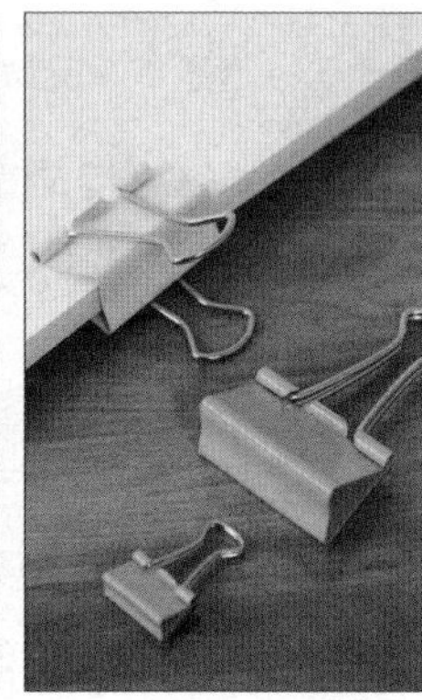

图 4-36

镜头 07 将镜头焦距调整到虚化状态，一边从左至右拍摄摆放整齐的长尾夹，一边将焦点从模糊状态调整为清晰状态，如图 4-37 所示（配套资源：效果 \ 第 4 章 \ 长尾夹展示 .mp4）。

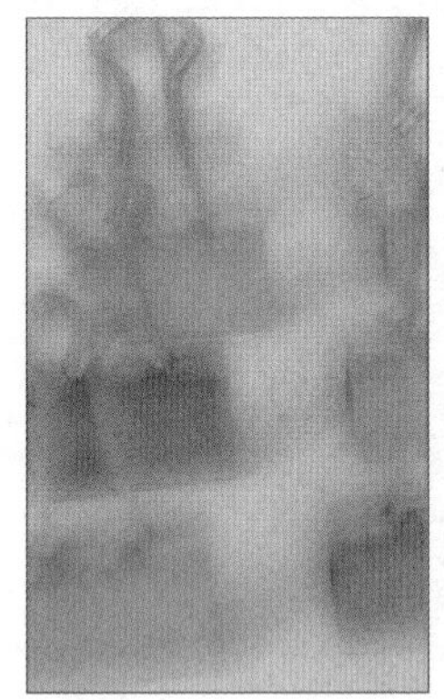 

图 4-37

实战演练2 拍摄女装T恤展示短视频

本实战演练将为一件普通的女装T恤拍摄一条短视频，由于该T恤在服装材质、设计等方面没有突出的卖点，因此这里考虑充分借助模特拍摄时的各种动作来丰富画面内容，并体现出服装的质感和上身效果。该短视频的脚本如表4-4所示。

表4-4 女装T恤展示短视频脚本

镜号	景别	镜头	内容	时长/秒
1	全景	固定镜头	模特慢慢走向镜头	2
2	中景	固定镜头	模特慢慢向前行走	2
3	中景	跟镜头	模特沿着栏杆继续行走	2
4	中景	升镜头	模特在栏杆前站定	2
5	中景	固定镜头	模特将双手背在身后，并缓慢转身	1
6	近景	跟镜头	模特将双手背在身后，缓慢后退	3
7	中景	固定镜头	模特轻轻靠着石栏，双手放在石栏上	2
8	中景	固定镜头	模特站在石栏附近	2
9	中景	固定镜头	模特站定并面向镜头	4
共计: 20秒				

开始拍摄之前，模特的妆容、头发和穿着要以T恤为核心进行搭配，尽量突出T恤的特点，让T恤看上去有不错的上身效果。接着我们可以根据脚本内容，一边拍摄一边让模特自然地摆出指定的动作，具体过程如下。

镜头01 模特面带微笑慢慢走向镜头，双手可以适当加大摆动幅度，营造出俏皮可爱的氛围，如图4-38所示。

图4-38

镜头02 模特继续保持上一个镜头的状态慢慢向前行走，由远至近展示T恤的效果，如图4-39所示。

图4-39

镜头 03 模特走向人行道旁边的栏杆，沿着栏杆继续行走，并露出灿烂的笑容，如图 4-40 所示。

图 4-40

镜头 04 模特在栏杆前站定，可以用手轻抚栏杆并放下，镜头由下至上缓缓升起，展示 T 恤的整体效果，如图 4-41 所示。

图 4-41

镜头 05 模特将双手背在身后，并缓慢转身，展示 T 恤的背面效果。

镜头 06 模特将双手背在身后，缓慢后退，头部可以交替望向左右两边，表现出活泼可爱的感觉，镜头则缓慢跟随模特进行拍摄，如图 4-42 和图 4-43 所示。

图 4-42

图 4-43

镜头 07 模特轻轻靠着石栏，双手放在石栏上，看向身体一侧，营造出正在等人的感觉，如图 4-44 所示。

图 4-44

镜头 08 模特站在石栏附近，可以做出一些撒娇的动作，并与人攀谈，表现出等到了人的感觉，如图 4-45 所示。

图 4-45

镜头 09 模特站定并面向镜头，头部可以稍稍歪向一侧，展示 T 恤的整体效果，如图 4-46 所示（配套资源：效果\第 4 章\女装 T 恤展示 .mp4）。

图 4-46

高手秘技

若无法从外观、质感等方面体现产品特色，则可以考虑通过颜色来丰富短视频画面，也可以多拍摄几条不同颜色的产品的短视频，然后通过后期剪辑让短视频内容更加丰富并具有动感。

第 5 章 抖音、快手等平台类短视频创作

除了电商类短视频外，抖音、快手、微信视频号、哔哩哔哩等平台类短视频也深受人们喜爱。平台类短视频与电商类短视频的创作方式是有区别的，本章将详细介绍平台类短视频的相关知识。

【学习目标】

- 了解平台类短视频的特点
- 熟悉平台类短视频的创作要点
- 掌握推荐分享类短视频的拍摄方法
- 掌握生活娱乐类短视频的拍摄方法

5.1 平台类短视频的特点与创作要点

当前，抖音、快手、微信视频号、哔哩哔哩等热门短视频平台是人们消磨碎片时间的工具，这些平台上的短视频也深受人们青睐。

微课视频

5.1.1 平台类短视频的七大特点

平台类短视频之所以火爆，是因为其具有明显的七大特点，即“短、小、轻、薄、新、快、碎”，具体如图 5-1 所示。

短 时间短。平台类短视频的时长最短只有几秒，创作者能够在短时间内利用短视频讲好故事或做好营销

小 话题小。平台类短视频的话题一般不大，能够精准聚焦到某个具体问题上，让用户产生共鸣

轻 内容轻快。多数平台类短视频的内容轻快明了，适合碎片化时间的轻松氛围

薄 内容浅显。平台类短视频所表达的内容很容易被用户理解，不会给用户造成云里雾里或一知半解的感觉

新 形式新。平台类短视频具有新鲜、新颖、新奇等特点，创作者可以凭借各种创作灵感来吸引更多的用户

快 热点快。有些平台类短视频与社会时事的热点联系紧密，随着社会热点的快速变化，短视频内容也会及时更新

碎 时间碎片化。平台类短视频的内容短小，非常适合用户在碎片化时间中观看、分享和传播

图 5-1

5.1.2 平台类短视频的创作要点

平台类短视频传播广泛，观看的用户众多，同时热衷于平台类短视频的创作者也非常多。我们要想从众多的创作者中脱颖而出，就需要掌握平台类短视频的创作要点。下面以 3 类热门平台类短视频为例，介绍其创作要点。

1. 剧情类短视频

剧情类短视频的创作者一般是一个团队，其中包括专门的编剧、演员、摄影、剪辑等。部分创作者在创作初期受制于经费等因素，往往会选择一个人完成多项工作。目前各短视频平台上已经出现了大量的剧情类短视频，它们的质量参差不齐，而要创作出热门的剧情类短视频，创作者需要注意以下创作要点。

- **制作精良：**这类短视频从剧本、拍摄到后期剪辑，至少要花费 3 天以上的时间，从构思到打磨剧本，再到选择不同的拍摄环境，以及后期尝试不同的剪辑方式等，这些工作虽然烦琐，却保证了短视频的质量。图 5-2 所示的短视频在剧本、拍摄、

后期剪辑上都花费了大量的心思，无论构图、布光、画面色调、质感，还是特效，都非常优秀。

- **引起共鸣：**热门的剧情类短视频之所以会得到大量的关注，往往是由于其内容主题来源于生活，戳中了用户的感情爆发点，引起了用户的共鸣。例如主打职场人员生活的短视频，让同为职场人士的用户感同身受；又如类似“深夜食堂”风格的短视频，通过与平凡人交流平凡事，与用户分享各种平凡的快乐、感动及感悟，让用户看后觉得非常暖心。图 5-3 所示的短视频是孩子兴奋地迎接父母回家过年的内容，很容易得到在外工作的人们的共鸣，因此获得了大量点赞。
- **建立短视频系列：**剧情类短视频的创作者往往会选择建立短视频系列，整个系列中每一条短视频的拍摄风格、人物、台词风格、场景设置等都保持高度统一。这样做的好处在于不仅能让用户对内容保持期待，也能通过系列短视频让账号始终保持热度。图 5-4 所示的创作者便始终使用同样的拍摄风格打造出高度统一的美食类短视频系列，并凭借优质的内容获得了不错的反响。

图 5-2

图 5-3

图 5-4

- **人物性格鲜明：**热门的剧情类短视频需要创造并刻画出性格鲜明的人物，让短视频的主要角色始终都带有鲜明的性格标签。这样做的好处在于当用户看到这个系列新的短视频时，会主动根据人物性格去预测将要发生的剧情，从而产生大量互动行为。图 5-5 所示的短视频中的小女孩，其性格“古灵精怪”，用户看了禁不住捧腹大笑，会非常期待该系列的下一条短视频，从而主动关注创作者的账号。
- **内容创新：**剧情类短视频要非常重视内容上的创新，这样才有可能在海量的短视频中脱颖而出，让用户觉得眼前一亮，从而产生点赞、关注等行为。例如，现在许多年轻人热衷于通过短视频推广汉服文化，但他们往往只在举办大型活动时才身着汉服，这类短视频内容千篇一律。而有的创作者则会在日常生活中穿着汉服，记录生活的点点滴滴，让汉服真正融入自己的生活。还有的创作者还会利用身处国外的条件，向外国人推广汉服文化，并在短视频中呈现外国人看到汉服后的反应，内容十分新颖，如图 5-6 所示。

- **节奏感强：**剧情类短视频要想受到欢迎，就要保证剧情不拖沓、节奏感强。创作者一方面需要打磨剧本内容，另一方面要根据剧情的发展，配以合适的音乐，强化节奏感。图 5-7 所示的短视频，开头 2 秒便向用户展示了一个女孩的优雅形象，然而下一秒就被叫醒去放牦牛，让用户反应过来前面的场景只不过是女孩的一场梦而已。整条短视频的时间极短、节奏感极强，且加上剧情反转等因素，受到了许多用户的喜爱。

图 5-5

图 5-6

图 5-7

2. 美食类短视频

无论是专业厨师、美食爱好者，还是普通人，都可以轻易创作出美食类短视频，因此这类短视频在平台上也非常普遍。相较于剧情类短视频，美食类短视频不一定需要配备专业的团队，但要想得到更多的关注，创作者需要注意以下几点。

- **定位清晰：**中华美食文化博大精深，创作者应该从中选出自己最擅长的一类美食进行拍摄，切忌盲目跟风，没有清晰的定位。图 5-8 所示的创作者专注于粤菜的分享，拍摄了大量高质量的粤菜制作教程，很多用户想要学习粤菜的制作时，就可以观看该创作者的短视频。
- **人设亲民：**许多热门美食类短视频的风格都十分亲民、诚恳，真诚不做作，因而更容易被普通的劳动人民接受。图 5-9 所示的短视频的拍摄环境是非常普通的农村，通过各种接地气的烹饪工具、家居陈设以及极具烟火气的对话等，让用户感到十分亲切。
- **实用性强：**很多用户喜欢通过学习短视频介绍的烹饪方法，自己尝试美食的制作。因此，创作者一定要注意烹饪方法的实用性，应介绍简单易学的烹饪方法，避免华而不实的内容。图 5-10 所示的短视频便展示了如何在家通过简单的方法制作一道美食，收获了上百万次点赞。

图 5-8

图 5-9

图 5-10

3. 专业类短视频

专业类短视频是介绍某一行业相关知识、资讯等的短视频。专业类短视频的创作要点如下。

- **突显专业性:** 专业类短视频要想获得用户认可，必须突显较强的专业性。例如，健身美体类短视频，出镜角色本身身材健硕，穿戴专业健身服装，动作规范，并在健身房等专业场所拍摄短视频，用户就很容易相信他的健身方法。图 5-11 便是在专业健身房中由专业人员拍摄的健身视频，具有很强的说服力。
- **解决用户痛点:** 专业类短视频的创作者在策划时要分析用户的痛点，其越能够轻松地解决这些痛点，就越容易被用户关注。以健身为例，“10 天练出马甲线”这种短视频就极易引起用户的兴趣，因为它让许多用户觉得很轻松就能实现健身目标，完美解决了许多用户在健身时很难坚持下去的痛点。图 5-12 所示的短视频告诉用户只要每天坚持练习 10 分钟就能瘦腰，引起了用户极大的兴趣。当然，如果短视频内容只是哗众取宠，夸大实际作用，用户可能产生反感情绪。因此专业类短视频一定要能真正解决用户的痛点，提供实用、有价值的内容。
- **紧跟时事:** 各行各业都有热点事件出现，一旦出现了与自己领域相关的热点事件，创作者就应该把握这个契机，创作出与该热点相关的短视频内容。图 5-13 所示的短视频就是教育行业的短视频创作者在解读“双减”政策，其借助该政策的热度，获得了大量用户关注。

高手秘技

当然，即使热点事件与自己的领域无关，创作者还是能够凭借想象力和创造力，将该热点“嫁接”到自己的短视频中，以提升短视频的热度。

图 5-11

图 5-12

图 5-13

5.2 平台类短视频创作实战

平台类短视频的种类较多，拍摄方法也非常多样，下面主要以推荐分享类和生活娱乐类短视频为例，介绍平台类短视频的拍摄方法。

5.2.1 推荐分享类短视频

推荐分享类短视频在抖音、快手等平台上非常热门，它可以给许多用户“种草”，向他们推荐好的产品。其中，展示类短视频和口播类短视频是较常见的两种类型。

1. 展示类短视频

展示类短视频强调的是如何更好地展示产品等对象，让用户可以更加深入和全面地了解该对象的情况。

（1）确定拍摄思路

短视频带货不同于直播带货，对出镜者的口才和应变能力的要求没有那么高，创作者可以通过准备详细的脚本和后期剪辑，制作出高质量的短视频。因此拍摄这类短视频的重点在于体现和强调推荐产品的优点，并以此为核心，通过专业且生动的解说来引起用户的兴趣。下面整理了一些展示类短视频的基本拍摄思路，以供参考。

- **场景设计：**通常，纯消费场景会让用户加强戒心，从而削弱带货效果。因此，创作者在设计场景时要注意贴近用户，营造更加自然和生活化的场景，避免受到用户排斥。
- **突出产品优势：**展示类短视频要让用户产生购买产品的欲望，并转化成购买行为。而要实现这个效果，创作者就应该在较短的内容中突出产品的优势和特色，无论是解说台词，还是镜头、灯光，都要围绕产品来设计。

- **展示大于解说：** 创作展示类短视频时，创作者应想办法设计出好的展示效果，并配合精练的解说台词，而不宜进行大量解说，忽略了对产品的展示，这样就本末倒置了。

（2）短视频策划

本次短视频的拍摄内容为开箱展示 3 款不同色系的唇釉，目的是让用户了解并喜欢上这些产品，并产生购买的欲望。为此，创作者首先要通过全景或中景镜头展示整个开箱过程，然后对 3 款不同色系的唇釉进行展示，并解说它们各自的特点。这里采用将唇釉涂抹在手腕内侧的方式进行展示。该短视频的脚本如表 5-1 所示。

表 5-1　唇釉展示短视频脚本

镜号	景别	镜头	内容	时长 / 秒
1	中景	固定镜头	将产品包装放于桌面，仔细拆开包装，全程拍摄开箱过程（不用考虑时长，后期可以适当加速）	10
2	中景	固定镜头	简单地进行开场介绍，主要是通过俏皮、幽默的方式吸引用户对产品的注意	8
3	近景	固定镜头	说完开场介绍后，镜头对准 3 款唇釉，以近景方式拍摄	1
4	中景	固定镜头	说明选择这 3 款不同色系的唇釉的原因，简单说明产品的优点	3
5	中景	固定镜头	拿起一款色系的唇釉，口述唇釉的特点	3
6	近景	固定镜头	打开唇釉，展示唇釉的打开方式，并继续介绍唇釉	3
7	近景	固定镜头	将唇釉涂抹在手腕内侧，展示唇釉的颜色和质感，继续口述唇釉的特点	7
8	中景	固定镜头	拿起另一款色系的唇釉，并进行简单介绍	3
9	近景	固定镜头	打开唇釉，展示唇釉的打开方式，并口述唇釉的特点	2
10	近景	固定镜头	将唇釉涂抹在手腕上已有唇釉的下方，展示唇釉的颜色和质感，对比上款唇釉颜色，继续口述唇釉的特点	7
11	中景	固定镜头	拿起最后一款色系的唇釉，并进行简单介绍	2
12	近景	固定镜头	打开唇釉，展示唇釉的打开方式，并口述唇釉的特点	3
13	近景	固定镜头	将唇釉涂抹在手腕上已有唇釉的下方，展示唇釉的颜色和质感，对比上款唇釉的颜色，继续口述产品的特点	7
14	中景	固定镜头	拿起 3 款唇釉，并鼓励用户购买	5
共计：1 分 04 秒				

（3）短视频拍摄准备

本次短视频拍摄对人、物、场的需求比较简单，具体如下。

- **团队搭建：**拍摄团队由 3 人组成，一人负责拍摄，一人负责出镜展示，一人负责辅助布光，同时提供提词器帮助出镜者说出台词。
- **拍摄器材选择：**拍摄器材选择智能手机或数码相机，可以根据环境的光线条件增加灯光设备。
- **场地选择：**场地选择室内环境，只需一把椅子和一张桌子（含桌布）就能满足需求。

（4）短视频拍摄

在确保拍摄团队、拍摄器材、场地等都准备充分后，就可以根据脚本进行拍摄了。为了展示解说的内容，这里使用的是经过后期处理的短视频截图。具体拍摄过程如下。

镜头 01 以中景拍摄，将产品包装完整显示在画面内，出镜者以娴熟的动作拆开包装，向用户展示唇釉的包装情况，如图 5-14 所示。

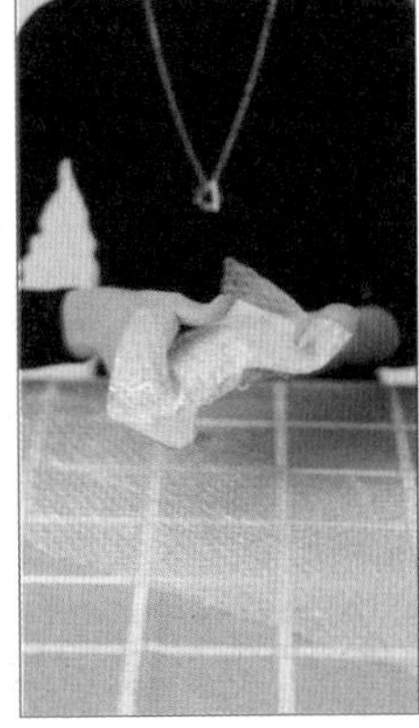

图 5-14

镜头 02 出镜者以俏皮、幽默的方式进行开场介绍，后期选用欢快的背景音乐进行衬托，如图 5-15 所示。

图 5-15

镜头 03 镜头切换到近景，近距离拍摄 3 款唇釉，向用户展示唇釉的外包装效果，如图 5-16 所示。

图 5-16

镜头 04 镜头重新切换到中景，出镜者介绍选择这 3 款唇釉的原图，并介绍唇釉的优点，如新款、好看、不挑肤色等，一边介绍一边拿起产品摆弄，如图 5-17 所示。

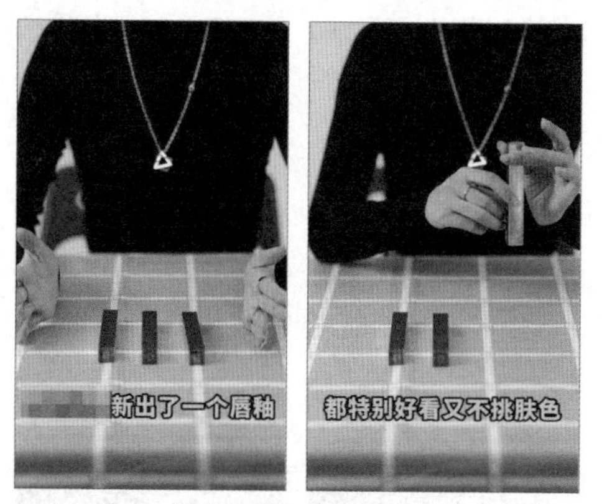

图 5-17

镜头 05 出镜者拿起一款色系的唇釉，同时说明该唇釉的颜色等信息，如图 5-18 所示。

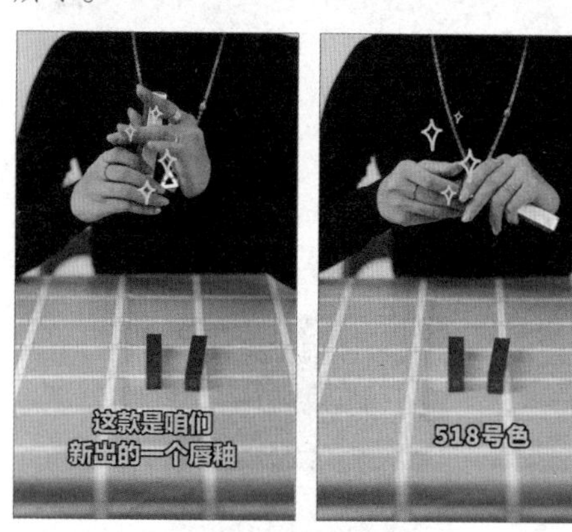

图 5-18

镜头 06 镜头切换到近景，出镜者一边打开唇釉，展示唇釉的打开方式，一边介绍唇釉的其他特点，如图 5-19 所示。

镜头 07 镜头对准手腕，以近景拍摄出镜者将唇釉涂抹在手腕内侧，展示唇釉的颜色和质感的画面，并继续口述唇釉的特点，如适用妆容等，如图 5-20 所示。

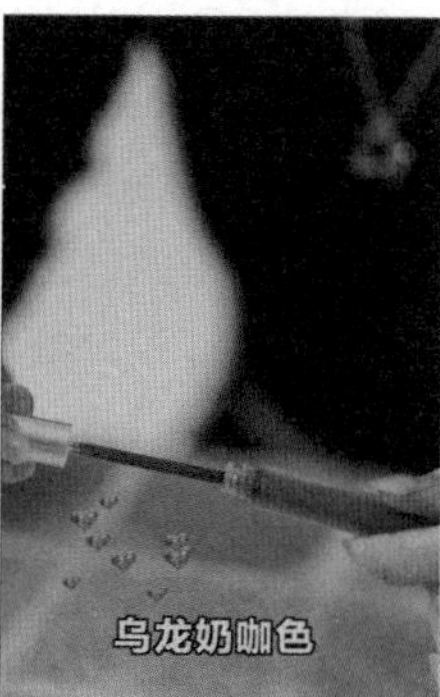

图 5-19

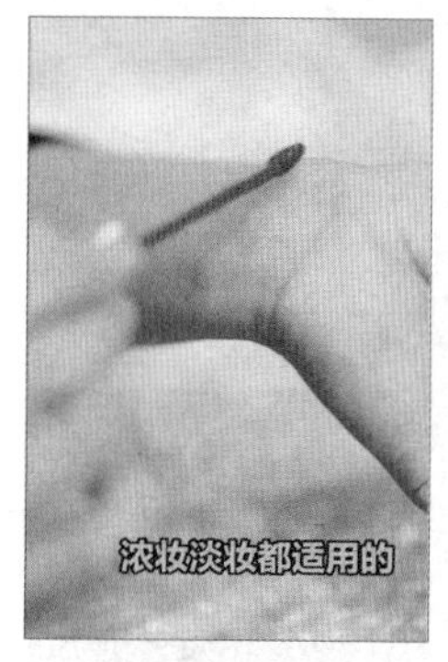

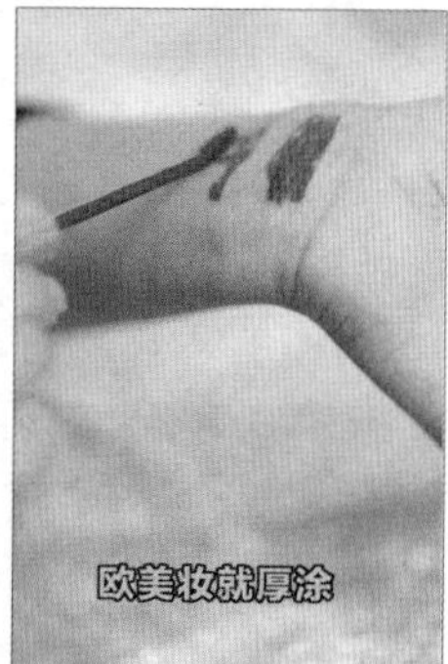

图 5-20

镜头 08 镜头切换到中景，出镜者拿起另一款色系的唇釉，并对其进行介绍，如图 5-21 所示。

图 5-21

镜头 09 镜头切换到近景，出镜者打开唇釉，介绍唇釉的颜色和其他特点，如图 5-22 所示。

图 5-22

镜头 10 镜头再次对准手腕，以近景拍摄出镜者将唇釉涂抹在手腕上已有唇釉的下方，对比展示唇釉的效果画面，并继续解说唇釉的适用范围，如图 5-23 所示。

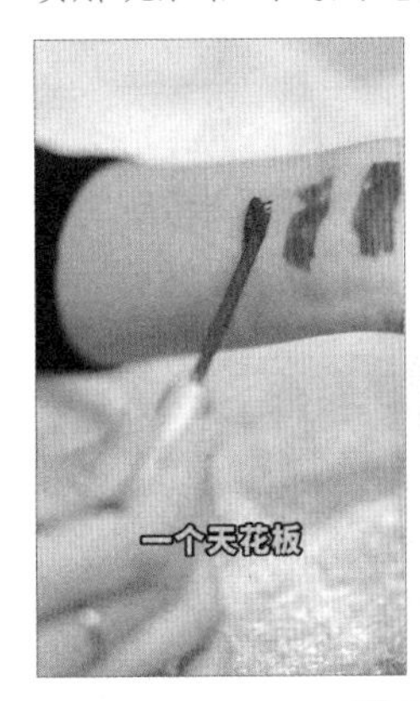

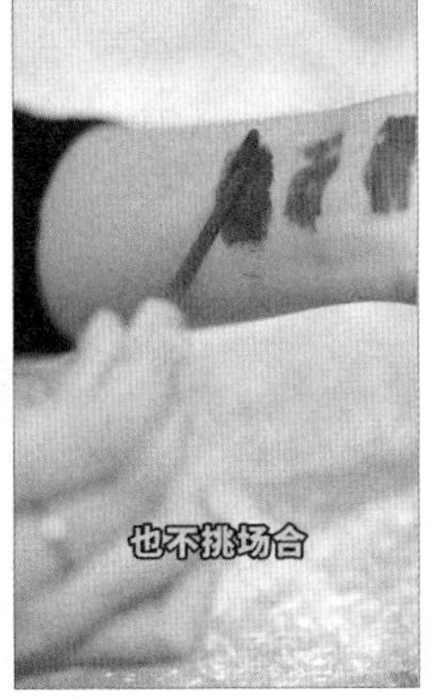

图 5-23

镜头 11 镜头切换到中景，出镜者拿起最后一款色系的唇釉，介绍其颜色，如图 5-24 所示。

镜头 12 镜头切换到近景，出镜者打开唇釉，介绍唇釉的其他特点，如色调等，如图 5-25 所示。

图 5-24

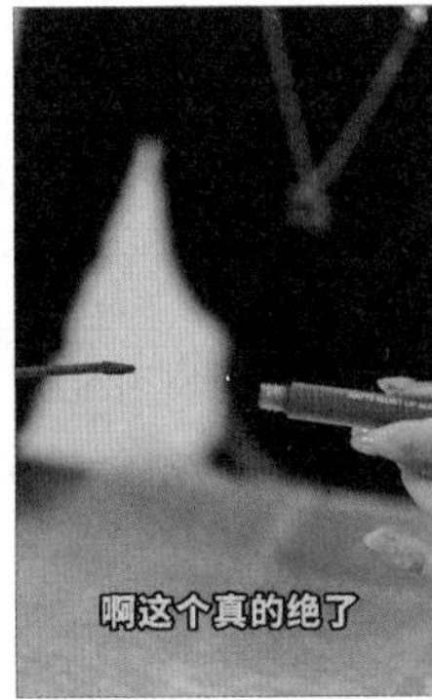

图 5-25

镜头 13 镜头对准手腕，以近景拍摄出镜者将唇釉涂抹在手腕上已有唇釉的下方的画面，继续介绍唇釉的色调等特点，如图 5-26 所示。

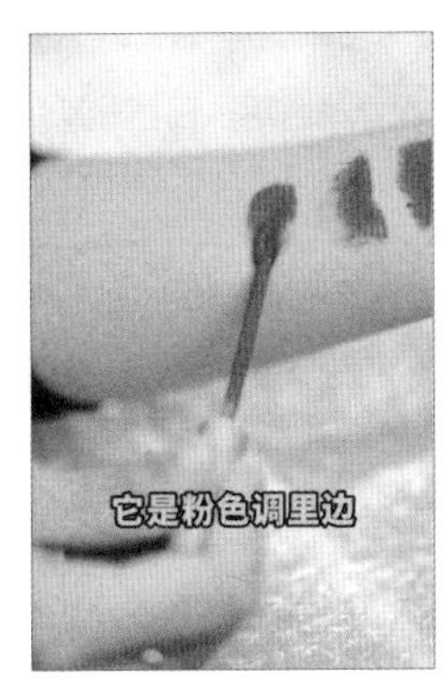

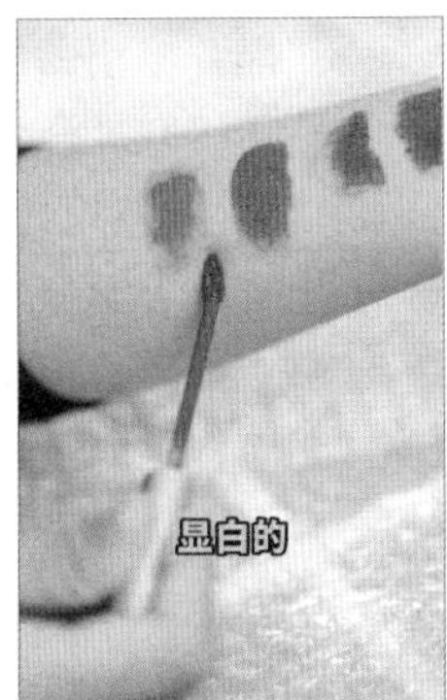

图 5-26

镜头 14 镜头切换到中景，出镜者拿起 3 款唇釉，鼓励用户购买，如图 5-27 所示（配套资源：效果 \ 第 5 章 \ 唇釉开箱视频 .mp4）。

图 5-27

2. 口播类短视频

口播类短视频对脚本、拍摄团队、拍摄器材、场地的要求都不高，许多刚进入短视频领域的创作者都热衷于选择这种类型。

口播类似于新闻播音员的工作，是指出镜者面向镜头，向用户介绍新闻、表明观点、推荐产品等。口播类短视频的创作者在拍摄前需要做好以下准备工作。

（1）打磨剧本台词

口播类短视频的剧本台词是影响短视频质量的关键因素。在短视频有限的时间内，创作者如何通过剧本台词来吸引用户的关注呢？下面提供几点建议。

- **确定基调：**所谓基调，指的是剧本的整体风格，如轻松幽默或严肃正式，这需要结合出镜者的口播风格来确定。例如，出镜者的口播风格是古灵精怪的，那么剧本就要打造得轻松、俏皮一些，尽量形成“人词合一”的积极效果。图 5-28 所示的短视频中，出镜者属于激昂式解说风格，剧本也写得充满激情，后期剪辑还在画面中加入了合适的背景动画，进一步强调了短视频的整体风格。

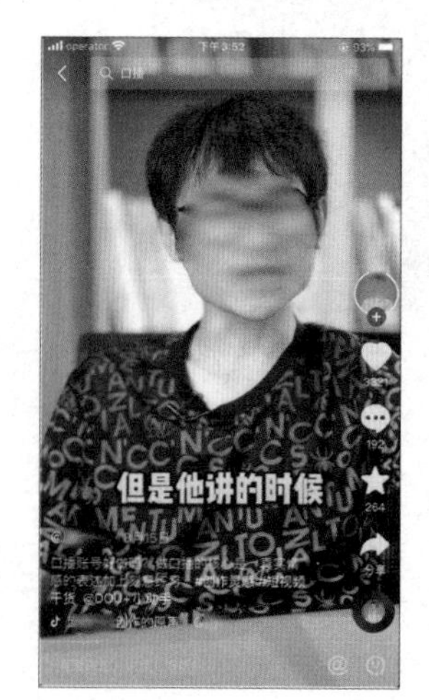

图 5-28

- **提升吸引力：**提升吸引力是指将剧本台词的内容打造得更加精彩，让出镜者在口播时更容易吸引用户的注意。对于内容有限的短视频剧本而言，创作者可以将重点放在设置悬念和增加反转这两点上。设置悬念的常用方法是在短视频一开始时就向用户提出许多问题，或者提出自己的观点（这些问题和观点需要直达用户内心，触碰到用户的痛点、兴奋点等），以制造悬念，让用户忍不住继续看下去。在图 5-29 所示的短视频中，出镜者在一开始便直接提出一个观点，引起用户好奇，使用户想看看后面的内容是如何阐述这种观点的。增加反转能让情节由一种情境转换为相反情境，让用户感受到“出乎意料”“眼前一亮”，并对短视频做出更高的评价。图 5-30 所示的短视频通过展示产品的使用效果，让用户看到出镜者使用产品后产生的巨大变化，与用户的预期效果形成较大反差，使用户感到十分意外，从而产生点赞、关注等互动行为。

图 5-29

图 5-30

(2) 提升表达力

有了优质的剧本台词后，出镜者还需要具有良好的表达能力，这样才能让用户通过视频画面感受到出镜者的真诚、自然、活泼，而不是紧张、木讷、慌乱。具体来说，出镜者可以从以下几个方面来提升表达力。

- **保持微笑：**出镜者在出镜时保持微笑，可以使自己在解说时更加从容自信，拉近与用户间的距离，这是提升表达力的有效方法。出镜者可以加强这方面的练习，让自己能够尽快适应镜头，在画面中体现出更强的亲和力和感染力。
- **眼神交流：**出镜者在口播时如果一直在心里默念台词或看提词器，那么他的眼神肯定无法与用户进行交流，这会让用户无法专注于短视频内容。解决这个问题的关键，一方面是出镜者要熟记剧本台词，另一方面是出镜者要学会用真诚自然的眼神看向镜头，把镜头当成正在听自己讲话的伙伴。
- **强调节奏：**节奏感是出镜者口播时一个非常重要的因素，如果出镜者毫无感情地背诵剧本台词，呈现出的效果就会平淡无奇，甚至让用户觉得厌烦。出镜者应该根据剧本台词的内容，在口播时增加抑扬顿挫的解说节奏，让整个解说根据内容的变化时而高亢、时而低沉，从而感染用户，让用户愿意主动聆听解说内容。

(3) 短视频剧本台词创作

下面需要创作一个口播短视频，向用户推销一门课程，课程内容主要是文案写作的技巧。根据这个要求，创作者可以创作以下台词。

超级内容思维，打造内容营销官

一句好的标语或口号，能够为品牌提供内容的焦点

一篇阅读量超过 10 万次的文章，能够瞬间掀起舆论风暴

一个优秀的自媒体创作者能在短时间内粉丝量达到百万

而这一切的基础，都需要建立在文案之上

如果你不懂文案

可能面对的只有不知如何着手的创作式焦虑

和寥寥无几的阅读量

以及止步不前的职业生涯与收入

这门课程，为你量身打造系统性的学习方法

剖析当下的种种经典案例

让你短时间内就能掌握文案写作技巧

点击下方链接开始学习吧

整个剧本台词分为 3 大部分，前面 5 句说明了优秀的文案可以达到的效果，中间 4 句则从相反的方面说明了没有一定的文案写作功底将要面对的难题，这一正一反两个方面的解说，会让用户对这门课程产生极大的兴趣，因此最后 4 句话就介绍了这门课程将会给用户带来的好处。

（4）短视频拍摄

剧本台词准备好之后，就可以着手拍摄短视频了。实际操作时，创作者可以尝试多拍摄几遍，即拍摄多次出镜者口播所有剧本台词的过程，以便后期剪辑时可以有更多的选择余地。另外，创作者也可以按剧本台词划分镜头，如一句台词拍摄一个镜头，然后在后期进行剪辑处理。下面展示此短视频经过后期剪辑的部分画面，以介绍其基本拍摄思路。

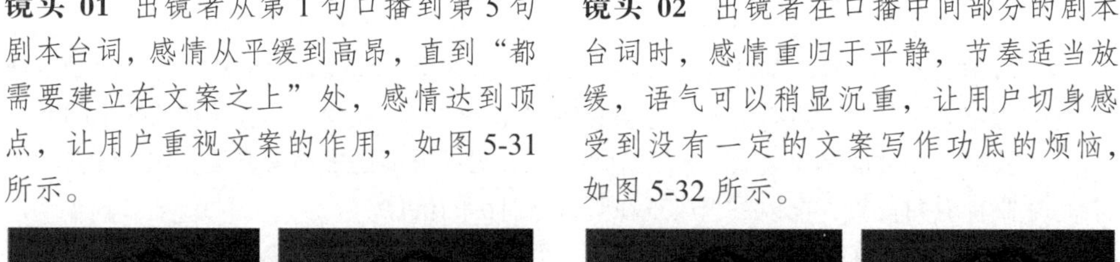

镜头 01 出镜者从第 1 句口播到第 5 句剧本台词，感情从平缓到高昂，直到“都需要建立在文案之上”处，感情达到顶点，让用户重视文案的作用，如图 5-31 所示。

图 5-31

镜头 02 出镜者在口播中间部分的剧本台词时，感情重归于平静，节奏适当放缓，语气可以稍显沉重，让用户切身感受到没有一定的文案写作功底的烦恼，如图 5-32 所示。

图 5-32

镜头 03 出镜者以真诚的感情口播最后4句剧本台词，向用户推荐课程，让用户感受到可以通过这门课程来提升自己，使用户更容易接受这门课程，如图5-33所示（配套资源：效果\第5章\课程推荐.mp4）。

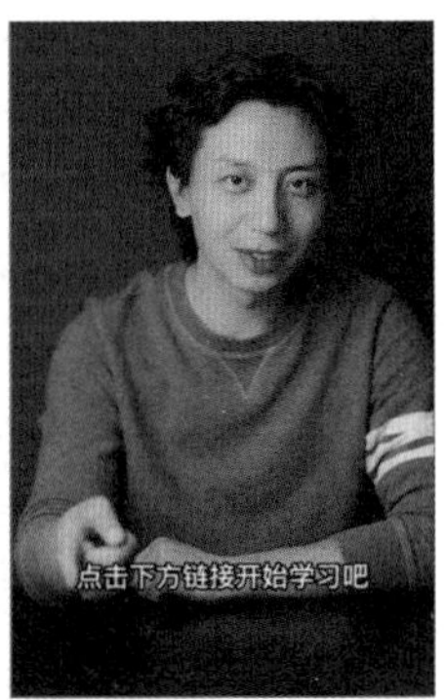

图 5-33

5.2.2 生活娱乐类短视频

生活娱乐类短视频的创作空间非常大，下面以生活记录类短视频和搞笑剧情类短视频为例，介绍生活娱乐类短视频的拍摄方法。

1. 生活记录类短视频

生活记录类短视频就是用镜头如实地记录生活的方方面面，如旅行、美食、宠物、穿搭、园艺、校园生活等。

（1）了解创作要点

一般来说，大多数创作者会选择生活中的某一领域进行创作，这样有利于形成自己特有的风格。那么创作者在创作生活记录类短视频时需要注意哪些问题呢？可以参考以下几个方面。

- **选择合适的领域：**创作者选择的领域首先应该与自己的兴趣相契合，这样创作者在创作时才会更加主动，更富有激情；其次则要考虑自身的优势，例如自己对美食有独到的见解，则可以创作探店类短视频，如果对旅游线路和景点非常熟悉且经常旅行，则可以做旅游记录类短视频。
- **选择合适的风格：**短视频的风格要迎合目标群体。如果目标群体是年轻人，则短视频的风格应该更贴近年轻人的口味，比如加入一些当下热门的网络词语等；如果目标群体是某一行业的从业人员，如会计，短视频就可以创作得更有深度和专业一些。
- **选择合适的内容：**确定领域和风格后，创作者还需要考虑短视频的内容。以记录美食为例，创作者需要选择拍摄各种餐厅饭店的高档美食，还是各个街道巷子里的小吃。若拍摄旅游记录类短视频，创作者需要考虑是将拍摄内容集中在热门的精华景点，还是展现小众风景。
- **选择合适的出镜方式：**创作者在记录各种生活画面时，是否出镜、出镜频率的高低等都会影响短视频的创作。一般来说，创作者选择出镜解说更容易被用户接受。

（2）确定拍摄思路

下面以美食制作记录短视频为例，介绍生活记录类短视频的拍摄思路。该短视频的主题是咖喱鸡制作。首先，创作者应根据自身情况选择拍摄风格，如为了体现“烟火气”，可以选择家庭日常的亲民风格；如为了体现专业，就可以制作精致、有格调的短视频。受条件限制，此次的短视频采用亲民风格。对于美食制作记录短视频而言，创作者需要在短视频中展现准备食材、烹饪过程、成品等内容，让用户通过短视频能够学会菜品的制作方法。此短视频将重点围绕这些内容，将咖喱鸡制作从准备食材到得到最终成品的所有环节都呈现出来。

（3）短视频策划

此短视频的每个画面都使用固定镜头拍摄，让用户观摩每个环节的烹饪过程，便于用户学习。该短视频的脚本如表 5-2 所示。

表 5-2　咖喱鸡制作记录短视频脚本

镜号	景别	镜头	内容	时长 / 秒
1	近景	固定镜头	展示各种配菜的画面	5
2	近景	固定镜头	展示切好的鸡块画面	5
3	近景	固定镜头	展示往鸡块中加调料的画面	5
4	近景	固定镜头	展示用手拌匀食材的画面	3
5	近景	固定镜头	展示切各种配菜的过程	5
6	近景	固定镜头	展示盛放好配菜的画面	2
7	近景	固定镜头	展示将鸡块和配料放入锅中的画面	3
8	近景	固定镜头	展示水开后捞起鸡块的画面	3
9	近景	固定镜头	展示油温上升后放入炒料并翻炒的画面	3
10	近景	固定镜头	展示放入鸡块并翻炒的画面	3
11	近景	固定镜头	展示往锅中放入各种调料的画面	5
12	近景	固定镜头	展示往锅中放入配菜并翻炒的画面	3
13	近景	固定镜头	展示往锅中加水的画面	3
14	近景	固定镜头	展示往锅中加水后的画面	3
15	近景	固定镜头	展示锅中水开后加入咖喱的画面	3
16	近景	固定镜头	展示菜品烧制一段时间后即将出锅的画面	3
17	近景	固定镜头	展示咖喱鸡的成品效果	3
共计：1 分钟				

（4）短视频拍摄准备

拍摄此短视频需要做的准备工作如下。

- **团队搭建**：拍摄团队仅需 2 人，一人负责拍摄，一人负责菜品的烹饪。
- **拍摄器材选择**：选择拍摄效果较好的智能手机。
- **场地选择**：选择家庭厨房，尽量减少外界的声音，拍摄时无须解说，后期根据画面进行单独录音。

（5）短视频拍摄

本次拍摄任务的重点是直观、完整地展现咖喱鸡的制作方法，具体拍摄过程如下。

镜头 01 将需要的配菜整理到一起，使用固定镜头拍摄所有配菜，如图 5-34 所示，后期剪辑时再通过字幕对各种配菜进行简单介绍。

镜头 02 将切好的鸡块放入容器中，使用固定镜头拍摄，如图 5-35 所示。

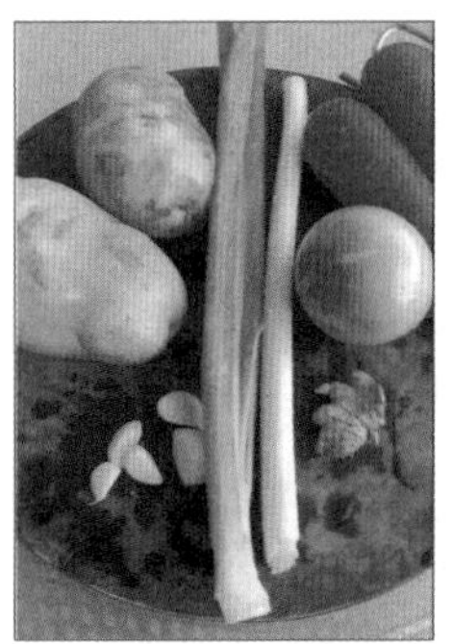

图 5-34

图 5-35

镜头 03 保持镜头位置不变，拍摄依次向鸡块中加入盐、料酒、胡椒粉等调料的过程，如图 5-36 所示。

图 5-36

图 5-36（续）

镜头 04 保持镜头位置不变，拍摄用手将调料和鸡块拌匀的画面，如图 5-37 所示，后期剪辑时可以通过字幕介绍腌制鸡块的时间。

图 5-37

镜头 05 依次拍摄切各种配菜的过程，如图 5-38 所示，后期只需剪辑其中的部分画面，并利用字幕介绍各种配菜的切法。

镜头 06 将切好的配菜盛放在一个容器中，拍摄盛放好后的画面，如图 5-39 所示。

图 5-38

图 5-39

镜头 07 将铁锅放上炉灶，加水点火，拍摄将鸡块和各种配料放入锅中的画面，如图 5-40 所示。

镜头 08 拍摄水开后捞起鸡块的画面，如图 5-41 所示，后期剪辑时可以通过字幕介绍焯水的大概时间。

图 5-40

图 5-41

镜头 09 另起锅放油，油温上升后放入炒料，拍摄翻炒炒料的画面，如图 5-42 所示，后期剪辑时可以通过字幕介绍放入了哪些炒料，以及火力大小等烹饪技巧。

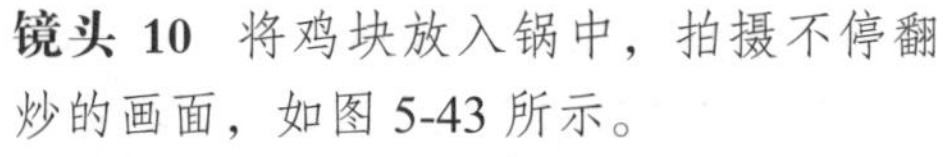

镜头 10 将鸡块放入锅中，拍摄不停翻炒的画面，如图 5-43 所示。

图 5-42

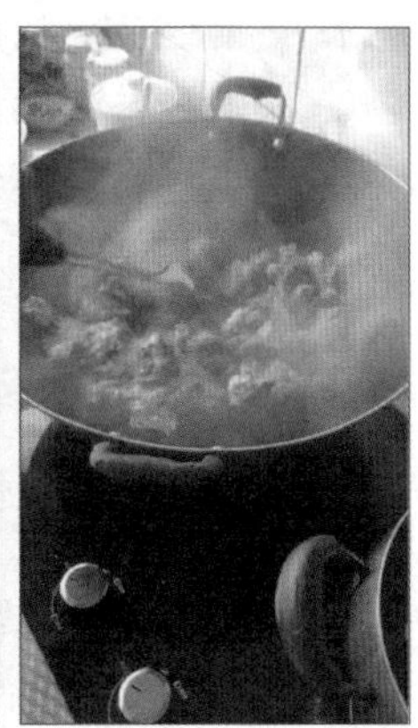

图 5-43

镜头 11 拍摄往锅中放入各种调料的画面，如图 5-44 所示，后期剪辑时可以通过字幕介绍放入了哪些调料。

镜头 12 往锅中放入各种配菜，拍摄不停翻炒的画面，如图 5-45 所示，后期剪辑时通过字幕介绍放入了哪些配菜。

图 5-44

图 5-45

镜头 13 拍摄往锅中加水的画面，如图 5-46 所示，后期剪辑时可以通过字幕介绍加水的量。

镜头 14 拍摄往锅中加水后的画面，如图 5-47 所示，后期剪辑时可以通过字幕介绍烧制的时间。

图 5-46

图 5-47

图 5-48

图 5-49

镜头 15 拍摄锅中水开后加入咖喱的画面，如图 5-48 所示。

镜头 16 拍摄菜品烧制一段时间后即将出锅的画面，如图 5-49 所示。

镜头 17 将咖喱鸡成品盛入容器中，拍摄装盆后的效果，如图 5-50 所示（配套资源：效果 \ 第 5 章 \ 咖喱鸡 .mp4）。

图 5-50

2. 搞笑剧情类短视频

搞笑剧情类短视频是非常受用户欢迎的一类短视频，其中的优秀作品能轻易成为热门短视频。

（1）创作要点

要想创作出高质量的搞笑剧情类短视频，创作者应当将重点放在剧本上。对于剧本而言，搞笑剧情类短视频可以采用不同的结构。例如，有的短视频会采用“开端 + 铺垫 + 反转 + 高潮 + 结局”的经典结构，有的会采用“开端 + 铺垫 + 反转 + 再反转 + 结局”的多次反转式的结构，有的则更加精简，直接用“铺垫 + 反转”的结构。要创作出精彩的搞笑剧情，创作者可以从以下几点入手。

首先，养成善于积累的习惯，当在日常生活中遇到一些搞笑的事情时，可以将其记录下来，放进自己的“灵感库”中。同时，看到他人制作的短视频中有精彩的笑点时，也可以将其记录下来，在其基础上进行二次创作。

其次，要善于分析他人对搞笑剧情类短视频的结构的安排和节奏的把控，从中吸取优点，然后形成自己的风格。

最后，要积极尝试创作，并将创作的内容给他人观看和评价，从这些评价中吸取经验，通过反复修改与练习，创作出更优秀的剧情，更自如地把控剧情的走向和节奏。

（2）拍摄思路

对于搞笑剧情类短视频而言，拍摄时应要求演员根据剧本内容演绎，并在适当的时候做出稍显夸张的表情或肢体动作，放大剧本中的笑点。拍摄前演员可以演练一些重点段落，拍摄时可以多拍几遍，从中选取最合适的视频片段进行后期剪辑。

（3）短视频策划

接下来要创作的搞笑剧情类短视频名叫“还钱”，主要通过两个闺蜜之间的搞笑对话，展现“讨债”趣事。该短视频内容简短，镜头不多，主要通过演员的演绎来制造搞笑效果。该短视频的脚本如表 5-3 所示。

表 5-3 “还钱”短视频脚本

镜号	景别	镜头	内容	时长 / 秒
1	中景	固定镜头	展示闺蜜乙坐在沙发上玩手机，闺蜜甲走过来坐在她旁边并故意引起其注意的画面	7
2	近景	固定镜头	展示闺蜜甲向闺蜜乙诉说自己美发的情况的画面	7
3	近景	固定镜头	展示闺蜜乙准备向闺蜜甲偿还之前借款的画面	4
4	中景	固定镜头	展示闺蜜乙发现闺蜜甲多说了欠款并向闺蜜甲询问的画面	6
5	近景	固定镜头	展示闺蜜甲向闺蜜乙解释为什么多说了欠款的原因的画面	12
共计：36 秒				

（4）短视频拍摄准备

拍摄此短视频需要做的准备工作如下。

- **团队搭建：**拍摄团队需 3 人，一人负责拍摄，两人负责剧情的演绎。
- **拍摄器材选择：**数码相机或智能手机。
- **场地选择：**在室内的客厅进行拍摄，环境布置应简洁大方。

（5）短视频拍摄

下面根据脚本进行拍摄，具体拍摄过程如下。

镜头 01 以中景固定镜头拍摄闺蜜乙坐在沙发上玩手机，闺蜜甲走入画面并坐在闺蜜乙旁边，通过咳嗽、撩头发让闺蜜乙意识到自己刚做了美发的过程，如图5-51所示。

图 5-51

镜头 02 镜头切换到近景，闺蜜甲兴致勃勃地向闺蜜乙叙述美发的发型师以及花费。扮演闺蜜甲的演员在演绎时应重点突出发型师的名字和花费的金额 320 元，唤起闺蜜乙对上次做美发时向闺蜜甲借钱一事的记忆，如图 5-52 所示。

图 5-52

镜头 03 闺蜜乙通过闺蜜甲的夸张演绎发现了对方的真实意图，并决定拿出手机向闺蜜甲支付欠款，如图 5-53 所示，闺蜜甲听到后赶紧拿出手机准备查收。

图 5-53

镜头 04 镜头切换到中景，正当闺蜜乙准备支付欠款时，想起上次美发只花了 300 元，于是马上收回手机并询问闺蜜甲。闺蜜甲发现对方识破了自己的说辞，也收回手机开始想对策，如图 5-54 所示。

图 5-54

镜头 05 镜头重新切换到近景，闺蜜甲绘声绘色地向闺蜜乙解释这次美发为什么多出了 20 元，并把这 20 元说成利息，通过闺蜜甲夸张的表情与闺蜜乙神态自若的表情形成反差，制造喜剧效果，如图 5-55 所示（配套资源：效果\第 5 章\还钱 .mp4）。

图 5-55

本章小结

本章介绍了平台类短视频的特点以及创作要点并以推荐分享类短视频、生活娱乐类短视频为例，介绍了平台类短视频的基本拍摄方法。

想要自己拍摄的短视频在海量的短视频中脱颖而出，创作者首先应该学习其他优秀短视频的结构和节奏，总结热门短视频的特点，并通过大量的拍摄练习来形成自己独特的短视频风格。总之，创作者拍摄的短视频如果形成了独特的风格，拥有新颖的叙事结构，与众不同的故事节奏等，就很可能在众多的短视频中脱颖而出，受到用户的喜爱。

实战演练

平台类短视频的创作空间是非常大的，下面通过两个简单的剧情类短视频的拍摄实战，来帮助大家进一步巩固平台类短视频的拍摄方法。

实战演练1 拍摄“比赛”短视频

“比赛”短视频是一个搞笑剧情类短视频，其内容主要是父亲正在教育儿子，母亲看到后劝说父亲，但在了解事情的具体情况后，自己动手教育儿子的故事。整条短视频内容简短，旨在通过父母双方的对话和动作，将整条短视频的搞笑氛围淋漓尽致地展现出来。该短视频的脚本如表5-4所示。

表5-4 “比赛”短视频脚本

镜号	景别	镜头	内容	时长/秒
1	近景	固定镜头	展现父亲指着儿子，另一只手举起棍棒假装要打儿子，母亲看到后及时制止的画面	4
2	近景	拉镜头	展现父亲向母亲解释为什么要打儿子的画面	3
3	中景	固定镜头	展现母亲听到解释后仍然不解，并继续询问父亲的画面	5
4	近景	固定镜头	展现父亲继续解释的画面	4
5	近景	固定镜头	展现母亲继续询问的画面	2
6	近景	固定镜头	展现父亲说明想打儿子的真实原因的画面	3
7	近景	固定镜头	展现母亲听到原因后吃惊的画面	1
8	中景	固定镜头	展现母亲夺过父亲手上的棍棒，挽起袖子准备亲自动手的画面	4
共计：26秒				

该短视频的拍摄场所选在室内客厅，需要一男一女分别扮演父亲、母亲两个角色，儿子这个角色可以由摄影师客串。另外需要准备一台数码相机，并配上三脚架等稳定设备和收声设备（以收录现场的对话）。具体拍摄过程如下。

镜头 01 以近景拍摄父亲，父亲展现出严厉的眼神和表情，举起左手指向儿子，右手拿着棍棒并抬起来准备打向儿子，此时母亲从画面远处走过来及时拉住父亲，并询问他原因，如图 5-56 所示。

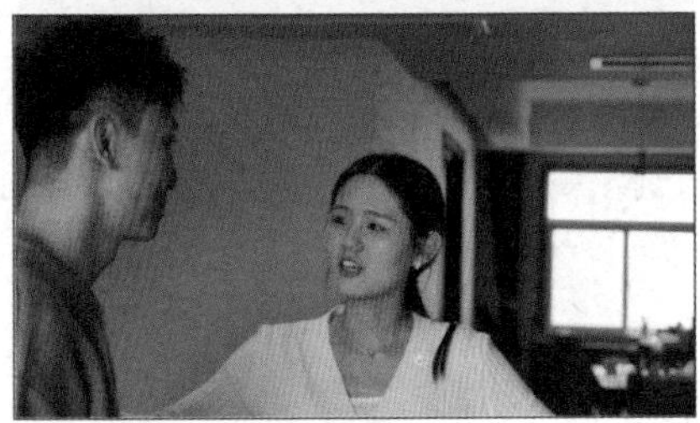

图 5-56

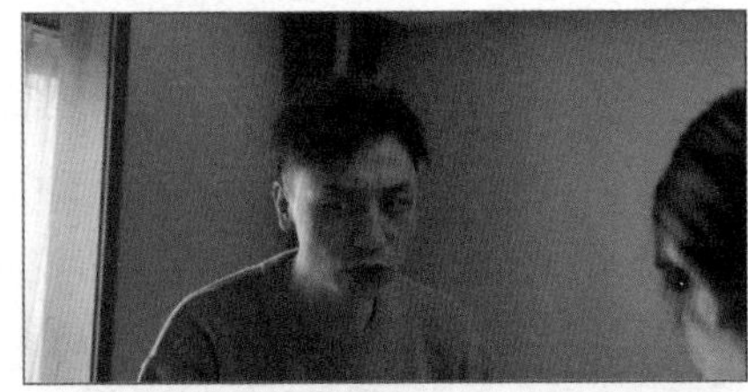

图 5-57

镜头 02 以近景拍摄父亲，父亲言辞激烈地告诉母亲："你这个儿子！又跟人瞎比赛！"父亲在说话时，头部、面部和手部都要展现出生气的状态，同时镜头逐渐从近景拉到中景，如图 5-57 所示。

镜头 03 以中景拍摄母亲，父亲在画面近处以背影的形式出现，并仍然手持棍棒做小幅挥舞状。母亲耐心地与父亲交流，告诉他："没事儿，好事情呀！有竞争才有进步嘛！"说话时配合一定的手部动作让对话场面显得更加自然真实，如图 5-58 所示。

图 5-58

镜头 04 以近景拍摄父亲，母亲在画面近处以背影的形式出现。父亲继续告诉母亲教育儿子的原因："他比赛的是谁的成绩好！"说话时右手还是不停地挥动棍棒，体现出生气和激动的心情，如图 5-59 所示。

图 5-59

镜头 05 以近景拍摄母亲，母亲听到儿子和同学比赛谁的成绩好时，将双手紧握抬于胸前，眼神充满期待，询问父亲："那结果呢？" 如图 5-60 所示。

图 5-60

镜头 06 以近景拍摄父亲，母亲在画面近处以背影的形式出现。父亲举起手中的棍棒，哭笑不得地向母亲说："你儿子倒数第一名！比得过谁？" 说话过程中要表现出无可奈何的神态，如图 5-61 所示。

图 5-61

镜头 07 以近景拍摄母亲，父亲在画面近处以背影的形式出现。母亲在听到儿子的成绩排在倒数第一时，只能睁大眼睛，张开嘴巴却说不出话，表情非常吃惊，如图 5-62 所示。

图 5-62

镜头 08 父亲和母亲同时出现在画面中央，景别调整为中景。母亲听到父亲的话后，从惊讶中回过神来，快速夺过父亲手上的棍棒，挽起袖子就去找儿子，并告诉父亲："你休息！让我来！" 如图 5-63 所示（配套资源：效果\第 5 章\比赛 .mp4）。

图 5-63

实战演练2　拍摄“回家”短视频

“回家”短视频的内容主要是儿子告诉父母过年加班回不了家，实际上自己在 KTV 与朋友聚会，但在这个过程中，通过与母亲的几次微信交流，儿子感受到了父母盼望自己回家的心情，于是决定回家过年的故事。整条短视频的核心内容主要通过微信聊天界面和后期字幕来呈现。该短视频的脚本如表 5-5 所示。

表 5-5　“回家”短视频脚本

镜号	景别	镜头	内容	时长 / 秒
1	近景	固定镜头	展现主角在 KTV 中埋头摆弄手机的画面	4
2	特写	固定镜头	展现主角在手机上所输入的信息内容	5
3	中景	固定镜头	展现主角与朋友尽情娱乐的画面	12
4	中景	固定镜头	从另一个角度展现主角与朋友聊天的画面	6
5	近景	固定镜头	展现主角看到手机屏幕亮起，拿起手机查看信息的画面	11
6	特写	固定镜头	展现主角收到的回复的内容的画面	3
7	近景	固定镜头	展现主角看到信息后，拿着手机显得有点儿不耐烦的画面	6
8	中景	固定镜头	展现主角重新拿起手机准备回复母亲的画面	10
9	近景	固定镜头	展现主角用手机回复母亲的画面	6
10	中景	固定镜头	展现主角在玩耍时看到手机有新信息，并拿起手机查看的画面	10
11	近景	推镜头	展现主角看到母亲回复的信息后流泪的画面	6
12	中景	跟镜头	展现主角在室外街道上飞奔的画面	4
共计：1 分 23 秒				

该短视频多以固定镜头拍摄，但镜头画面和景别切换较频繁，以此来全方位表现演员在与母亲沟通时的表情变化。拍摄场地选择在 KTV 包间内，另外需要若干演员扮演主角的朋友，具体拍摄过程如下。

镜头 01 以近景拍摄主角埋头摆弄手机，双手大拇指正在快速点击屏幕上的键盘的画面，如图 5-64 所示。

图 5-64

镜头 02 以特写镜头拍摄主角使用手机打字的画面，后期加上与手机屏幕上所显示的信息相同的字幕，表现主角正在与母亲通过微信交流，如图 5-65 所示，字幕内容是“妈，今年公司很忙，过年可能要加班，回不来了”。

图 5-65

镜头 03 镜头转换为中景，主角发完信息后，开始愉快地与朋友唱歌玩耍，镜头正面拍摄所有演员，并展示出桌面上的各种物品，表现出大家尽情娱乐的状态，如图 5-66 所示。

图 5-66

镜头 04 调整镜头位置，继续拍摄所有演员玩耍的画面，其中主角需要同朋友聊天，再通过这一系列动作展现主角沉浸在娱乐中的状态，为主角后面的转变做铺垫，如图 5-67 所示。

图 5-67

镜头 05 换个角度以近景拍摄主角听朋友唱歌的画面，此时主角放在桌上的手机的屏幕亮起，主角慢慢拿起手机查看，如图 5-68 所示。

图 5-68

镜头 06 切换到特写镜头，表现主角收到了母亲的回复信息，内容是“好的，儿子，在外面不要省钱，吃好点儿。妈妈想你了，有时间给妈妈发个视频。”，如图 5-69 所示，后期在此处加上相同的字幕。

图 5-69

镜头 07 调整镜头位置，以近景拍摄主角看了母亲回复的信息后，显得有些不耐烦的神态，如图 5-70 所示。

图 5-70

镜头 08 以中景拍摄所有演员，其中主角正在与朋友聊天，然后意识到刚才没有回复母亲的信息似乎有些不妥，于是重新拿起手机准备回复信息，如图 5-71 所示。

图 5-71

镜头 09 切换到近景，衔接主角上一个拿起手机的动作，表现主角正在回复信息，如图 5-72 所示，后期在此处加上字幕，内容为“妈，爸呢？”。

图 5-72

镜头 10 切换到中景，从正面拍摄主角手机屏幕再次亮起，主角拿起手机查看母亲发来的信息的画面，如图 5-73 所示，后期在此处加上字幕，内容为“你爸以为你今天要回来，现在正在火车站等你，不过你放心，他穿着你买给他的羽绒服，一点儿都不冷，我告诉他叫他别等了。”。

图 5-73

镜头 11 切换到近景，并逐渐将镜头推近，此时主角看到母亲的回复后，摘下了眼镜，眼泪不由自主地流了出来，如图 5-74 所示。

图 5-74

镜头 12 画面切换到室外街道，以中景跟镜头拍摄主角飞奔的画面，如图 5-75 所示，以开放式结局给用户更多的想象空间（配套资源：效果\第 5 章\回家 .avi）。

图 5-75

第 6 章

微电影类短视频创作

很多短视频的故事情节都不完整，但微电影类短视频包含完整的故事情节。无论是幽默搞怪、时尚潮流、公益教育，还是商业定制，各个领域的创作者都可以拍摄微电影类短视频，让用户在短视频平台也能享受类似电影的观影体验。本章将介绍微电影类短视频的创作方法。

【学习目标】

- 了解微电影类短视频与微电影的区别
- 了解微电影类短视频的特点
- 掌握情感类短视频的拍摄方法
- 掌握公益类短视频的拍摄方法

6.1 认识微电影类短视频

微电影类短视频是一种较为特殊的短视频，它是短视频行业蓬勃发展后自然产生并发展起来的。创作者要更好地创作这类短视频，首先需要了解它与微电影的区别以及它自身的特点。

6.1.1 微电影类短视频与微电影的区别

微电影类短视频虽然与微电影非常相似，但它们本质上仍然是不同的两种事物，在播放时长、播放平台、盈利方式、审查方式上都有不同之处，具体如图 6-1 所示。

图 6-1

6.1.2 微电影类短视频的特点

相较于院线电影和网络电影而言，微电影类短视频具有时长短、娱乐性强、制作周期短、门槛低、投入少、创作自由等特点，如图 6-2 所示。

图 6-2

6.2 微电影类短视频创作实战

微电影类短视频在内容创作上没有局限，这里以情感类短视频和公益类短视频的创作为例，介绍它们的拍摄方法。

6.2.1 情感类短视频

各大短视频平台上都有着许多情感类短视频，与强调“瞬间吸睛”的其他短视频类型相比，情感类短视频的价值就在于传递某种生活方式和状态，直击用户痛点，让用户得到心灵上的慰藉，受到精神上的启发等，因此拥有广泛的用户基础。

1. 了解拍摄思路

要想拍摄出一条不错的微电影式情感类短视频，创作者需要做的工作相比于其他短视频而言更多。除了准备好完善的短视频脚本和具备基本的表演能力的演员外，创作者还可以参考以下拍摄思路。

- **运用景别叙述情感：**景别主要包括远景、全景、中景、近景、特写等，不同的景别可以使用户产生不同的情感反应。例如，当需要表现整体的环境和气氛时，就可以运用远景或全景；当想要刻画细节和情绪，展现人物的内心世界时，就可以运用近景或特写；当想要表现人物之间的情感交流时，就可以使用中景；当需要表现出越来越强、越来越高涨的情绪时，就可以使用由远到近的连续景别（如由中景到近景，再到特写）；当需要表现出深沉、悠远或悲伤的情绪时，就可以使用由近到远的连续景别（如由特写到近景，再到中景）。
- **运用镜头营造情感氛围：**合理使用推、拉、摇、移、跟、升、降等运动镜头并配合相应的运镜速度，以传递情感。例如，推镜头可以强化画面情绪，如果加快推镜头的速度，则可以表现出震惊的情感；拉镜头则有利于展现人物沉浸于某种情感当中；摇镜头可以营造不稳定感，有利于表现人物情绪的变化；移镜头既可以反映人物视线范围的移动情况，也可以逐步展示人物所处的环境，有助于营造环境氛围；跟镜头可以持续展现人物的情感变化，突出人物的心理波动；升镜头可以表现人物从某种情绪中脱离；降镜头则可以表现人物的参与感。
- **运用拍摄角度表达情感：**不同的拍摄角度可以营造出不同的画面感觉，有利于情感的表达。例如，仰拍可以表现崇敬、敬畏等情绪；俯拍可以表达渺小、受制等感觉。

高手秘技

必要时可以使用空镜头。空镜头能起到介绍背景、交代时间和空间、抒发人物情绪、推进故事情节等作用，若空镜头与剧中的情节相接，还能起到暗示、象征、隐喻等作用，有助于烘托、揭示出人物的内心世界与情感。

2. 策划短视频

本次将要拍摄的情感类短视频主要想向用户传递的主旨是“对于一件事，不能只看其表面或不能片面地看待，应该了解整件事的全貌后，再做出自己的评判”。整条短视频由上下两个部分组成，上部分分为3个故事，展现故事的片段，下部分则还原这3个故事的“真相”。本次拍摄主要使用固定镜头并结合不同的景别切换来表现人物的言行和情绪。该短视频的脚本如表6-1所示。

表6-1　情感类短视频脚本

镜号	景别	镜头	内容	时长/秒
1	特写	固定镜头	第1个故事，侧面拍摄男同学甲询问某人	1
2	特写	固定镜头	正面拍摄男同学乙回答男同学甲	2
3	近景	固定镜头	在教室内拍摄两位男同学在门外向里面张望	3
4	近景	固定镜头	在教室外拍摄两位男同学打开门进入教室	3
5	中景	固定镜头	从背后拍摄甲同学乙翻找课桌	3
6	全景	固定镜头	从背后拍摄甲同学甲翻找课桌	2
7	中景	固定镜头	从背后拍摄男同学甲招呼男同学乙过去	2
8	中景	固定镜头	拍摄两位同学在课桌旁神秘地捣鼓东西	2
9	全景	固定镜头	正面拍摄走廊上的3位女同学有说有笑地从远处走来	2
10	全景	固定镜头	拍摄教室内两位男同学继续捣鼓东西	3
11	中景	固定镜头	拍摄女同学甲发现教室有异样	2
12	中景	固定镜头	从教室内拍摄女同学甲看向教室	1
13	中景	固定镜头	拍摄女同学甲告诉另外两位女同学她的所见	4
14	全景	固定镜头	拍摄教室内男同学乙察觉到了教室外的动静	4
15	中景	固定镜头	第2个故事，拍摄女同学提着口袋向镜头走近	1
16	中景	固定镜头	从侧面拍摄女同学拿出手机	1
17	特写	固定镜头	拍摄女同学回复信息	2
18	近景	固定镜头	从背后拍摄女同学将手机放入外套右侧的口袋	2
19	全景	固定镜头	从后面拍摄女同学朝前行走，男同学甲从女同学左侧走上街道	4
20	中景	固定镜头	正面拍摄男同学甲跟在女同学身后，且引起了女同学的注意	3
21	近景	固定镜头	拍摄男同学乙从后面冲出来撞到了女同学和男同学甲	2
22	全景	固定镜头	拍摄男同学乙质问两位同学并推搡男同学甲	3

续表

镜号	景别	镜头	内容	时长 / 秒
23	中景	固定镜头	拍摄男同学乙说自己手机被撞坏了，要他俩赔钱	2
24	中景	固定镜头	拍摄男同学乙警告二人不准逃跑	2
25	特写	固定镜头	拍摄女同学质问男同学乙	1
26	中景	固定镜头	拍摄女同学与男同学乙理论	2
27	中景	固定镜头	拍摄男同学乙继续纠缠	4
28	中景	固定镜头	拍摄女同学试图掏出手机赔钱	3
29	全景	固定镜头	第 3 个故事，从侧面拍摄女同学拖着行李箱在马路边等车	2
30	近景	固定镜头	拍摄女同学东张西望焦急等车的样子	2
31	近景	固定镜头	拍摄男同学甲向女同学打招呼	1
32	近景	固定镜头	拍摄男同学甲询问女同学是否愿意拼车	2
33	近景	固定镜头	正面拍摄女同学询问男同学甲	3
34	近景	固定镜头	拍摄男同学甲向女同学解释情况	3
35	中景	固定镜头	拍摄男同学甲向女同学说明价格非常优惠	2
36	近景	固定镜头	拍摄女同学表示同意拼车	3
37	中景	固定镜头	拍摄男同学乙从后面冲出来拦住他们	3
38	近景	固定镜头	拍摄男同学乙要求男同学甲载他	2
39	近景	固定镜头	拍摄男同学乙说明自己愿意出高价	1
40	近景	固定镜头	拍摄女同学表示不满	2
41	近景	固定镜头	拍摄男同学乙恶狠狠地转头盯着女同学	1
42	中景	固定镜头	正面拍摄女同学无奈离开	3
43	全景	固定镜头	第 1 个故事，拍摄在教室上课时男同学甲拿出课本	2
44	特写	固定镜头	拍摄男同学甲发现书架松动	2
45	近景	固定镜头	拍摄男同学甲将这个发现告诉男同学乙	3
46	近景	固定镜头	拍摄男同学乙低下头查看情况	2
47	特写	固定镜头	拍摄男同学乙摇动书架	1
48	近景	固定镜头	拍摄男同学乙商量与男同学甲找时间维修	1
49	中景	固定镜头	拍摄男同学甲同意男同学乙的建议	4
50	近景	固定镜头	第 2 个故事，拍摄男同学乙抓住男同学甲的手	1
51	全景	固定镜头	拍摄女同学发现男同学甲手中的手机是自己的	2

续表

镜号	景别	镜头	内容	时长 / 秒
52	中景	固定镜头	拍摄男同学乙夺过手机，男同学甲惊慌失措	2
53	中景	固定镜头	拍摄男同学乙将手机还给女同学	4
54	近景	固定镜头	拍摄男同学乙叮嘱女同学	3
55	全景	固定镜头	第 3 个故事，拍摄男同学乙看见男同学甲在打电话	1
56	中景	固定镜头	拍摄男同学乙听到通话内容并引起警觉	1
57	全景	固定镜头	拍摄男同学乙看到了女同学逐渐“上钩”的全过程	1
58	中景	固定镜头	正面拍摄男同学乙走上前去的画面	2
共计: 2 分 08 秒				

3. 做好短视频拍摄准备

根据短视频脚本的内容，创作者需要事先做好以下准备工作。

- **团队搭建:** 短视频的 3 个故事中，每个故事分别需要演员 5 人、3 人、3 人，如果演员可以重复拍摄，则最少需要 5 人，加上摄影和道具，因此本短视频的拍摄团队最少需要 7 人。
- **拍摄器材选择:** 本次拍摄可以使用数码相机，配合三脚架等辅助设备来确保画面质量，另外还需要准备螺丝刀、购物袋、填充购物袋的道具（如纸张、塑料袋等）、行李箱等。
- **场地选择:** 第 1 个故事的拍摄场地为学校和教室，时间为夜晚；其余两个故事的拍摄地点为街边，时间为白天。

4. 拍摄短视频

具体拍摄过程如下。

镜头 01（第 1 个故事）从侧面以特写镜头拍摄男同学甲表情凝重地对着镜头外的某人说话，像是在商量某种神秘的事情的画面，如图 6-3 所示。

图 6-3

镜头 02 从正面以特写镜头拍摄男同学乙同样非常郑重地回答男同学甲的画面，如图 6-4 所示。

图 6-4

镜头 03　在教室内以近景拍摄两位男同学通过门上的玻璃窗向教室内张望，表现出“鬼鬼祟祟”的样子的画面，如图6-5所示。

图6-5

镜头 04　镜头切换到教室外，从侧面拍摄两位男同学悄悄打开教室门并进入教室的画面，如图 6-6 所示。

图6-6

镜头 05　以中景从背后拍摄男同学乙逐一翻找课桌的动作，好像在寻找什么东西的画面，如图 6-7 所示。

图6-7

镜头 06　以全景从背后拍摄男同学甲仔细翻找课桌的动作，如图 6-8 所示。

图6-8

镜头 07　以中景从背后拍摄男同学甲手拿类似螺丝刀的工具，并招手示意男同学乙过去的画面，如图 6-9 所示，然后男同学乙应声跑了过去。

图6-9

镜头 08　以中景拍摄两位男同学偷偷摸摸地在一张课桌旁捣鼓什么东西的画面，如图 6-10 所示。

图6-10

镜头 09　以全景拍摄走廊上的 3 位女同学从画面远处走来，边走边互相交流的画面，如图 6-11 所示。

镜头 10　切换到教室内，以全景拍摄两位男同学仍在课桌旁偷偷地捣鼓东西的画面，如图 6-12 所示。

图 6-11

图 6-12

镜头 11 以中景拍摄女同学甲发现教室内灯亮着且听到有异样，被吸引了注意力的画面，如图 6-13 所示。

图 6-13

镜头 12 在教室内以中景拍摄女同学甲看向教室的画面，如图 6-14 所示。

图 6-14

镜头 13 以中景拍摄走廊上的女同学甲不屑地告诉另外两位女同学她的所见的画面，如图 6-15 所示。

图 6-15

镜头 14 以全景拍摄教室内的男同学乙似乎察觉到了教室外的动静，并机警地抬头查看周围情况的画面，如图 6-16 所示。

图 6-16

镜头 15（第 2 个故事）以中景拍摄女同学两手提着许多口袋快步向镜头方向走近的画面，如图 6-17 所示。

图 6-17

镜头 16 以中景从侧面拍摄女同学在行走时拿出手机的动作，如图 6-18 所示。

图 6-18

镜头 17 以特写镜头拍摄女同学正在熟练地回复信息的画面，如图 6-19 所示。

图 6-19

镜头 18 从背后以近景拍摄女同学顺手将手机放入外套右侧的口袋中的画面，如图 6-20 所示。

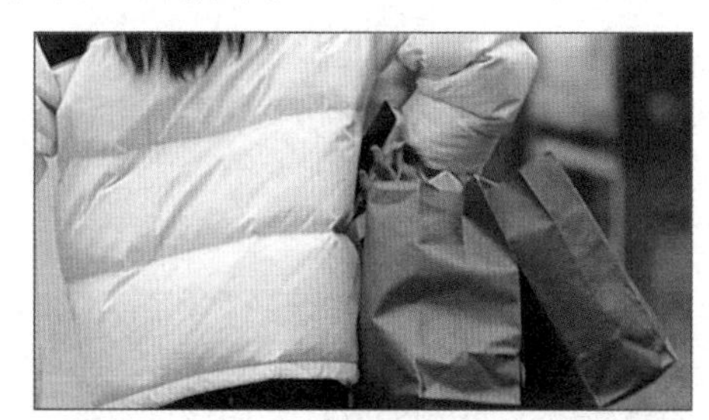

图 6-20

镜头 19 从后面以全景拍摄女同学继续朝前行走，这时男同学甲从女同学左侧走上街道的画面，如图 6-21 所示。

镜头 20 在正面以中景拍摄男同学甲跟在女同学身后，引起了女同学的注意的画面，如图 6-22 所示。

图 6-21

图 6-22

镜头 21 以近景拍摄两位同学在行走时突然被后面冲出来的男同学乙撞到的画面，如图 6-23 所示。

图 6-23

镜头 22 以全景拍摄男同学乙指责两位同学走路不看路，并出手推搡男同学甲的画面，如图 6-24 所示。

图 6-24

镜头 23 以中景拍摄男同学乙拿出自己的手机，说手机被撞坏了要他俩赔钱的画面，如图 6-25 所示。

图 6-25

镜头 24 从男同学乙身后以中景拍摄他警告二人不准逃跑的画面，如图 6-26 所示。

图 6-26

镜头 25 以特写拍摄女同学质疑男同学乙的行为属于“碰瓷”的画面，如图 6-27 所示。

图 6-27

镜头 26 以中景拍摄女同学与男同学乙理论事情原委，并认为对方要无赖的画面，如图 6-28 所示。

图 6-28

镜头 27 以中景拍摄男同学乙继续以手机坏了为由纠缠他们的画面，如图 6-29 所示。

图 6-29

镜头 28 以中景拍摄女同学无奈地试图掏出手机赔钱的画面，如图 6-30 所示。

图 6-30

镜头 29（第 3 个故事）从侧面以全景拍摄女同学拖着行李箱在马路边等车的画面，如图 6-31 所示。

镜头 30 以近景拍摄女同学东张西望焦急等车的样子，如图 6-32 所示。

图6-31

图6-32

镜头 31 以近景拍摄男同学甲从后面主动向女同学打招呼的画面，如图 6-33 所示。

图6-33

镜头 32 以近景拍摄男同学甲询问女同学去哪里，并提出与女同学拼车的画面，如图 6-34 所示。

图6-34

镜头 33 以近景正面拍摄女同学询问男同学甲拼车价格的画面，如图 6-35 所示。

图6-35

镜头 34 以近景拍摄男同学甲向女同学解释说另外还有人拼车的画面，如图6-36所示。

图6-36

镜头 35 以中景拍摄男同学向女同学说明价格，并解释价格非常优惠的画面，如图 6-37 所示。

图6-37

镜头 36 以近景拍摄女同学感谢男同学甲，并同意拼车的画面，如图 6-38 所示。

图 6-38

镜头 37 以中景拍摄就在二人向停车位置出发时，男同学乙从后面冲出来拦住他们的画面，如图 6-39 所示。

图 6-39

镜头 38 以近景拍摄男同学乙要求男同学甲载他的画面，如图 6-40 所示。

图 6-40

镜头 39 以近景拍摄男同学乙表示愿意出更高的价格，说服男同学甲载他的画面，如图 6-41 所示。

镜头 40 以近景拍摄女同学怯生生地表示自己先来，应该优先上车的画面，如图 6-42 所示。

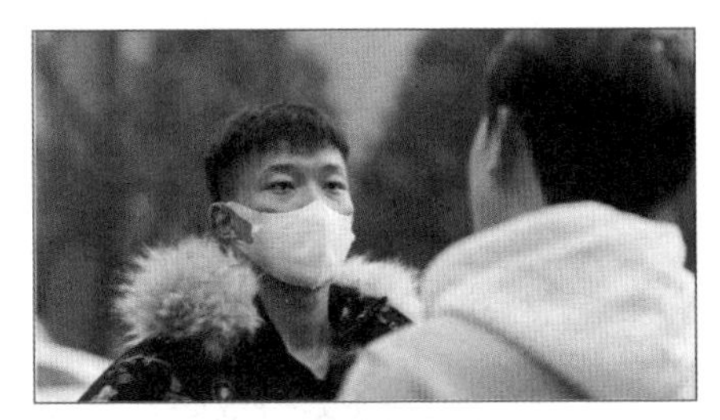

图 6-41

图 6-42

镜头 41 从背面以近景拍摄男同学乙转过头来恶狠狠地盯住女同学的画面，如图 6-43 所示。

图 6-43

镜头 42 从正面以中景拍摄女同学无奈地低下头，决定重新找车的画面，如图 6-44 所示。

图 6-44

镜头 43 切换到第 1 个故事，以全景拍摄白天在教室上课时，男同学甲从课桌下拿出课本的画面，如图 6-45 所示。

图 6-45

镜头 44 以特写拍摄男同学甲发现课桌下的书架有些松动的画面，如图 6-46 所示。

图 6-46

镜头 45 以近景拍摄男同学甲将发现的情况告诉男同学乙的画面，如图 6-47 所示。

图 6-47

镜头 46 以近景拍摄男同学乙低下头查看情况的画面，如图 6-48 所示。

镜头 47 以特写拍摄男同学乙摇动书架查看松动情况的画面，如图 6-49 所示。

图 6-48

图 6-49

镜头 48 以近景拍摄男同学乙确定松动后与男同学甲商量找时间进行维修的画面，如图 6-50 所示。

图 6-50

镜头 49 以中景拍摄男同学甲同意男同学乙的建议的画面，如图 6-51 所示，揭晓原来二人是在做好事。

图 6-51

镜头 50 切换到第 2 个故事，以近景拍摄男同学乙一把抓住男同学甲的手，并举起来的画面，如图 6-52 所示。

图 6-52

镜头 51 以全景拍摄蹲在地上找手机的女同学抬头发现男同学甲手中的手机正是自己的画面，如图 6-53 所示。

图 6-53

镜头 52 以中景拍摄男同学乙一把夺过男同学甲手中的手机，男同学甲惊慌失措的画面，如图 6-54 所示。

图 6-54

镜头 53 以中景拍摄男同学乙将拿回的手机还给女同学的画面，如图 6-55 所示。

镜头 54 以近景拍摄男同学乙叮嘱女同学要小心的画面，如图 6-56 所示，揭晓男同学乙的真正目的是帮助女同学拿回被偷走的手机。

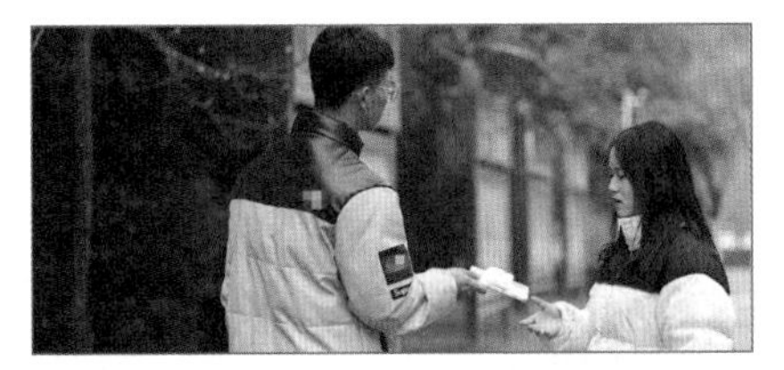

图 6-55

图 6-56

镜头 55 切换到第 3 个故事，以全景拍摄男同学甲在打电话告诉对方他发现了目标，正好被男同学乙看见的画面，如图 6-57 所示。

图 6-57

镜头 56 以中景拍摄男同学乙在行走的过程中留意到男同学甲的通话内容并引起警觉的画面，如图 6-58 所示。

图 6-58

镜头 57 以全景拍摄男同学乙在远处看见女同学逐渐“上钩”的画面，如图 6-59 所示。

图 6-59

镜头 58 从正面以中景拍摄男同学乙毅然决然地走上前去解救女同学的画面，如图 6-60 所示，揭晓男同学乙的真实目的是阻止男同学甲行骗，保证女同学的安全（配套资源：效果 \ 第 6 章 \ 情感类短视频 .mp4）。

图 6-60

6.2.2 公益类短视频

公益类短视频是指个人或团队组织展现并反映有关社会公众的福祉和利益的短视频。这类短视频富有正能量，并且其相关收入也常用于公益事业，因此，受到各大短视频平台的积极推广。

1. 了解拍摄思路

公益类短视频的目的是希望公众能通过短视频关注相关的公共话题，如环境保护话题、关爱弱势群体话题等。总体来说，目前适合公益类短视频的拍摄思路有以下几种。

- **故事剪辑：** 这是指通过访谈、对话、参观等形式，并通过后期剪辑呈现出一个生动形象的公益故事。如采访退休老兵的晚年生活，让用户了解退休老兵目前的生活情况，倡导大家更多地关注这群为国家和人民做贡献的人。
- **Vlog：** 这是指通过视频记录特定人物、人群或事物的真实状态，让人们全面了解所记录对象的情况。如记录某位留守儿童的日常生活，号召人们多关心、帮助这个群体。
- **知识科普：** 这是指以科普的方式分享知识和技能，让用户在学习新知识的同时，能更全面地认识或看待事物，培养积极的价值观。如通过科普某地区导盲犬培训基地的情况，让用户通过了解导盲犬的生活现状和训练情况，进一步认识到导盲犬的重要性，最终提倡大家关爱身边的各种动物。
- **音乐、艺术呈现：** 这是指以音乐、舞蹈等各种艺术形式表现特定人物的精湛技能。如展现患有某先天性疾病的少年进行诗歌朗诵的画面，倡导大家多关爱这类人群，让他们以后可以生活得更加幸福。
- **情景剧：** 这是指通过情景剧的形式传达某种正面观点。如通过与过度用水有关的情景剧告诉大家应当节约用水，保护水资源。

2. 策划短视频

本次将要拍摄的公益类短视频将以情景剧的方式向用户传递保护环境资源的主题。整条短视频由3个故事组成，不同的故事中会呈现不同的处理方式，从而导致不同的结果，最终让用户明白环保的重要性。该短视频的脚本如表6-2所示。

表6-2 公益类短视频脚本

镜号	景别	镜头	内容	时长/秒
1	中景	推镜头	第1个故事，拍摄路边的垃圾桶	4
2	中景	固定镜头	拍摄路人随手丢弃塑料瓶	1
3	近景	固定镜头	俯拍塑料瓶未被扔进垃圾桶且掉向地面	1
4	近景	固定镜头	拍摄塑料瓶掉在了地面上且离垃圾桶很近	2
5	中景	固定镜头	拍摄路人走过垃圾桶	1
6	近景	固定镜头	拍摄塑料瓶在地面上随风滚动	3
7	中景	推镜头	拍摄垃圾场	2
8	近景	推镜头	第2个故事，拍摄水龙头	3
9	中景	固定镜头	拍摄路人打开水龙头洗手	1
10	近景	推镜头	拍摄路人洗完手后未完全关闭水龙头，水仍然在流淌	5
11	近景	固定镜头	拍摄自来水流入水池	2
12	中景	推镜头	拍摄干涸且龟裂的土地	2
13	近景	推镜头	第3个故事，拍摄办公桌上的卫生纸	1
14	全景	摇镜头	从上至下仰拍树林	3
15	近景	固定镜头	拍摄职员抽出一张卫生纸	1
16	近景	固定镜头	拍摄职员快速抽出多张卫生纸	1
17	近景	固定镜头	拍摄职员用卫生纸清洁办公桌桌面	2
18	近景	固定镜头	拍摄职员丢弃卫生纸	1
19	近景	推镜头	俯拍卫生纸被丢弃到垃圾桶中	3
20	全景	推镜头	拍摄树木被大量砍伐	2
21	中景	固定镜头	拍摄路人将塑料瓶扔进垃圾桶	1
22	特写	固定镜头	拍摄塑料瓶被扔进垃圾桶中	1
23	中景	固定镜头	拍摄路人走过垃圾桶	2
24	全景	推镜头	全景拍摄绿树成荫的街道	2

续表

镜号	景别	镜头	内容	时长 / 秒
25	近景	固定镜头	俯拍路人打开水龙头洗手	1
26	近景	固定镜头	拍摄路人洗完手后关闭水龙头	4
27	全景	推镜头	拍摄万亩良田	2
28	近景	固定镜头	拍摄职员抽出一张卫生纸	1
29	特写	固定镜头	拍摄职员擦拭办公桌桌面	3
30	近景	固定镜头	拍摄职员将用完的卫生纸丢弃	1
31	近景	固定镜头	俯拍卫生纸被扔进垃圾桶	1
32	远景	推镜头	拍摄郁郁葱葱的森林	2
共计：1 分 02 秒				

3. 做好短视频拍摄准备

进行短视频拍摄前，创作者需要做好以下准备。

- **团队搭建：**根据分镜头脚本，整个拍摄工作只需 2 人即能完成，一人负责拍摄，一人负责出镜表演。
- **拍摄器材选择：**为保证画面的质量，可以选用数码相机或高性能智能手机进行拍摄，另外还需准备相关的拍摄道具，如空塑料瓶、垃圾桶、办公桌、卫生纸等。
- **场地选择：**本次拍摄所需的场地非常容易找到，前两个故事的场地可以选择公共场所，最后一个故事的场地可以选择在室内简单搭建。

4. 拍摄短视频

具体拍摄过程如下。

镜头 01（第 1 个故事）从正面以中景拍摄路边的垃圾桶，然后将推镜头缓慢推近，让用户将目光聚焦到垃圾桶上，如图 6-61 所示。

图 6-61

镜头 02 在上一个镜头的基础上，以固定镜头拍摄路人随手丢弃塑料瓶的画面，如图 6-62 所示。

图 6-62

镜头 03 以近景俯拍塑料瓶未被扔进垃圾桶而向地面掉落的过程，展现路人随意丢弃垃圾，如图 6-63 所示。

图 6-63

镜头 04 从正面以近景拍摄塑料瓶掉在地面上的画面，展现塑料瓶与垃圾桶的距离很近，如图 6-64 所示。

图 6-64

镜头 05 从正面以中景拍摄路人漠不关心地走过垃圾桶，毫不在意自己随意丢弃的塑料瓶的画面，如图 6-65 所示。

图 6-65

镜头 06 以近景拍摄塑料瓶随风滚动的画面，如图 6-66 所示。

镜头 07 从正面以中景拍摄垃圾场的画面，然后缓慢推近镜头，展现大量垃圾，产生令人触目惊心的视觉效果，如图 6-67 所示。

图 6-66

图 6-67

镜头 08（第 2 个故事）以近景拍摄水龙头，然后缓慢推近镜头，如图 6-68 所示。

图 6-68

镜头 09 从正面以中景拍摄水龙头，然后路人走入镜头打开水龙头洗手，如图 6-69 所示。

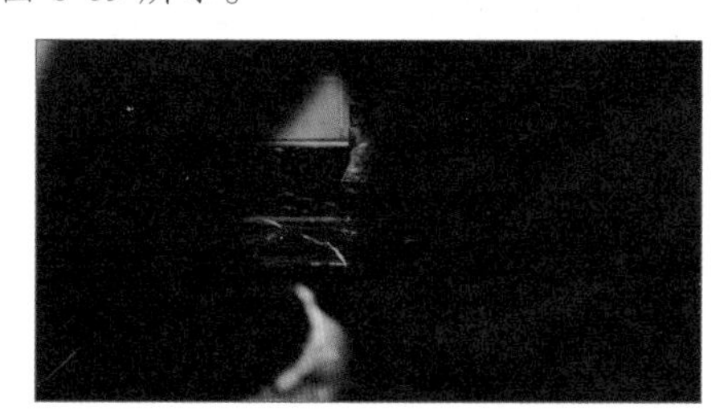

图 6-69

镜头 10 切换到近景，拍摄路人洗完手后未完全关闭水龙头，水仍然在流淌的画面，然后缓慢推近镜头，聚焦到不断流淌的自来水上，如图 6-70 所示。

图 6-70

镜头 11 以近景拍摄自来水流入水池的画面，表现人为造成的水资源浪费，如图 6-71 所示。

图 6-71

镜头 12 拍摄干涸且龟裂的土地，然后使用推镜头逐渐放大画面，通过与上一个镜头的对比，让用户意识到节约用水的重要性，如图 6-72 所示。

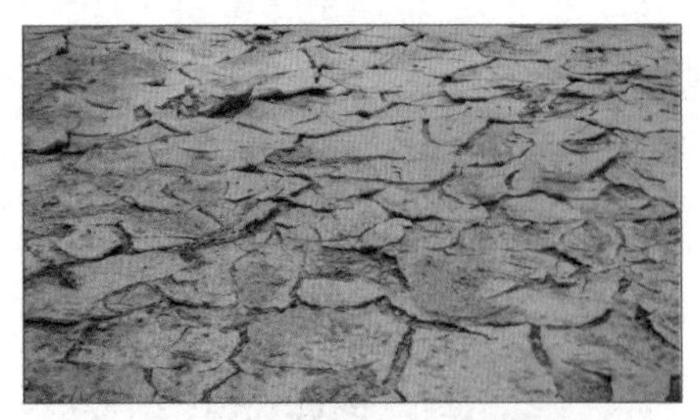

图 6-72

镜头 13（第 3 个故事）从正面以近景拍摄办公桌上的卫生纸，通过推镜头缓慢放大画面，聚焦到卫生纸上，如图 6-73 所示。

图 6-73

镜头 14 通过摇镜头从上至下仰拍树林，展现卫生纸的原料来源——森林，如图 6-74 所示。

图 6-74

镜头 15 从正面以近景拍摄职员抽出一张卫生纸的画面，如图 6-75 所示，后期通过字幕介绍卫生纸的作用。

图 6-75

镜头 16 从正面以近景拍摄职员快速抽出多张卫生纸的画面，如图 6-76 所示。

图 6-76

镜头 17 从正面以近景拍摄职员用大量的卫生纸清洁并不算太脏的办公桌桌面，如图 6-77 所示。

图 6-77

镜头 18 从正面以近景拍摄职员未充分利用卫生纸便将其丢弃，如图 6-78 所示。

图 6-78

镜头 19 以近景俯拍卫生纸被捏成团后丢弃到垃圾桶中的画面，然后使用推镜头，放大呈现垃圾桶，如图 6-79 所示。

镜头 20 拍摄树木被大量砍伐后的场景，使用推镜头缓慢推近画面，给人以触目惊心的感觉，如图 6-80 所示。

图 6-79

图 6-80

镜头 21 重新进入第 1 个故事，从正面以中景拍摄路人将塑料瓶扔进垃圾桶（后期可以在这个镜头之前倒放镜头 2~6，象征随意丢弃塑料瓶的行为重头来过），如图 6-81 所示。

图 6-81

镜头 22 以特写拍摄塑料瓶被扔进垃圾桶的画面，如图 6-82 所示。

图 6-82

镜头 23 从正面以中景拍摄路人将塑料瓶丢进垃圾桶后走过垃圾桶，如图 6-83 所示。

图 6-83

镜头 24 以全景拍摄街道，使用推镜头缓慢推近画面，展现街道两旁绿树成荫，表现人人保护环境后世界会变得更加美好，如图 6-84 所示。

图 6-84

镜头 25 重新进入第 2 个故事，以近景俯拍路人打开水龙头洗手的画面（后期可以在这个镜头之前倒放镜头 10~11，象征不正确使用水龙头的行为重头来过），如图 6-85 所示。

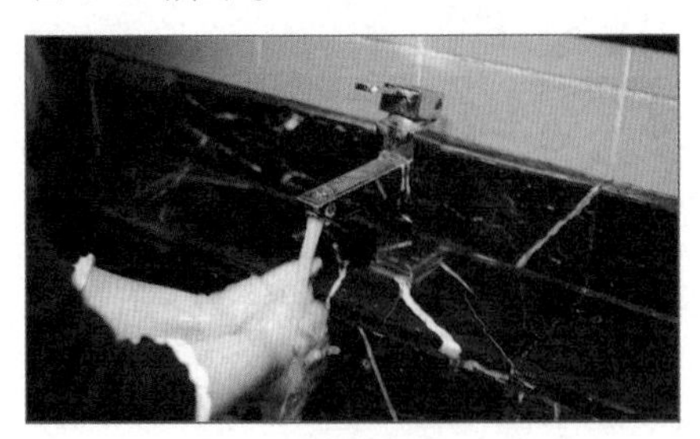

图 6-85

镜头 26 以近景拍摄路人洗完手后正确关闭水龙头的画面，如图 6-86 所示。

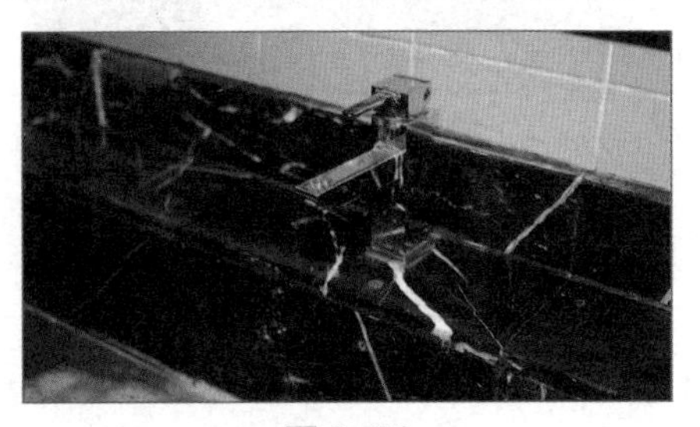

图 6-86

镜头 27 使用推镜头拍摄万亩良田的画面，表现人们都节约用水后，田地不再干涸龟裂，而是生机勃勃，如图 6-87 所示。

图 6-87

镜头 28 重新进入第 3 个故事，从正面以近景拍摄职员抽出一张卫生纸（后期可以在这个镜头之前倒放镜头 16~20，象征浪费卫生纸的行为重头来过），如图 6-88 所示。

图 6-88

镜头 29 从正面以特写拍摄职员用一张卫生纸擦拭办公桌桌面，如图 6-89 所示。

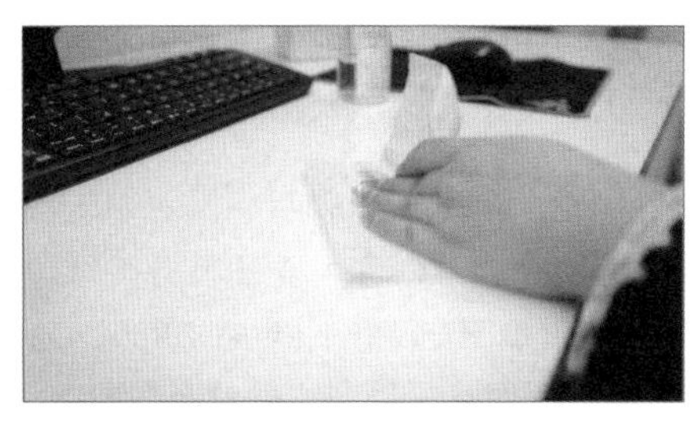

图 6-89

镜头 30 从正面以近景拍摄职员将用完的卫生纸丢弃，如图 6-90 所示。

图 6-90

镜头 31 以近景俯拍卫生纸被扔进垃圾桶的画面，如图 6-91 所示。

图 6-91

镜头 32 以远景拍摄郁郁葱葱的森林，并使用推镜头缓慢推近画面，表现人们节约用纸以后，树木不再被乱砍滥伐，森林重新变得枝繁叶茂，如图 6-92 所示（配套资源：效果\第 6 章\公益类短视频.mp4）。

图 6-92

高手秘技

此短视频中要求展现堆积如山的垃圾、干涸龟裂的土地、乱砍滥伐的树木、绿意盎然的街道、生机勃勃的田野、郁郁葱葱的森林等画面，如果没有合适的条件完成拍摄，或没有相应的视频素材，则可以利用静态图像代替，后期通过剪辑手段实现用推镜头拍摄的效果。

本章小结

本章重点介绍了微电影类短视频与微电影的区别以及其自身的特点，然后以情感类短视频和公益类短视频为例，介绍了微电影类短视频的拍摄方法。

微电影类短视频相比于其他类型的短视频而言，对策划、拍摄乃至后期剪辑的要求都更高。创作者要想增强自己驾驭这类短视频的能力，一方面应该进行大量练习，通过不断积累来加深自己对这类短视频的理解，另一方面可以观看大量的微电影和微电影类短视频，学习其运镜、画面、内容展现、剪辑节奏等，以提升自己对微电影类短视频的认识，进而制作出优质的微电影类短视频。

实战演练——拍摄情感教育类微电影短视频

本次实战演练将拍摄一个情感教育类微电影短视频，主要角色有两个，一个是对自己母亲厌烦的大学生，另一个是母亲不幸离世的小男孩。故事内容主要是小男孩向大学生求助，希望与母亲通电话，大学生无奈只能拜托自己的母亲假扮小男孩的母亲，通过电话沟通满足小男孩的心愿。在这个过程中，大学生逐渐理解了母亲，并被亲情所感动，最终主动向母亲表达了感激之情。该短视频的脚本如表 6-3 所示。

表 6-3　情感教育类微电影短视频脚本

镜号	景别	镜头	内容	时长 / 秒
1	远景	固定镜头	大学生从镜头远方右侧走到画面中	2
2	全景	固定镜头	小男孩低头用脚踢石子	3
3	全景	固定镜头	大学生拖着行李继续行走	1
4	近景	固定镜头	大学生手中的手机响起	2
5	近景	固定镜头	大学生接通电话，并通话	3
6	近景	固定镜头	大学生挂掉电话，电话再次响起，大学生拒绝接听	3
7	近景	固定镜头	小男孩跑到大学生面前挡住她的去路	3
8	全景	固定镜头	大学生看着小男孩，又看了看手上的手机	2
9	近景	固定镜头	大学生询问小男孩	1
10	近景	固定镜头	小男孩告诉大学生想给自己的妈妈打电话	2
11	中景	固定镜头	大学生认为小男孩是骗子，然后径直向前走去	3
12	近景	固定镜头	小男孩转过头告诉大学生自己不是骗子	3
13	中景	固定镜头	小男孩完全转身，告诉大学生原因，大学生听后转身	2
14	近景	固定镜头	大学生接近小男孩，弯腰看着小男孩	2
15	中景	固定镜头	大学生牵着小男孩的手转身向前走	2
16	中景	固定镜头	大学生和小男孩坐在座位上	1
17	近景	固定镜头	大学生让小男孩先等一下	1
18	近景	固定镜头	大学生告诉小男孩可以帮他查到他妈妈的电话号码	2
19	全景	固定镜头	大学生起身走出画面，边走边拿出手机	2
20	近景	固定镜头	电话响起，大学生接听电话	4
21	特写	固定镜头	大学生将手机放到耳边接听	2
22	中景	固定镜头	大学生告诉母亲自己的遭遇	2

续表

镜号	景别	镜头	内容	时长 / 秒
23	近景	固定镜头	大学生请求母亲安慰小男孩	1
24	特写	固定镜头	大学生继续与母亲通话	2
25	近景	固定镜头	大学生重新坐到了小男孩身边	2
26	中景	固定镜头	大学生接通电话，将手机交给小男孩	3
27	近景	固定镜头	小男孩用手机通话	2
28	近景	固定镜头	小男孩继续用手机通话	3
29	近景	固定镜头	小男孩继续用手机通话	2
30	中景	固定镜头	大学生看到通话场景，心里难以平静	2
31	近景	固定镜头	小男孩继续用手机通话	4
32	近景	固定镜头	大学生流泪并用手拭去泪水	4
33	中景	固定镜头	小男孩继续用手机通话	2
34	近景	固定镜头	小男孩继续用手机通话	3
35	中景	固定镜头	大学生关注小男孩的通话情况	3
36	近景	固定镜头	大学生继续关注小男孩的通话情况	2
37	近景	固定镜头	小男孩继续用手机通话	1
38	特写	固定镜头	小男孩继续用手机通话，忍不住流泪并擦干眼泪	3
39	中景	固定镜头	小男孩将手机还给大学生	3
40	近景	固定镜头	大学生摸着小男孩的头让他快回家	2
41	近景	固定镜头	小男孩起身并走出了画面	3
42	近景	固定镜头	大学生擦干眼泪，叹了口气，低头看着手机	3
43	近景	固定镜头	大学生拿起手机拨通电话	3
44	特写	固定镜头	大学生拿着手机通话	3
共计：1 分 44 秒				

该短视频的拍摄场所可以选择环境较好的公园等公共场所，演员为一名成年人和一名小男孩，此外还需要一名摄影师和一名助理，其中助理负责光线控制和道具提供。拍摄器材为数码相机，道具有行李箱、手机等。具体拍摄过程如下。

镜头 01 以远景拍摄大学生拖着行李，从镜头远方右侧慢慢走到画面中，如图 6-93 所示。

图 6-93

镜头 02 以全景拍摄小男孩低着头独自用脚踢地上的石子，表现出悲伤、孤独的神态，如图 6-94 所示。

图 6-94

镜头 03 以全景拍摄大学生拖着行李继续行走的画面，且她看上去有些闷闷不乐，如图 6-95 所示。

图 6-95

镜头 04 以近景拍摄大学生手中的手机响起的画面，如图 6-96 所示。

镜头 05 以近景拍摄大学生不耐烦地接通电话，并告诉对方自己的事情不要对方管的画面，如图 6-97 所示。

图 6-96

图 6-97

镜头 06 以近景拍摄大学生挂掉对方的电话，并拒绝接听对方再次打来的电话的画面，如图 6-98 所示。

图 6-98

镜头 07 以近景拍摄大学生放下手机后，正准备往前走时，突然被小男孩挡住去路的画面，如图 6-99 所示。

图 6-99

镜头 08 以全景拍摄大学生看着面前的这个小男孩，又看了看手机，觉得莫名其妙的画面，如图 6-100 所示。

图 6-100

镜头 09 以近景正面拍摄大学生较为烦躁地质问小男孩挡路原因的画面，如图 6-101 所示。

图 6-101

镜头 10 以近景拍摄小男孩告诉大学生自己挡住去路的原因是想给自己的妈妈打电话，如图 6-102 所示。

图 6-102

镜头 11 以中景拍摄大学生听了小男孩的话后，认为他是想骗她的手机，然后径直向前走去的画面，如图 6-103 所示。

图 6-103

镜头 12 以近景拍摄小男孩眼看大学生走远，便转过头告诉大学生自己不是骗子的画面，如图 6-104 所示。

图 6-104

镜头 13 以中景拍摄小男孩对着大学生的背影，告诉大学生他的妈妈要很久才能回来，大学生听后缓慢地转过身来的画面，如图 6-105 所示。

图 6-105

镜头 14 以近景拍摄大学生接近小男孩，然后稍微弯腰看着小男孩的脸庞，想通过观察眼神来判断小男孩是否说谎的画面，如图 6-106 所示。

镜头 15 以中景拍摄大学生确认小男孩

没有说谎，并牵着小男孩走向前方的座位的画面，如图 6-107 所示。

图 6-106

图 6-107

镜头 16 以中景拍摄两人坐在座位上，大学生看着小男孩低头不语的画面，如图 6-108 所示。

图 6-108

镜头 17 以近景拍摄大学生决定帮助小男孩完成心愿，让他先等一下的画面，如图 6-109 所示。

镜头 18 以近景拍摄大学生继续对小男孩说，她可以帮忙查到他妈妈电话号码的画面，如图 6-110 所示。

图 6-109

图 6-110

镜头 19 以全景拍摄大学生起身走出画面，一边走一边从衣服口袋里拿出手机的画面，如图 6-111 所示。

图 6-111

镜头 20 以近景拍摄就在大学生想办法时，有电话打了过来，且她接听了电话的画面，如图 6-112 所示。

图 6-112

镜头 21 以特写拍摄大学生将手机放到耳边接听电话的画面，同时电话的另一边传出“喂，闺女！”的急切声音，如图 6-113 所示。

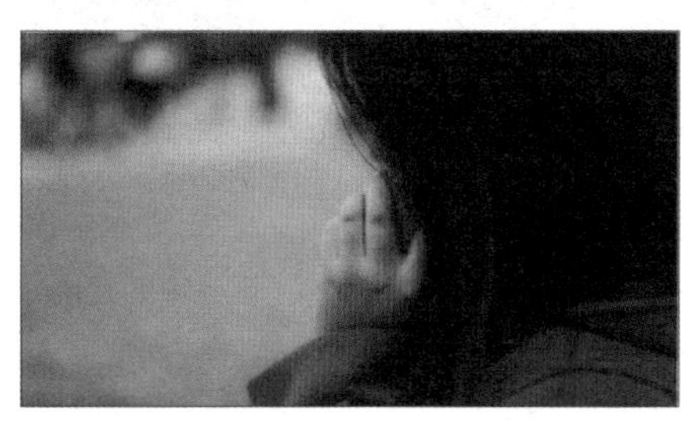

图 6–113

镜头 22 以中景拍摄大学生告诉自己的母亲自己遇到了一个小男孩，说话时忍不住向小男孩望了望的画面，如图 6-114 所示。

图 6–114

镜头 23 以近景拍摄大学生对母亲说小男孩找不到妈妈了，希望母亲能安慰一下小男孩的画面，如图 6-115 所示。

图 6–115

镜头 24 以特写拍摄大学生继续与母亲通话的画面，同时电话里传出“一会儿给你打过去”的声音，说明母亲答应了大学生的请求，如图 6-116 所示。

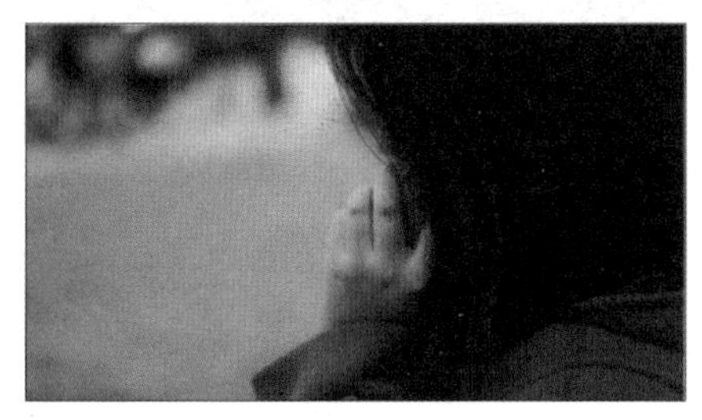

图 6–116

镜头 25 以近景拍摄大学生重新坐到了小男孩的身边，并说自己找到了他妈妈的电话号码的画面，如图 6-117 所示。

图 6–117

镜头 26 以中景拍摄大学生等到自己母亲打来电话并接通后，将手机交给小男孩，告诉他现在可以和他妈妈通话的画面，如图 6-118 所示。

图 6–118

镜头 27 以近景拍摄小男孩接过手机并将手机放到耳边，试探性地对着手机说了一声“喂，妈妈？”，电话那边亲切地回应道“哎”，如图 6-119 所示。

图 6-119

镜头 28 以近景拍摄当小男孩询问“你是不是不要我了”时大学生有所触动的表情，如图 6-120 所示。

图 6-120

镜头 29 以近景拍摄小男孩对着电话说自己在学校表现很好的画面，如图 6-121 所示。

图 6-121

镜头 30 切换到中景，镜头聚焦于大学生，电话里说“妈妈知道你是最乖的”，大学生看到这个场景，情绪难以平静，如图 6-122 所示。

图 6-122

镜头 31 以近景拍摄小男孩告诉电话那头同学们都说自己没有妈妈，电话那头听后哽咽的画面，如图 6-123 所示。

图 6-123

镜头 32 以近景拍摄当小男孩对电话那头说“你快回来吧，我好想你啊”时大学生用手轻轻拭去眼角的泪水的画面，如图 6-124 所示。

图 6-124

镜头 33 切换到中景，镜头聚焦于大学生，电话那头告诉小男孩“等你长大了我就回来”，希望能给小男孩一点儿希望，如图 6-125 所示。

镜头 34 以近景拍摄小男孩继续接听电话，

电话那头说“妈妈不在你的身边，你要好好照顾自己”的画面，如图 6-126 所示。

图 6-125

图 6-126

镜头 35 切换到中景，镜头聚焦于大学生，电话那头继续说“妈妈真的真的很爱你”，显然这些话不仅是说给小男孩的，更是说给自己女儿的，如图 6-127 所示。

图 6-127

镜头 36 以近景拍摄大学生听到电话那头说“希望你能够健健康康、快快乐乐的”话语时的表情，如图 6-128 所示。

镜头 37 以近景拍摄小男孩告诉电话那头自己会照顾好自己的画面，如图 6-129 所示。

图 6-128

图 6-129

镜头 38 以特写拍摄小男孩听到电话那头让自己早点回家时忍不住流下眼泪，并赶紧用手擦干眼泪的画面，如图 6-130 所示。

图 6-130

镜头 39 以中景拍摄小男孩通话后心满意足地将手机还给大学生并道谢的画面，如图 6-131 所示。

图 6-131

镜头 40 以近景拍摄大学生摸着小男孩的头让他赶快回家的画面，如图 6-132 所示。

图 6-132

镜头 41 切换到近景，镜头聚焦于小男孩，拍摄他高兴地起身并走出镜头的画面，而大学生脸上露出若有所思的表情，如图 6-133 所示。

图 6-133

镜头 42 以近景拍摄大学生擦干眼泪、叹气，并低头看手机的画面，如图 6-134 所示。

镜头 43 以近景拍摄大学生拿起手机拨打母亲电话的画面，如图 6-135 所示。

图 6-134

图 6-135

镜头 44 以特写拍摄大学生将手机放到耳边，对电话那头表达感谢的画面，如图 6-136 所示（配套资源：效果\第 6 章\情感教育类微电影短视频 .mp4）。

图 6-136

第 7 章 短视频后期剪辑

短视频后期剪辑是将图片、视频、音频等各种类型的对象，通过重新剪辑、整合、编排，从而生成一个符合脚本要求的视频文件的过程。这个过程不仅包含对原素材的合成和编排，也包含对原素材的再加工。经过后期剪辑的短视频，在内容、叙事节奏、风格上更能满足创作者的要求，也更能吸引用户关注。

【学习目标】

- 掌握使用 Audition 剪辑音频的方法与技巧
- 了解短视频常用的剪辑手法
- 掌握使用 Premiere 剪辑短视频的方法
- 掌握在手机上使用剪映 App 剪辑短视频的方法

7

7.1 使用 Audition 剪辑音频

音频对于短视频而言是非常重要的，无论是背景音乐、人声旁白，还是各种音效，都在短视频中发挥着特定的作用。用户可以在音频的带动下体会到不同的感觉，从而更深入地理解短视频画面所呈现的内容。

因此，创作者在剪辑短视频时也需要对音频进行适当的剪辑和处理。目前专门用于处理音频的软件非常多，本书将以 Adobe 公司开发的 Audition 为例进行介绍，它的功能较为全面，是许多用户首选的音频剪辑软件。该软件的操作界面如图 7-1 所示，整个界面设计非常人性化，其主要操作区域为显示绿色波形的“编辑器”面板，在实际操作中配合使用各种菜单命令和参数按钮，就能轻松完成对音频的各种剪辑和处理操作。

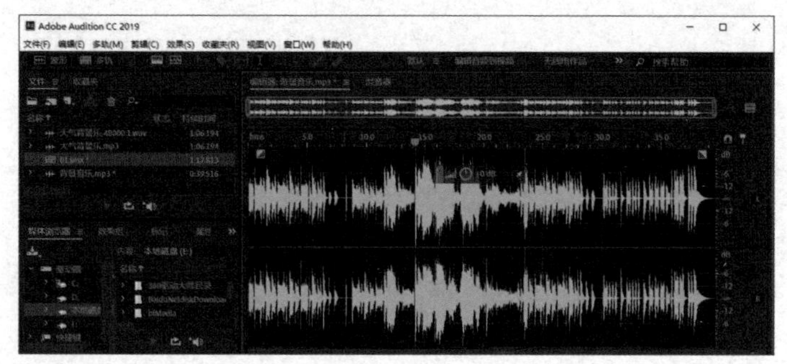

图 7-1

7.1.1 提取视频中的音频内容

提取视频中的音频内容

Audition 能够识别各种常见的视频文件，如 AVI、MP4、WMV 等，因此当创作者发现某些视频中有合适的音频时，就可以提取并保留该音频，具体操作如下。

步骤 01 启动 Audition，选择【文件】/【打开】菜单命令，如图 7-2 所示。

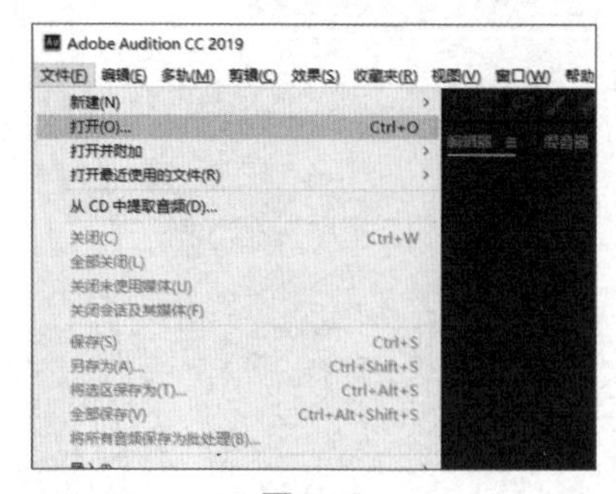

图 7-2

步骤 02 打开“打开文件”对话框，双击“提取音频 .mp4”视频文件（配套资源：素材\第 7 章），如图 7-3 所示。

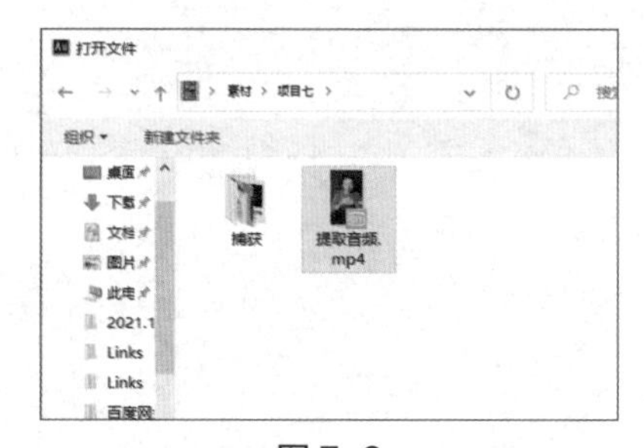

图 7-3

步骤 03 在“文件”面板中导入的视频文件上单击鼠标右键，在弹出的快捷菜单中选择“将音频提取到新文件”命令，如图 7-4 所示。

图 7-4

步骤 04 Audition 将快速提取出视频中的音频内容，并自动将提取的内容添加到“文件”面板中，选择该文件，按【Ctrl+S】组合键，如图 7-5 所示。

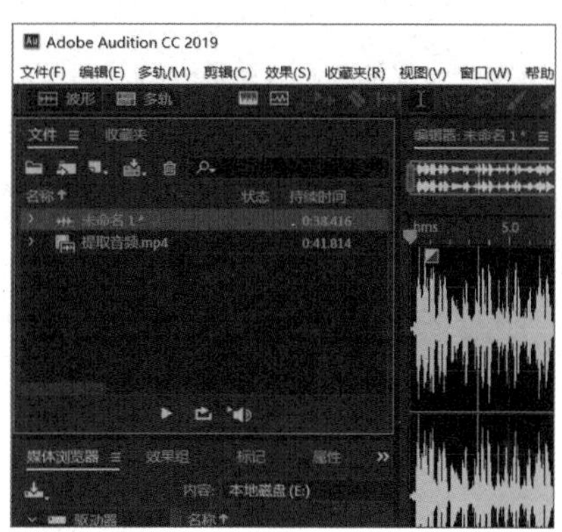

图 7-5

步骤 05 打开“另存为”对话框，在“文件名”文本框中输入音频文件的保存名称，在“位置”下拉列表框中设置音频文件的保存位置，在“格式”下拉列表框中设置音频文件的保存格式，完成后单击 确定 按钮，如图 7-6 所示。

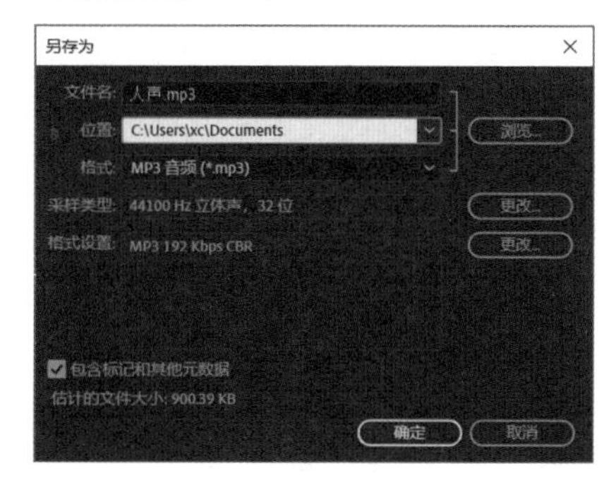

图 7-6

步骤 06 打开提示对话框，提示所选类型为压缩（有损）格式，直接单击 是 按钮完成音频提取操作（配套资源：效果\第 7 章\人声 .mp3），如图 7-7 所示。

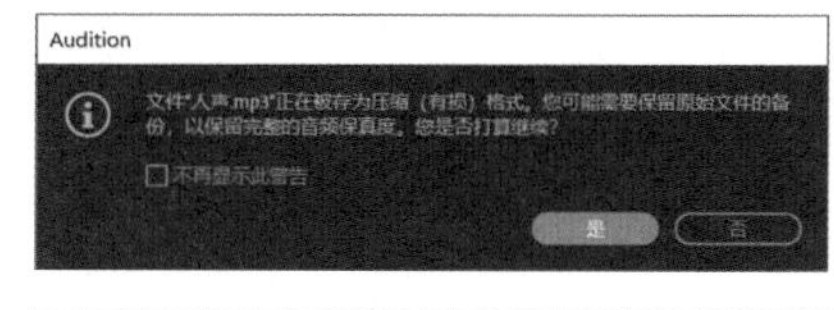

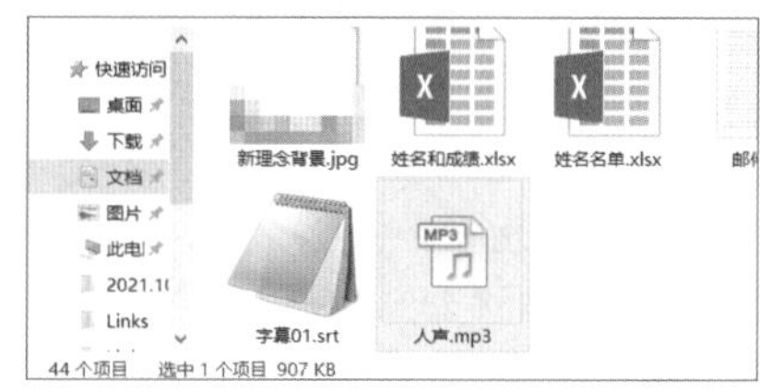

图 7-7

高手秘技

为了尽量保证视频中音频内容的保真度，在实际操作时创作者可以将其保存为 WAV 格式，为后期进行音频处理和剪辑提供更大的操作空间。当然，如果对音频质量的要求不高，或者将音频保存为有损格式的影响不大时，创作者也可以将其保存为 MP3 等格式，减少对存储空间的占用。

7.1.2 去除音频中的噪声

去除音频中的噪声

当获取的音频素材中的噪声较大时，创作者可以利用 Audition 进行降噪处理。需要注意的是，降噪虽然会处理掉多余的噪声，但音质效果也会受到一定程度的影响，因此降噪的力度要把握好。降噪的具体操作如下。

步骤 01 在 Audition 的“文件”面板中单击“打开文件”按钮，打开“打开文件”对话框，选择“噪音.wav”音频文件（配套资源：素材\第 7 章），单击 打开(O) 按钮，如图 7-8 所示。

图 7-8

步骤 02 按空格键预览音频内容，主要是公鸡打鸣和虫鸣鸟叫的背景声音，其中有一段声音非常突兀，在“编辑器”面板中滚动鼠标滚轮放大波形显示比例，拖曳鼠标指针选择该声音对应的波形，如图 7-9 所示，按【Delete】键将其删除。

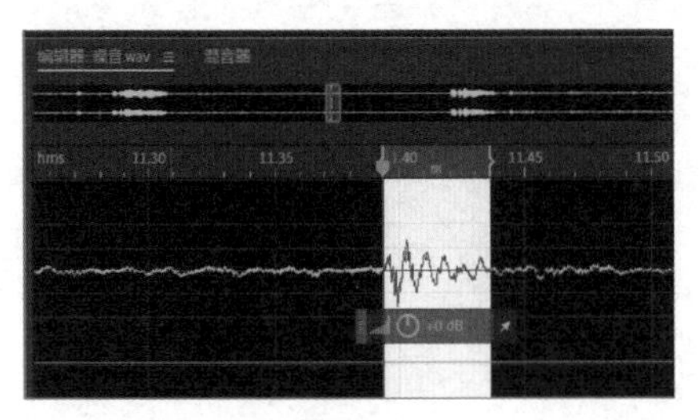

图 7-9

步骤 03 重新预览音频内容，选择相对更具代表性的一小段噪声对应的波形，然后选择【效果】/【降噪/恢复】/【降噪（处理）】菜单命令，如图 7-10 所示。

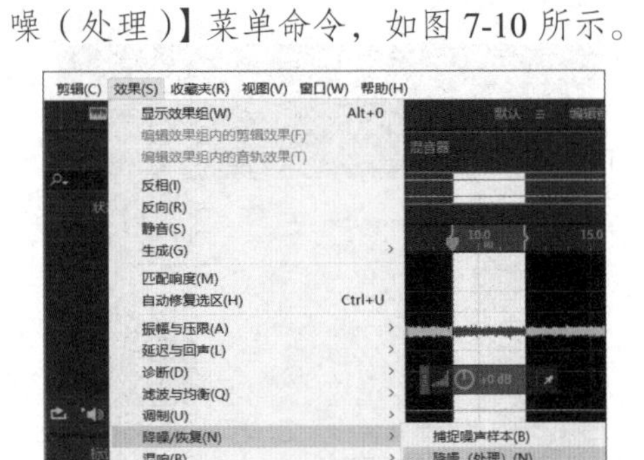

图 7-10

步骤 04 打开“效果 - 降噪”对话框，单击 捕捉噪声样本 按钮，捕捉所选区域中的噪声样本，如图 7-11 所示。

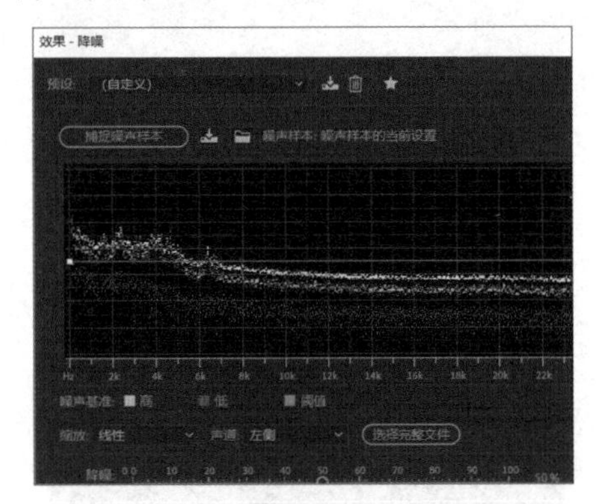

图 7-11

步骤 05 捕捉噪声后，单击 选择完整文件 按钮，选择所有文件，然后调整降噪的强度和幅度，完成后单击 应用 按钮，如图 7-12 所示。

步骤 06 此时 Audition 将对音频文件进行降噪处理，完成后按空格键预览效果，如图 7-13 所示，确认无误则可按

【Ctrl+S】组合键保存（配套资源：效果\第 7 章\噪声 .wav）。

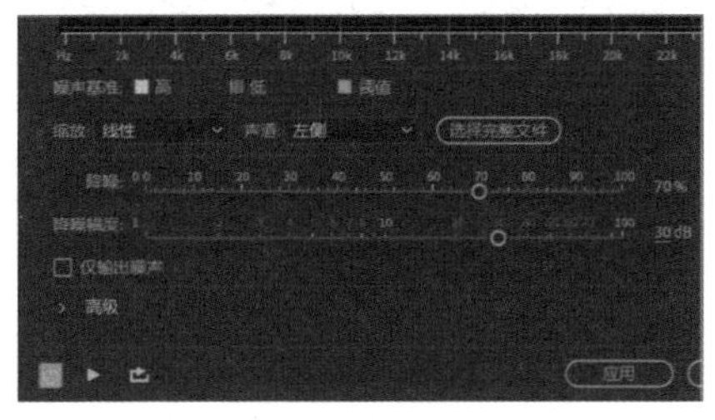

图 7-12

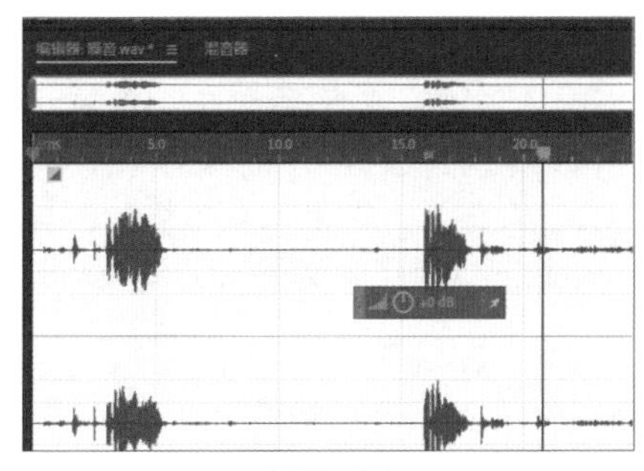

图 7-13

7.1.3 统一音量大小

统一音量大小

Audition 中音频的音量可以通过波形的振幅反映，振幅大说明音量大，振幅小说明音量小，因此创作者可以通过调整振幅的方式来统一整个音频的音量大小，解决声音忽大忽小的问题，具体操作如下。

步骤 01 在 Audition 中打开“音量统一 .mp3”音频文件（配套资源：素材\第 7 章），查看整个音频文件的波形，拖曳鼠标指针选择振幅较小的波形区域，如图 7-14 所示。

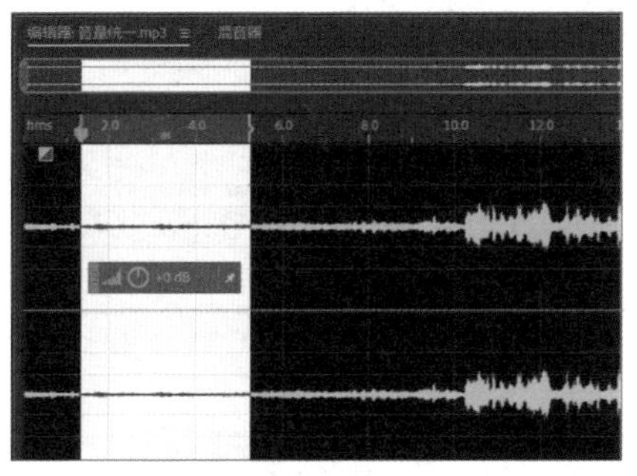

图 7-14

步骤 02 此时所选波形下方将出现“调整振幅”浮动面板，将鼠标指针移至其中的振幅数据上，当其变为双向箭头的形状时，按住鼠标左键不放向右拖曳，将所选波形的振幅增大到与其他波形的振幅大致相同的大小，如图 7-15 所示。

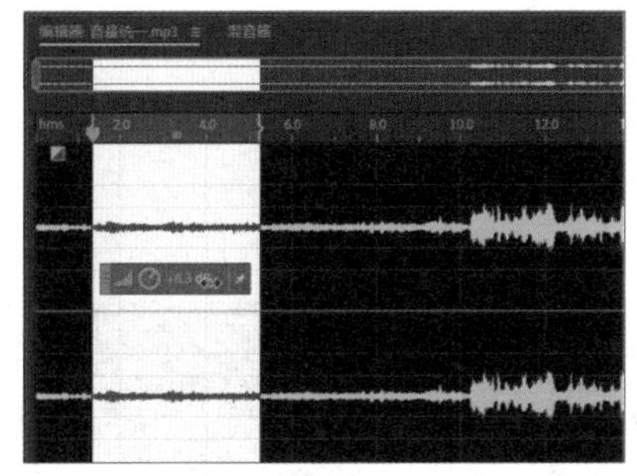

图 7-15

步骤 03 释放鼠标左键，完成对所选波形的调整，如图 7-16 所示。

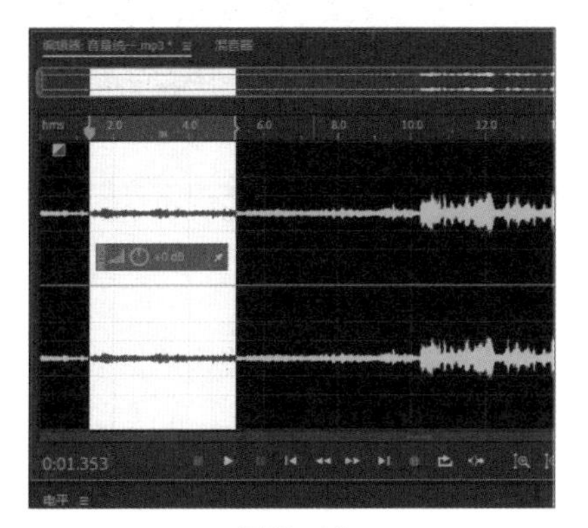

图 7-16

步骤 04 按相同的方法将该音频文件中振幅较大的波形的振幅减小，使整个音频的波形振幅大致相同，如图 7-17 所示（配套资源：效果 \ 第 7 章 \ 音量统一 .mp3），最后保存文件以完成操作。

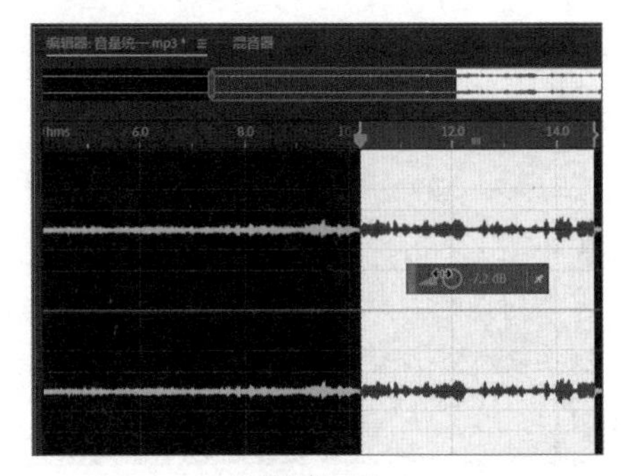

图 7-17

7.1.4 设置特殊声效

Audition 预设了多达 38 种声音效果，非专业用户可以充分利用这些预设的声音效果，或在这些声音效果的基础上进行适当调整，从而快速设置出各种特殊声效。下面便用 Audition 将音频的声音效果设置为类似在大房间中说话时产生的回声效果，具体操作如下。

设置特殊声效

步骤 01 在 Audition 中打开“声效 .mp3”音频文件（配套资源：素材 \ 第 7 章），然后单击操作界面左侧的“效果组”选项卡，如图 7-18 所示。

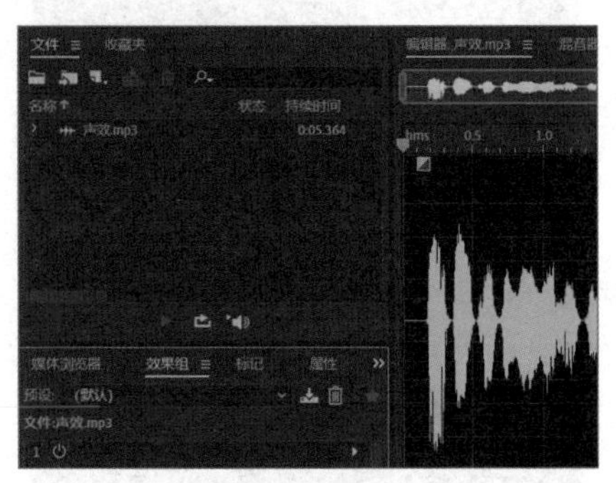

图 7-18

步骤 02 在“效果组”选项卡下方的“预设”下拉列表框中选择“带通混响”选项，如图 7-19 所示。

步骤 03 此时将在下方的列表框中显示“带通混响”效果中包含的 3 个效果，如果需要对某个效果进行单独调整，可在该效果选项上单击鼠标右键，在弹出的快捷菜单中选择“编辑所选效果”命令，如图 7-20 所示。

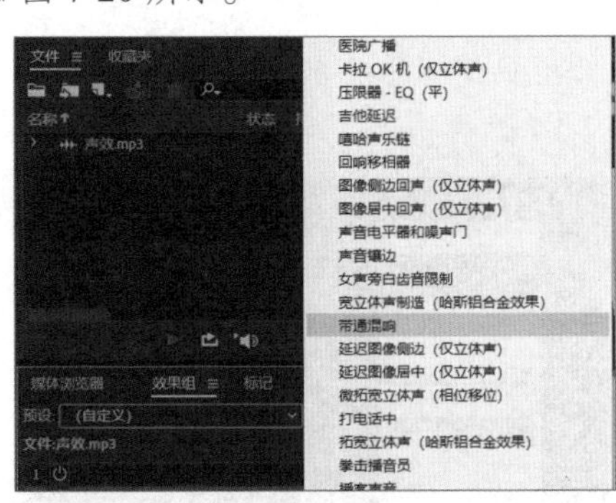

图 7-19

图 7-20

步骤 04 打开该效果的参数对话框，在其中根据需要设置参数，这里将该效果的“预设”设置为“大厅”，并将“房间大小”设置为“100”，单击“关闭”按钮×，如图 7-21 所示。

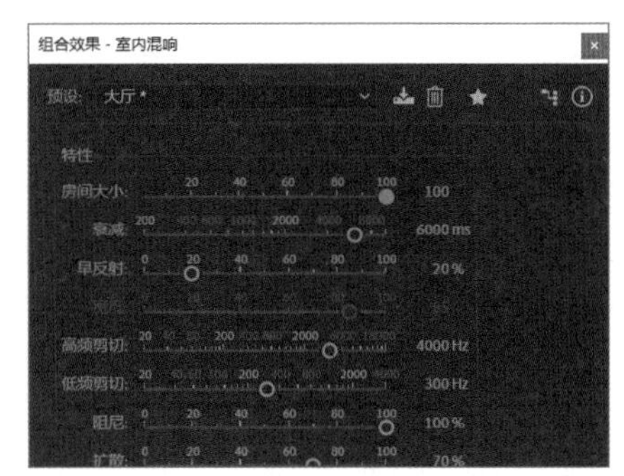

图 7-21

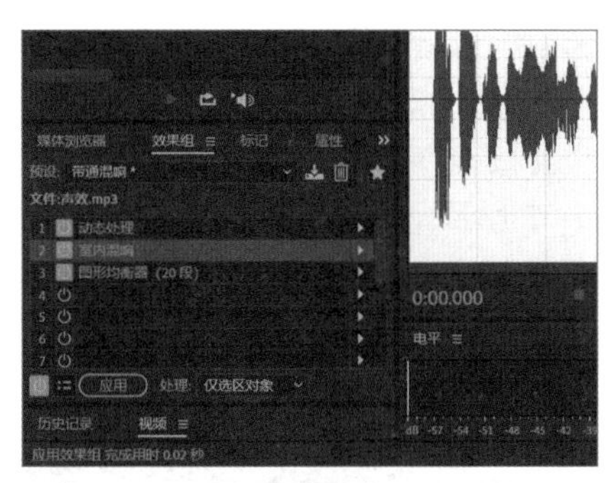

图 7-22

步骤 05 设置完成后单击 应用 按钮为音频应用设置的效果，如图 7-22 所示。

步骤 06 按空格键预览效果，如图 7-23 所示，确认无误后保存文件（配套资源：效果 \ 第 7 章 \ 声效 .mp3）。

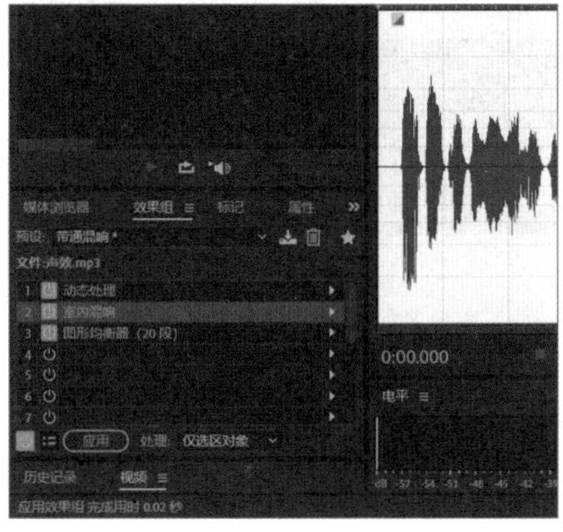

图 7-23

7.1.5 裁剪并设置音频

为短视频添加一个时间长度相同的背景音乐是短视频后期剪辑时常见的操作，但当实际操作时，创作者往往很难找到时间完全相同的音频素材。此时创作者可以根据短视频的时间长度，在 Audition 中对音频文件进行裁剪，同时为了避免音频突兀，可以为裁剪后音频的开始与结束部分设置淡入淡出效果，具体操作如下。

裁剪并设置音频

步骤 01 在 Audition 中打开“裁剪 .mp3”音频文件（配套资源：素材 \ 第 7 章），在操作界面右下角的“选区 / 视图”面板中，设置选区的开始时间为“1.5”（按【Enter】键确认设置），即将所选区域的开始位置精确定位到 1.5 秒，如图 7-24 所示。

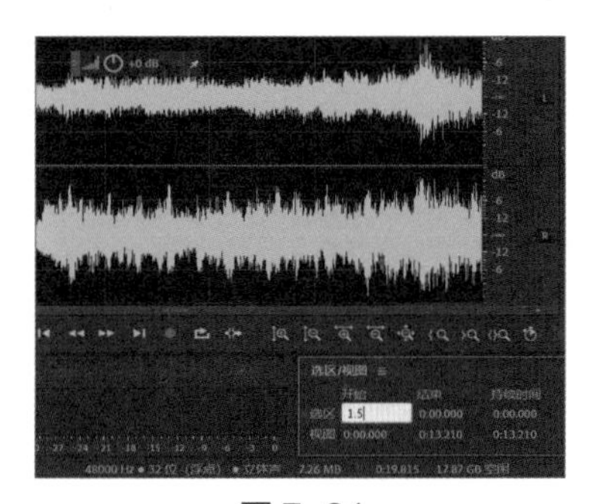

图 7-24

步骤 02 按相同方法继续将选区的持续时间设置为“10”，此时便将根据开始时间和持续时间选择对应的波形区域，如图 7-25 所示。

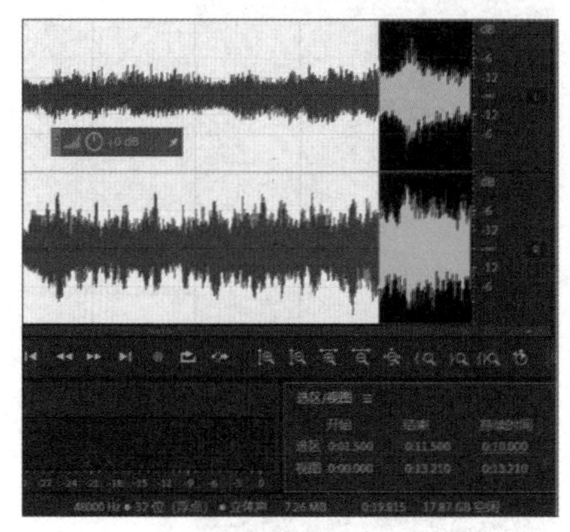

图 7-25

步骤 03 按【Ctrl+T】组合键或选择【编辑】/【裁剪】菜单命令，将所选区域裁剪下来，删除其他未选择的区域，如图 7-26 所示。

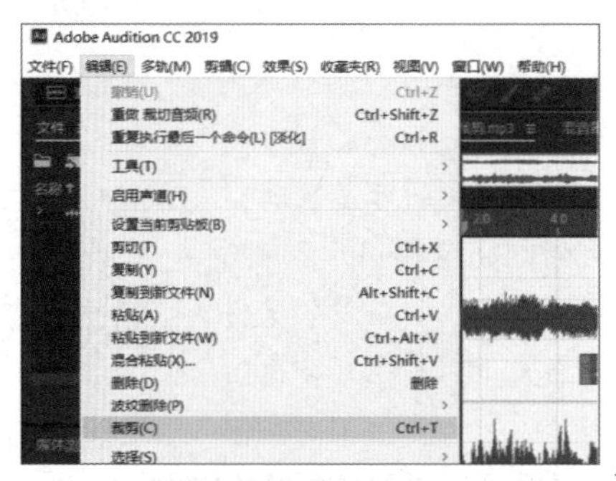

图 7-26

步骤 04 按住【Shift】键的同时向右拖曳“淡入”标记到“1.0”处，对音频开始的第 1 秒进行淡入处理，如图 7-27 所示。

步骤 05 按相同方法拖曳“淡出”标记到“9.0”处，对音频的最后 1 秒进行淡出处理，如图 7-28 所示，然后保存文件（配套资源：效果\第 7 章\裁剪 .mp3）。

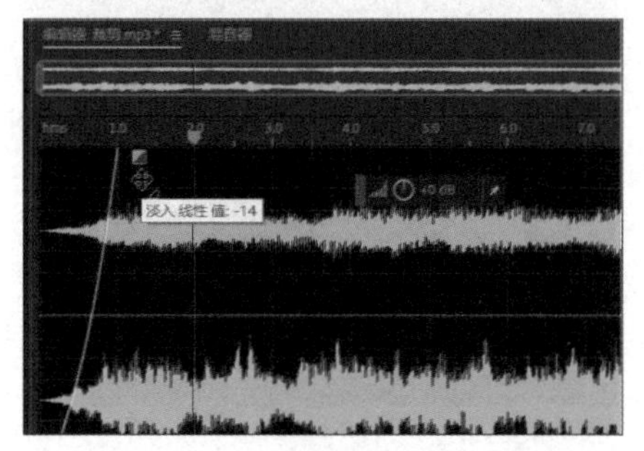

图 7-27

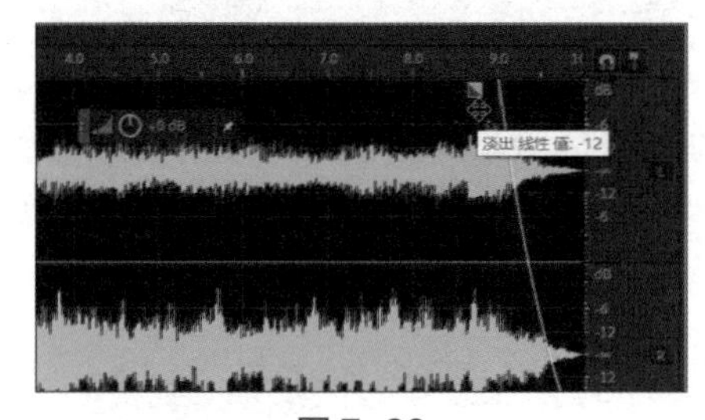

图 7-28

高手秘技

如果想要以某种预设的淡化效果为基础来手动调整淡入淡出效果，可先选择需淡入或淡出的波形区域，再选择【效果】/【振幅与压限】/【淡化包络（处理）】菜单命令，在打开的对话框中选择某种预设的淡化效果，然后在“编辑器”面板中调整黄色的淡化曲线，并应用设置的淡化效果。

7.1.6 合成并输出音频

当需要在 Audition 中将多个独立的音频文件合成并输出为一个音频文件时，创作者需要在多轨编辑器中进行操作，具体操作如下。

合成并输出音频

步骤 01 在文件夹窗口中将“合成 - 人声 .wav”和“合成 - 背景 .mp3”音频文件（配套资源：素材 \ 第 7 章）拖曳到 Audition 的“文件”面板中，如图 7-29 所示。

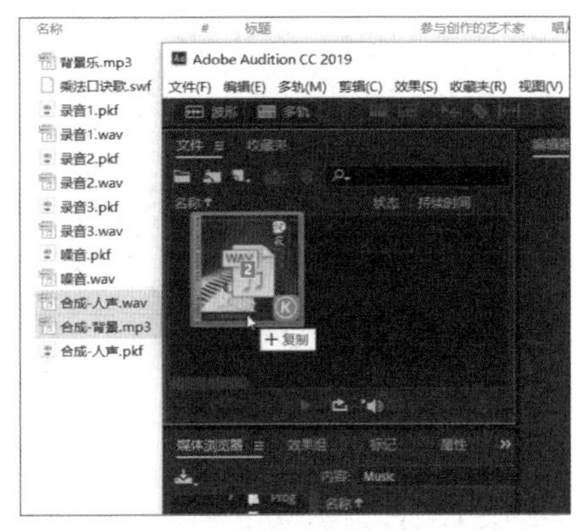

图 7-29

步骤 02 所选音频文件将载入 Audition 中，在“文件”面板中查看这两个文件的采样率，然后单击 多轨 按钮，如图 7-30 所示。

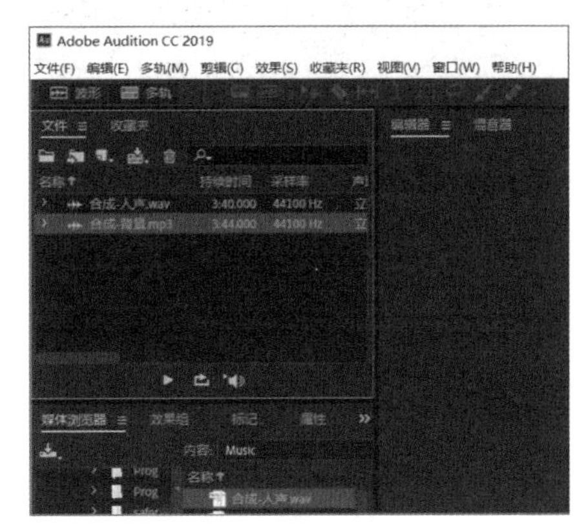

图 7-30

步骤 03 打开“新建多轨会话”对话框，在“会话名称”文本框中输入“朗读”（在“文件夹位置”下拉列表框中可设置保存位置），在“采样率”下拉列表框中输入“44100”，单击 确定 按钮，如图 7-31 所示。

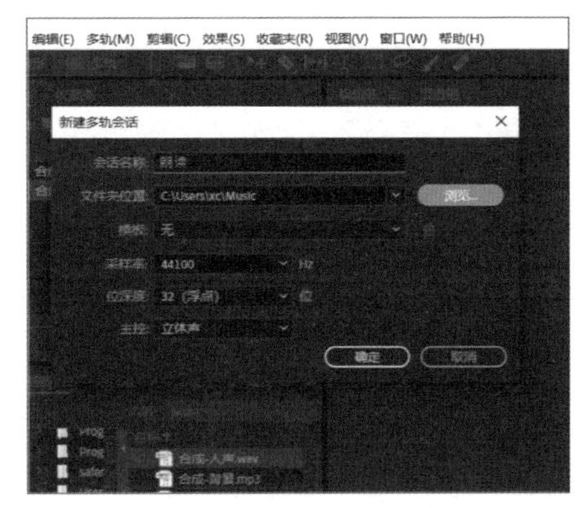

图 7-31

步骤 04 进入多轨编辑状态，将“文件”面板中的“合成 - 背景 .mp3”音频文件拖曳到右侧“编辑器”面板中的“轨道 1”轨道上，如图 7-32 所示。

图 7-32

步骤 05 按相同方法将“合成 - 人声 .wav”音频文件拖曳到“编辑器”面板中的“轨道 2”轨道上，如图 7-33 所示。

图 7-33

步骤 06 预览音频效果，确认无误后选择【文件】/【导出】/【多轨混音】/【整个会话】菜单命令，如图 7-34 所示。

图 7-34

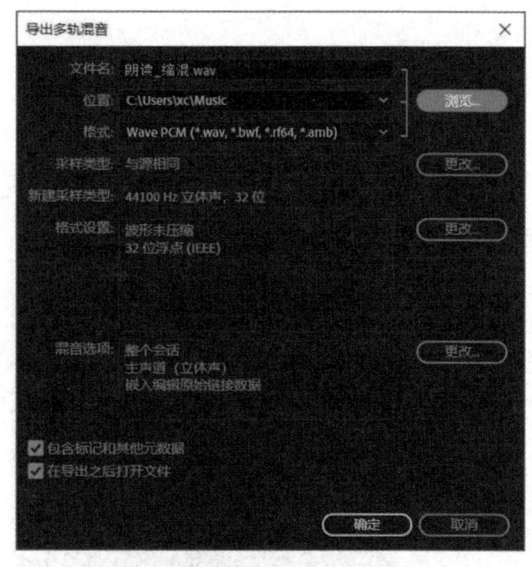

图 7-35

步骤 07 打开“导出多轨混音”对话框，在其中设置音频文件导出后的名称、位置和格式等参数，然后单击【确定】按钮，如图 7-35 所示。

步骤 08 音频成功导出后将自动载入“文件”面板中，双击该文件进入波形编辑状态，按空格键预览效果，如图 7-36 所示（配套资源：效果 \ 第 7 章 \ 朗读 _ 缩混 .wav）。

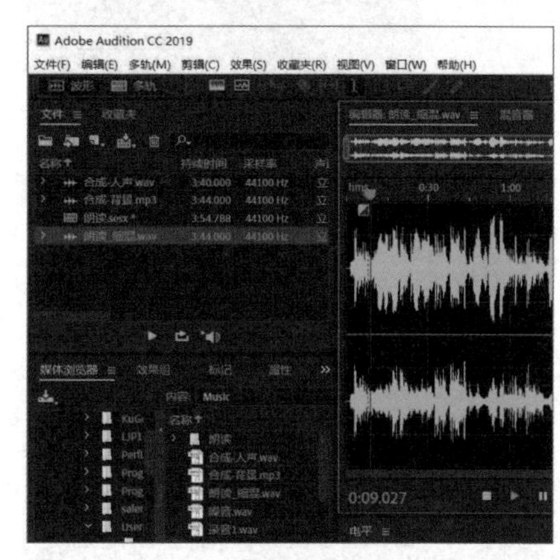

图 7-36

高手秘技

选择【多轨】/【将会话混音为新文件】/【整个会话】菜单命令，可快速合成音频并将合成后的音频载入“文件”面板中，但此操作并未将合成的音频输出为文件，因此还需要执行保存操作。若选择【多轨】/【将会话混音为新文件】/【所选剪辑】菜单命令，则只会对多轨编辑器中已选中的轨道进行合成（利用【Ctrl】键可加选多个轨道）。

7.2 使用 Premiere 剪辑短视频

Premiere 是由 Adobe 公司开发的一款视频编辑软件，它提供了采集、剪辑、调色、美化音频、添加字幕、输出等一整套视频剪辑功能，被广泛运用于电视节目、广告和短视频等领域，是在计算机上剪辑短视频的有效工具。下面将首先介绍短视频常用剪辑手法，然后详细介绍使用 Premiere 剪辑短视频的方法。

7.2.1 短视频常用剪辑手法

在短视频剪辑过程中，使用合理的剪辑手法可以有效控制短视频内容，并使剪辑后的成品更加连贯、流畅、立意明确、主题鲜明且富有感染力。

1. 标准剪辑

标准剪辑是指将视频素材按照时间顺序进行拼接组合，是十分常见的剪辑手法。考虑到短视频的时长有限，能体现的内容也十分有限，因此多数创作者会选择采用标准剪辑来剪辑短视频。例如，绝大多数生活技巧类短视频都是通过标准剪辑进行剪辑的，如图 7-37 所示。

图 7-37

2. 动作顺接

动作顺接是指在人物正在运动时剪辑画面，这也是非常实用和常见的一种剪辑手法。例如，某美食制作短视频中，以中景拍摄人物切菜的画面，当人物正准备往下切时，创作者可以镜头剪辑到近景或特写的切菜画面。这种手法由于并没有打断人物的动作或行为，因此画面看上去不仅流畅，而且极具表现力和冲击力，如图 7-38 所示。

3. 跳切

跳切是指打破常规状态镜头切换时所遵循的时空和动作具有连续性的要求，以较大幅度的跳跃式镜头进行组接。它通常只会保留镜头的核心内容，因此可以缩短时长，增强节奏感，使画面更加生动有趣。例如，在介绍套被子的短视频中使用跳切，仅保留每个环节的关键动作，能让短视频显得简洁有力，如图 7-39 所示。

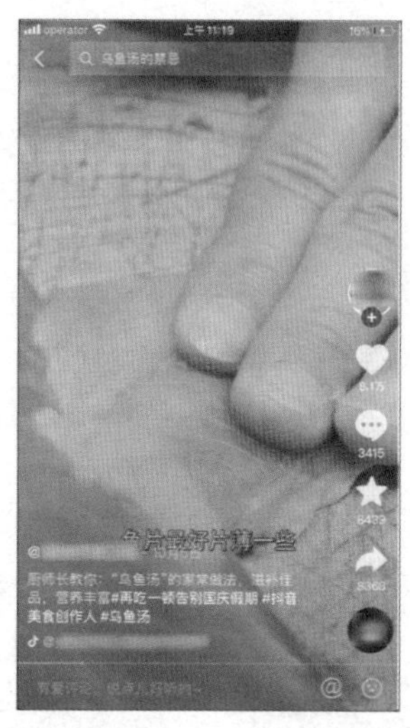

图 7-38

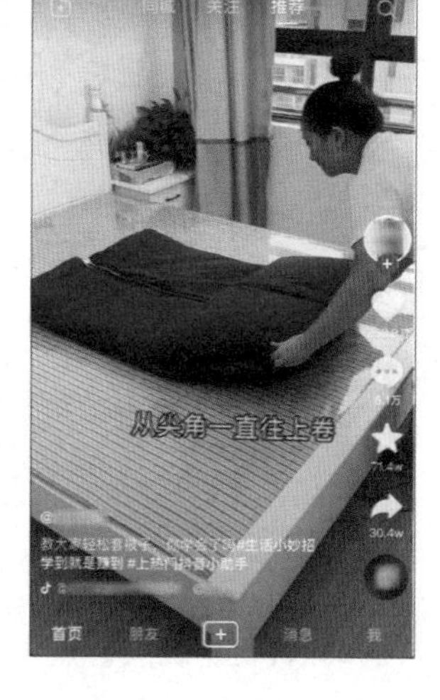

图 7-39

4. 贴合切

贴合切是通过将镜头画面在同一人物或事物上进行转换来过渡内容的剪辑手法。例如，当展现雕刻的过程时，首先通过特写来展现雕刻的细节，然后将画面切换到人物的动作上，最后将画面切换回来，展现已完成的雕刻作品，这就是利用了贴合切来表现时间的流逝，如图 7-40 所示。

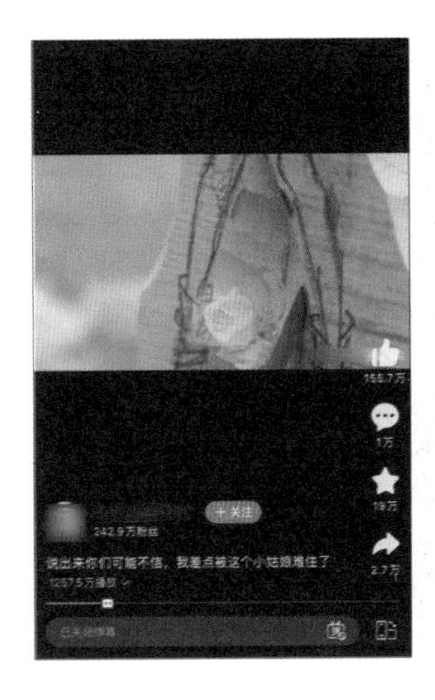

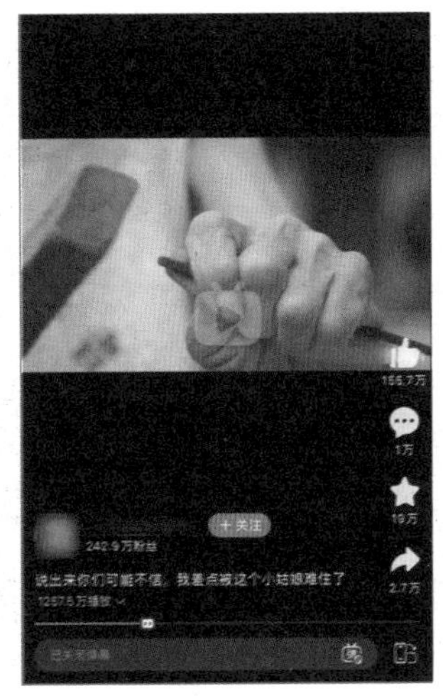

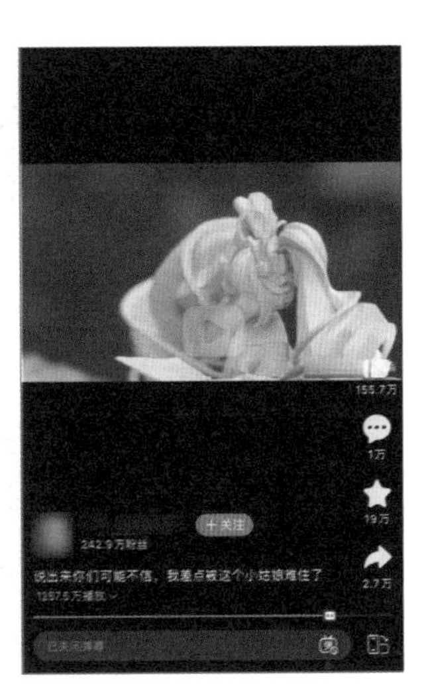

图 7-40

5. 离切

离切是指画面先切到插入镜头，接着顺应剧情发展切回主镜头。例如，开始通过全景展现一个人物正在从远处走向近处，然后转到另一个人物在眺望的场景，最后画面切回，第一个人物已经走到了近处，如图 7-41 所示。

图 7-41

6. 跳跃剪辑

运用跳跃剪辑时，剪辑前后的两个画面一般都有很大的反差，后一个画面往往用来表现前一个画面可能产生的结果。例如，前一个画面中的人物品尝了一口美味的食物，下一个画面就切换到礼花绽放的场景，表现人物品尝到美食后的愉悦心情，如图 7-42 所示。

图 7-42

7. 交叉剪辑

交叉剪辑是指视频画面在两个不同场景间来回切换的一种剪辑手法，旨在通过来回频繁地切换画面来建立角色之间的交互关系，从而增强画面的节奏感，增加内容的悬念，并引导用户的情绪，如图 7-43 所示。

图 7-43

8. 匹配剪辑

匹配剪辑连接的两个或多个视频画面通常动作一致或构图一致，从视觉上可以形成酷炫转场的效果。图 7-44 所示的短视频就使用了这种剪辑手法，多个视频画面中人物都在往前走，且构图基本一致。

图 7-44

7.2.2 认识Premiere

Premiere 的功能十分丰富，无论是短视频剪辑新手还是高手，都可以用 Premiere 剪辑出自己满意的短视频作品。

图 7-45 所示为 Premiere 的操作界面，其中主要包括“源”面板、“节目”面板、“项目”面板、“时间轴”面板。

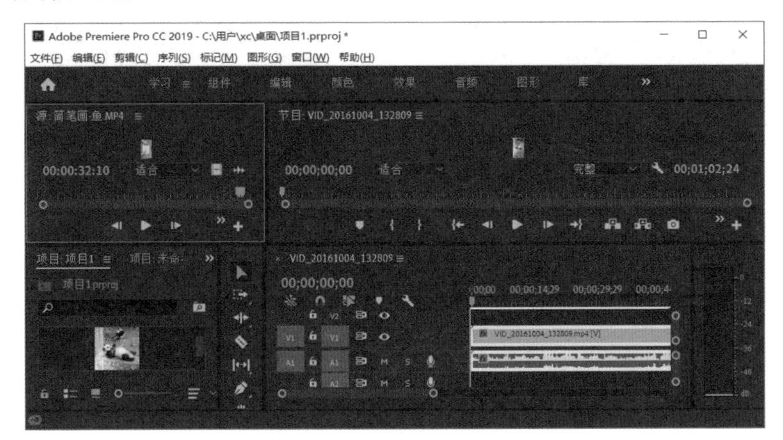

图 7-45

- **“源”面板：** 在该面板中可以预览素材内容，也可以对素材进行简单标记。
- **“节目”面板：** 在该面板中可以预览剪辑效果。
- **“项目”面板：** 该面板可用于管理素材，包括导入、新建、删除素材等。
- **“时间轴”面板：** 该面板是 Premiere 的核心操作区域，在其中可以进行短视频的各种剪辑操作。

7.2.3 创建项目并导入素材

在 Premiere 中剪辑短视频时，创作者首先需要创建项目并导入短视频中的各种素材。

- **创建项目：**在 Premiere 中选择【文件】/【新建】/【项目】菜单命令或直接按【Ctrl+Alt+N】组合键，在打开的“新建项目”对话框中设置项目名称、位置等参数，单击 确定 按钮，如图 7-46 所示。
- **导入素材：**选择【文件】/【导入】菜单命令，或按【Ctrl+I】组合键，或双击“项目”面板的空白区域，均可打开“导入”对话框，在其中选择需要导入项目的各种素材（使用【Ctrl】键加选），单击 打开(O) 按钮后，所选素材便会被导入“项目”面板，如图 7-47 所示。

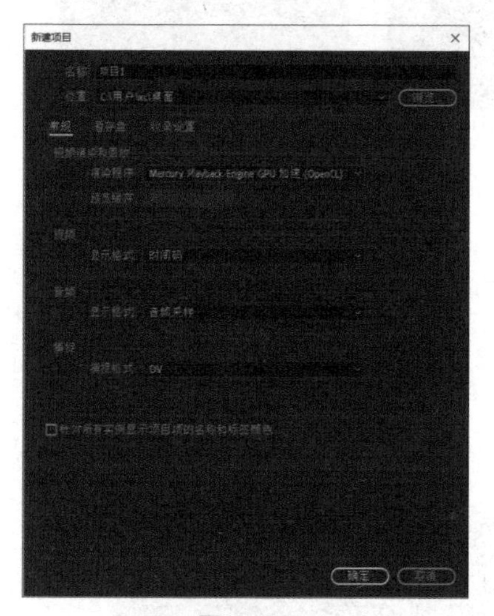

图 7-46

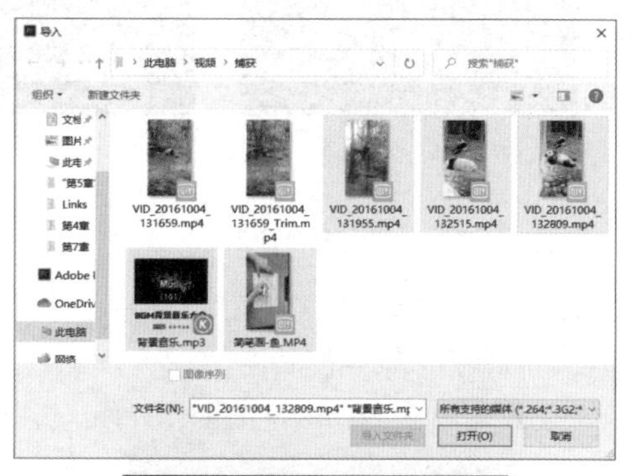

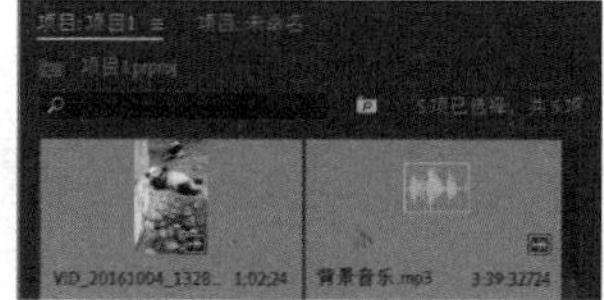

图 7-47

高手秘技

在 Premiere 中选择【文件】/【新建】/【序列】菜单命令或直接按【Ctrl+N】组合键，可以新建序列，并可设置序列的大小。序列可以被看作一个最小的项目，而项目可以包含多个序列。

7.2.4 设置入点和出点

所谓入点和出点，指的是在 Premiere 中剪辑素材时的起点和终点，其作用主要是分割出需要的素材内容。在“项目”面板中双击需要分割的素材，此时“源”面板中将显示该素材的内容，同时在“源”面板下方会显示对应的时间轴，按空格键可以预览素材内容，再次按空格键则可停止预览。

创作者可以利用“源”面板来为素材设置入点和出点，具体方法如下：拖曳蓝色标记至目标位置或直接在时间轴上单击目标位置，然后单击“标记入点”按钮{标记入点；继续拖曳蓝色标记至目标位置或直接在时间轴上单击目标位置，单击“标记出点”按钮}标记出点。此后，在“项目”面板中拖曳该素材至“时间轴”面板，该素材用于剪辑的内容就只有先前设置的入点和出点之间的片段，如图 7-48 所示。

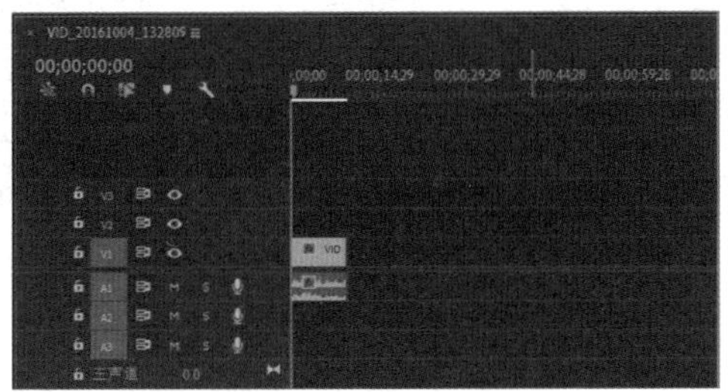

图 7-48

7.2.5 设置素材效果

Premiere 提供了很多专业的视频和音频的预设效果，创作者可以在剪辑短视频时利用这些效果快速提升素材的质量。以添加视频效果为例，其方法如下：单击 Premiere 操作界面上方的“效果”选项卡，打开“效果”面板，双击“视频效果”选项，在其中双击某一效果选项，展开其下一级效果选项，然后选择需要的效果，将其拖曳到“时间轴”面板中对应的素材上，释放鼠标左键便可为该素材添加视频效果。图 7-49 所示便是将“球面化”视频效果添加到“时间轴”面板中的视频素材上的过程。

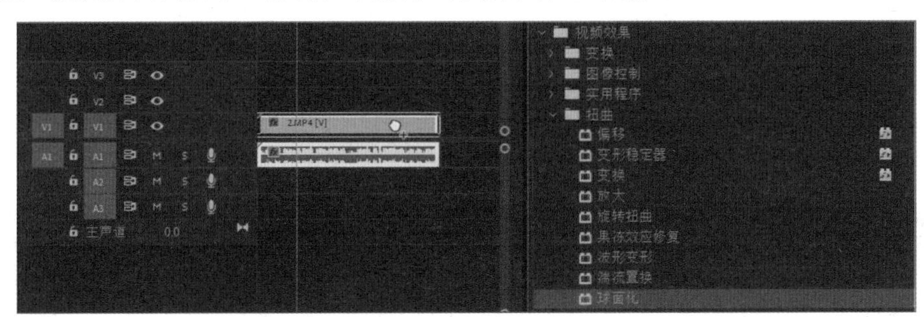

图 7-49

为素材添加了效果后，创作者可以进一步在“效果控件”面板中对效果参数进行设置，其方法如下：选择“时间轴”面板上添加了效果的素材，然后在“效果控件”面板中选择需要设置的效果对应的选项，单击选项左侧的“展开”按钮>，然后在展开的界面中设置参数就能对效果进行精确调整。图 7-50 所示即为设置了“球面化”效果的前后对比画面。

图 7-50

高手秘技

在“效果控件”面板中还可以实现以下操作：①选择某个效果选项，按【Delete】键可删除该效果；②单击某个效果选项左侧的“效果”按钮fx，可在不删除效果的情况下将该效果暂时隐藏起来，再次单击该按钮可显示效果；③在某个效果选项上单击鼠标右键，在弹出的快捷菜单中选择“还原”命令，可还原效果参数到默认状态；④设置好效果后，在该效果选项上单击鼠标右键，在弹出的快捷菜单中选择“复制”命令，然后在“时间轴”面板中选择其他素材，在“效果控件”面板的空白区域单击鼠标右键，在弹出的快捷菜单中选择“粘贴”命令，可为所选素材快速应用相同的效果。

7.2.6 设置滤镜

相比于效果而言，滤镜主要是通过对色彩方面的设置来给画面添加特殊的视觉效果的。当需要为素材添加滤镜时，创作者可单击 Premiere 操作界面上方的“效果”选项卡，打开“效果”面板，展开“Lumetri 预设”选项，在其中找到需要的滤镜，将其拖曳到“时间轴”面板中对应的素材上，释放鼠标左键便可为该素材添加滤镜。若需要设置滤镜参数，则可以选择素材，然后在“效果控件”面板中对滤镜参数进行设置，如图 7-51 所示。

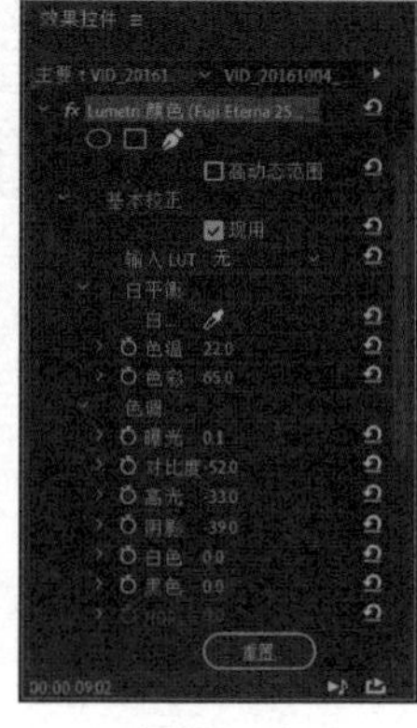

图 7-51

7.2.7 设置转场效果

Premiere 提供了多种视频转场效果和音频转场效果，其中使用得较多的是用于视频素材之间过渡的视频转场效果，如 3D 运动、划像、擦除、沉浸式视频、溶解、滑动、缩放和页面剥落等。在需要在两个视频素材之间添加转场效果时，创作者可以在“效果”面板中双击“视频过渡”选项，在其中找到需要的转场效果，将其拖曳到“时间轴”面板中两个视频素材之间的位置，释放鼠标左键便可为该素材添加转场效果。图 7-52 所示便是将“交叉溶解”转场效果添加到“时间轴”面板上的两个视频素材之间的过程。

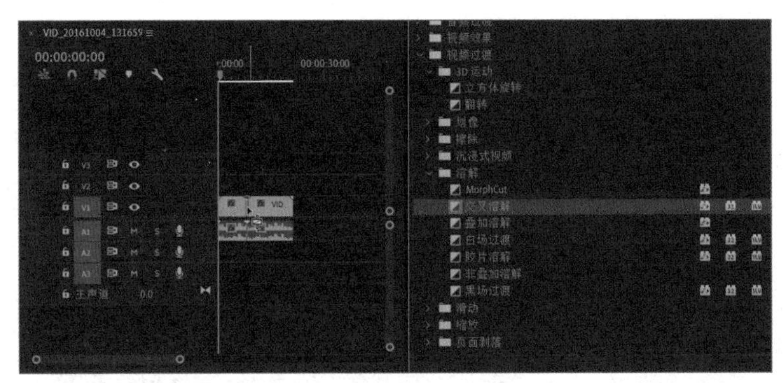

图 7-52

高手秘技

两个视频素材之间如果添加了转场效果，将会出现类似小白条的转场图标，在该图标上单击鼠标右键，在弹出的快捷菜单中选择“设置过渡持续时间”命令，可在打开的对话框中设置转场效果的持续时间；若选择“清除”命令，则可直接将添加的转场效果删除。

如果觉得添加的转场效果不太合适，创作者可以在“时间轴”面板中选择该转场图标，在“效果控件”面板中会出现所选转场效果对应的参数，然后创作者根据需要对参数进行设置即可。图 7-53 所示即为设置“翻页”转场效果的参数和对应的应用效果。

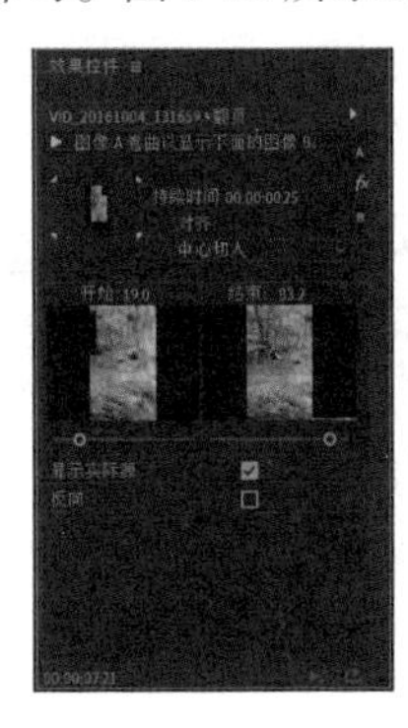

图 7-53

7.2.8 添加并设置字幕

利用 Premiere 不仅可以为短视频添加并设置字幕，而且能为字幕设置动画效果，其方法如下：在“时间轴”面板中拖曳时间轴，将其定位到需要添加字幕的位置，然后在左侧的工具栏中单击“文字工具”按钮T，在“节目”面板的画面中拖曳鼠标指针插入文本框，此时便可输入需要的字幕内容。

当需要设置字幕时，创作者可在“时间轴”面板中选择字幕，在“效果控件”面板中展开“文本（之前所输入的字幕）”选项，在“源文本”栏下对字幕的字体、字形、字号、对齐方式、字符间距、颜色等进行设置，如图 7-54 所示。

图 7-54

若想为字幕设置动画效果，创作者则可在“效果控件”面板中依次展开【文本（之前所输入的字幕）】/【变换】选项，然后通过插入关键帧（关键帧是添加动画的前提，插入关键帧后才可以设置动画并实现效果）的方式为字幕设置位置、缩放、旋转、不透明度等动画效果。这里以设置旋转动画效果为例，其方法如下：拖曳时间轴定位字幕出现动画效果的起始位置，单击“旋转”参数左侧的“切换动画”按钮，然后设置旋转角度，拖曳时间轴定位到字幕的下一个动画效果位置，重新调整旋转角度，如图 7-55 所示。按相同的方法依次在不同的时间位置调整字幕的旋转角度，就能为字幕设置旋转动画效果了。

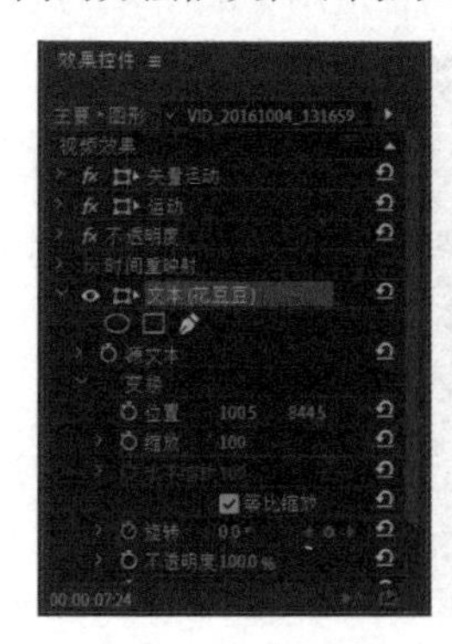

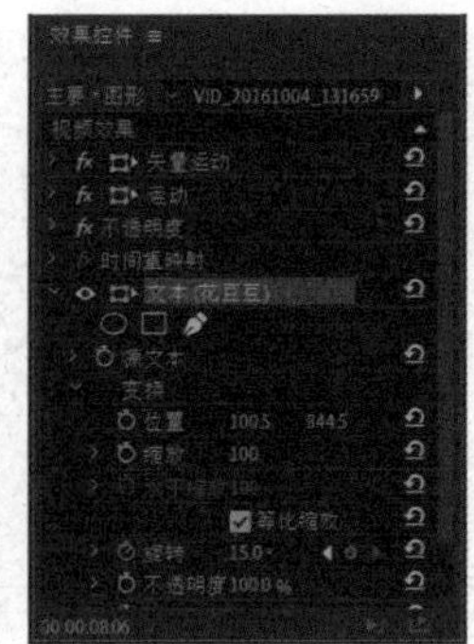

图 7-55

7.2.9 设置音乐和音效

在 Premiere 中可以添加各种音乐和音效，其方法如下：在“项目”面板中导入音频素材，然后将音频素材拖曳到“时间轴”面板“A”类轨道上，在“效果”面板中为音频添加各种音频效果或音频过渡效果，在“效果控件”面板中可以设置需要的参数，如图 7-56 所示，方法与设置视频效果类似。另外，在 Premiere 操作界面的上方单击“音频”选项卡，可以打开“音频混合器”面板，在其中可以对音频的声道、音量等进行设置，如图 7-57 所示。

图 7-56

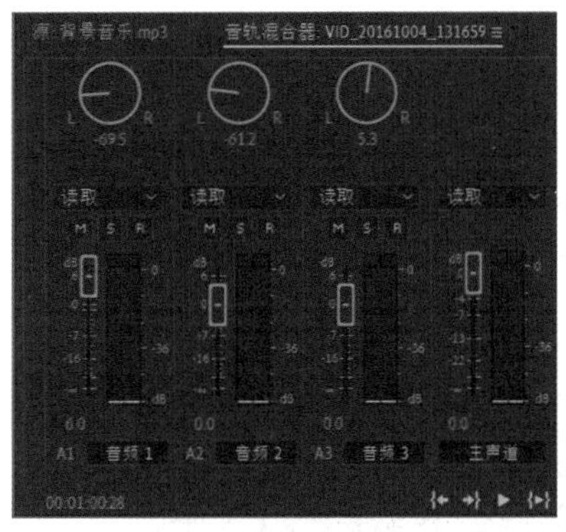

图 7-57

高手秘技

如果想要删除视频素材中的音频内容，可将视频素材拖曳到“时间轴”面板上，然后在视频素材上单击鼠标右键，在弹出的快捷菜单中选择“取消链接”命令，此时视频和音频将处于分离状态，选择音频部分，按【Delete】键即可将其从视频素材中删除。

7.2.10 导出短视频

完成短视频剪辑操作后，创作者需要将项目导出为需要的短视频文件，这样才能将其发布到短视频平台上，其方法如下：选择【文件】/【导出】/【媒体】菜单命令或直接按【Ctrl+M】组合键，打开“导出设置”对话框，在左侧区域可预览短视频效果，在右侧区域可设置短视频导出后的格式、名称、保存位置等，然后单击 导出 按钮，如图 7-58 所示。

图 7-58

7.2.11 剪辑“小猫帮忙”搞笑短视频

下面讲解在 Premiere 中利用标准剪辑和跳切剪辑“小猫帮忙”搞笑短视频，以帮助大家巩固使用 Premiere 剪辑短视频的操作。

1. 剪辑视频素材

剪辑视频素材

在本例中，我们首先需要创建项目并导入视频素材，根据视频素材大小调整项目序列的大小，然后对视频素材进行剪辑，具体操作如下。

步骤 01 启动 Premiere，选择【文件】/【新建】/【项目】菜单命令，打开“新建项目”对话框，将项目名称设置为“小猫帮忙”，自定义项目保存位置，单击 确定 按钮，如图 7-59 所示。

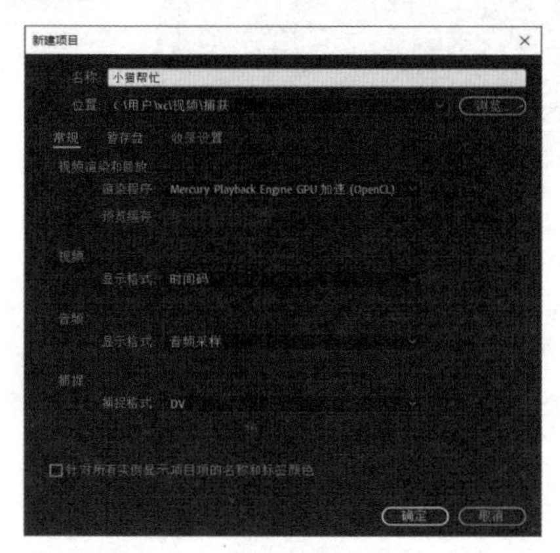

图 7-59

步骤 02 在“项目”面板中导入“cat_01~cat_05.mp4”视频素材（配套资源：素材\第 7 章），如图 7-60 所示。

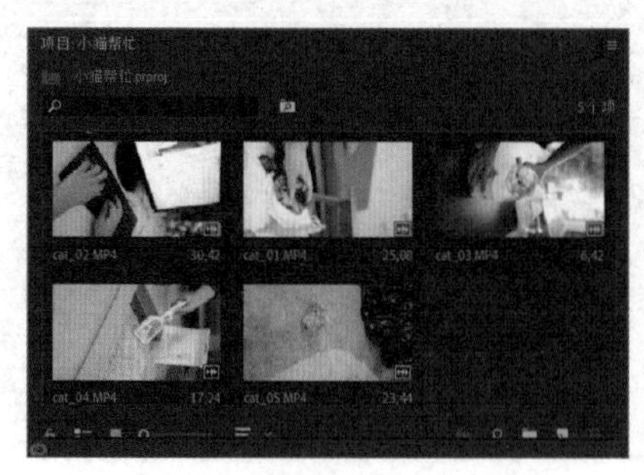

图 7-60

步骤 03 将“cat_01.mp4”视频素材拖曳到“时间轴”面板中，然后选择【序列】/【序列设置】菜单命令，打开“序列设置”对话框，在“编辑模式”下拉列表框中选择“自定义”选项，在“帧大小”栏中将水平和垂直大小分别设置为“1080”和“1920”，单击 确定 按钮，如图 7-61 所示。

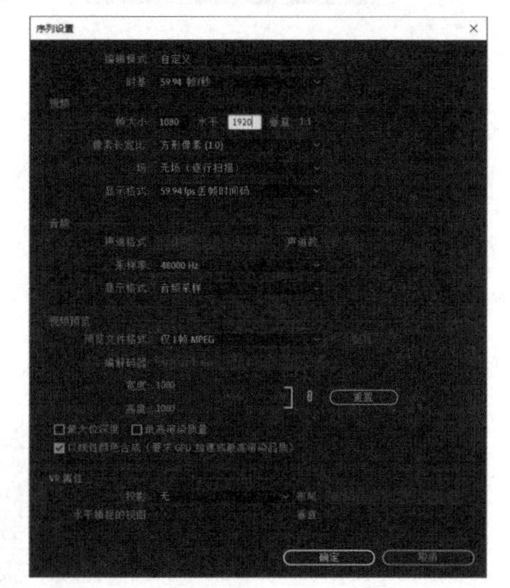

图 7-61

步骤 04 打开“删除此序列的所有预览”对话框，单击 确定 按钮，如图 7-62 所示。

图 7-62

步骤 05 选择“时间轴”面板中的视频素材，在“效果控件”面板中将“旋转”参数设置为“-90.0°”，调整视频素材的显示角度，如图 7-63 所示。

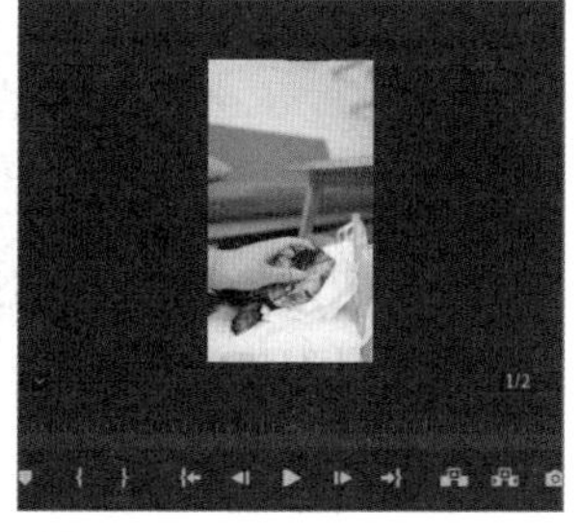

图 7-63

步骤 06 在“时间轴”面板的视频素材上单击鼠标右键，在弹出的快捷菜单中选择“取消链接”命令，然后单独选择音频部分，按【Delete】键将其删除，仅保留视频部分，如图 7-64 所示。

图 7-64

步骤 07 选择“时间轴”面板上的视频素材，将鼠标指针移至其最左侧，当其变为红色向右的箭头时，按住鼠标左键不放，向右拖曳鼠标指针至合适位置，确定其入点，将鼠标指针移至其最右侧，当其变为红色向左的箭头时，按住鼠标左键不放，向左拖曳鼠标指针至合适位置，确定其出点。通过此方法将视频内容保留为小猫东张西望并跑掉的部分，如图 7-65 所示。

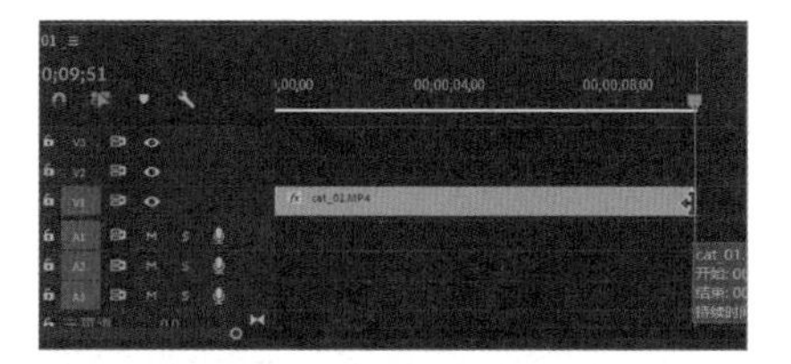

图 7-65

高手秘技

在“时间轴”面板中，按住【Alt】键的同时滚动鼠标滚轮，或直接拖曳面板下方的显示比例滑块（两端为两个圆圈标记），均可调整面板的显示比例。

步骤 08 将“cat_02.mp4”视频素材拖曳到“时间轴”面板中“cat_01.mp4”素材的后面，然后在“效果控件”面板中将素材的“旋转”参数设置为“-90.0°”，如图 7-66 所示。

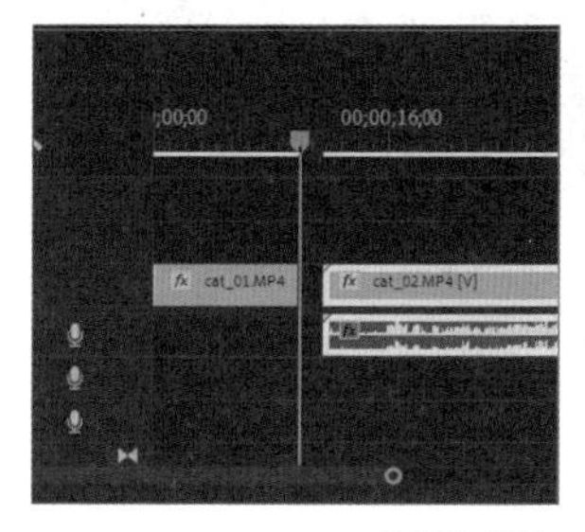

图 7-66

步骤 09 在“时间轴”面板上的“cat_02.mp4”视频素材上单击鼠标右键，在弹出的快捷菜单中选择“取消链接”命令，然后单独选择音频部分，按【Delete】键将其删除，如图 7-67 所示。

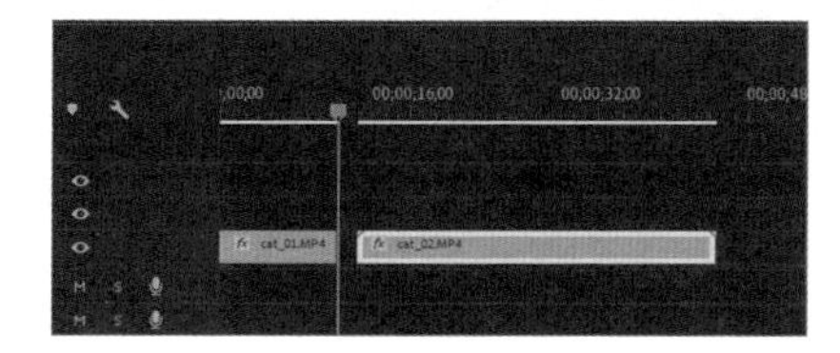

图 7-67

步骤 10 在“时间轴”面板上调整“cat_02.mp4”视频素材的入点和出点，将视频内容保留为小猫在主人打字时爬上键盘的部分，如图 7-68 所示。

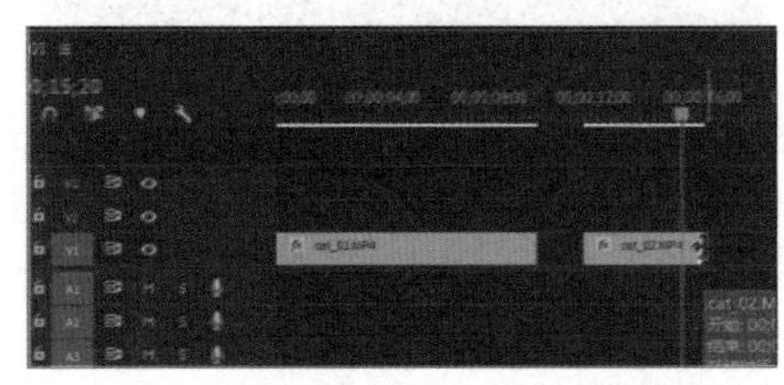

图 7-68

步骤 11 将“cat_02.mp4”视频素材拖曳到“cat_01.mp4”视频素材的后面，使它们连接在一起，如图 7-69 所示。

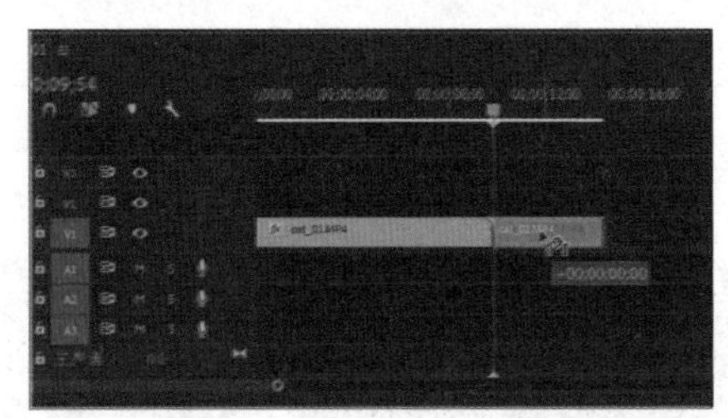

图 7-69

步骤 12 在“时间轴”面板上添加“cat_03.mp4”视频素材，旋转其角度，删除其音频部分，然后设置其入点和出点，保留主人在倒水时小猫撞倒水杯的部分，然后将其与前面的视频素材相连，如图 7-70 所示。

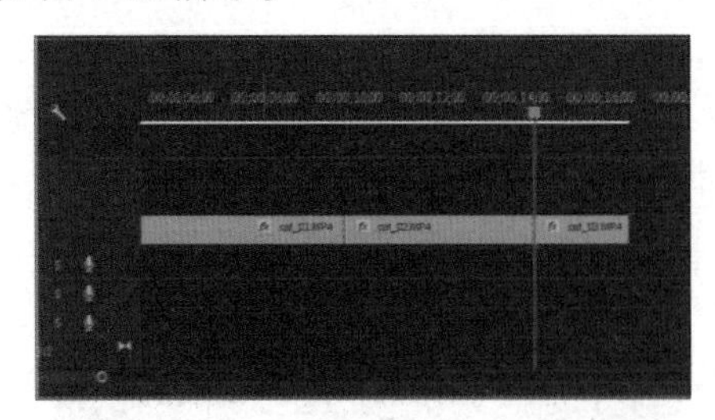

图 7-70

步骤 13 在“时间轴”面板上添加“cat_04.mp4”视频素材，按相同方法进行处理，保留主人铲猫砂时小猫跑过来的部分，如图 7-71 所示。

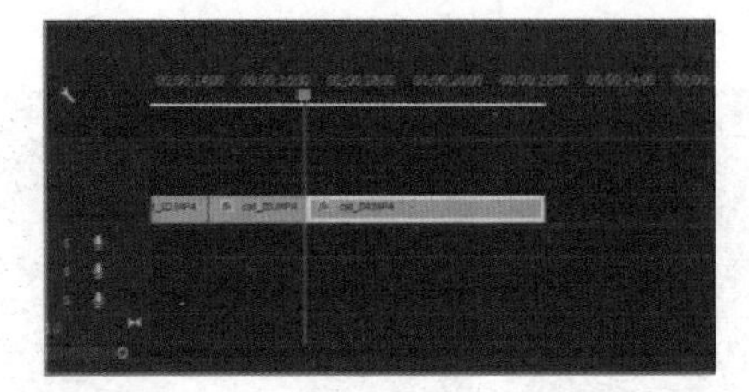

图 7-71

步骤 14 在“时间轴”面板上添加“cat_05.mp4”视频素材，按相同方法进行处理，保留猫砂掉在地上且画面不断放大的部分，如图 7-72 所示。

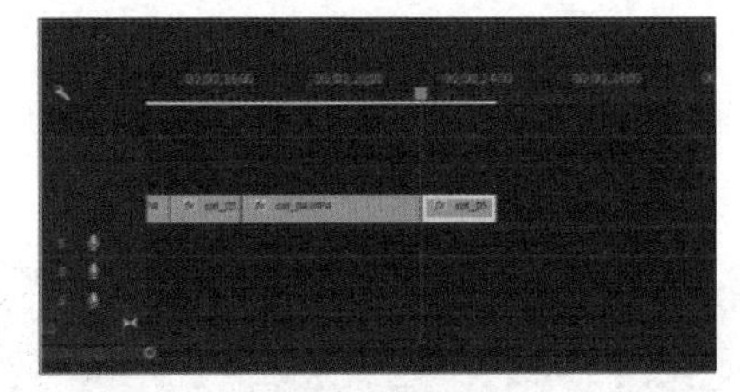

图 7-72

步骤 15 将时间轴定位到“cat_01.mp4”视频素材的最后一帧（可利用键盘上的方向键微调），单击“节目”面板中的“导出帧”按钮或按【Ctrl+Shift+E】组合键，如图 7-73 所示。

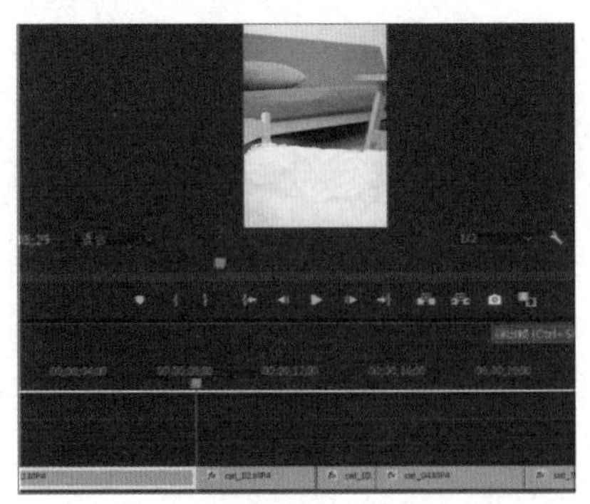

图 7-73

步骤 16 打开“导出帧”对话框，将名称修改为“cat_01”，单击选中“导入项目中”复选框，单击 确定 按钮，如图 7-74 所示。

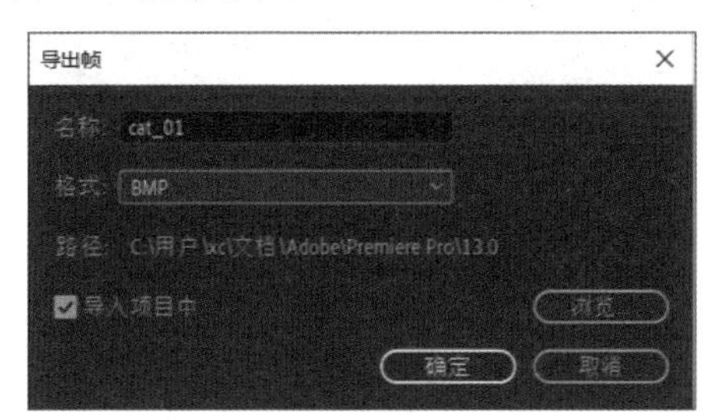

图 7-74

步骤 17 将“cat_01.bmp”图片素材拖曳到“时间轴”面板上，在其上单击鼠标右键，在弹出的快捷菜单中选择“速度 / 持续时间”命令。打开“剪辑速度 / 持续时间”对话框，将持续时间设置为“00;00;00;30”，单击 确定 按钮，如图 7-75 所示。

步骤 18 将后 4 个视频素材向后面移动，为“cat_01.bmp”图片素材留出空间，然后将图片素材拖曳到第 1 个视频素材后面，然后将第 2 个视频素材拖曳到图片素材后，使三者连接在一起，如图 7-76 所示。

步骤 19 按相同方法截取其他 4 个视频素材最后一帧的画面，将其添加到对应视频素材的后面，除将最后一个视频素材对应的图片素材的持续时间设置为“00;00;01;00”（即 1 秒）外，其他 3 个图片素材的持续时间均设置为“00;00;00;30”，如图 7-77 所示。

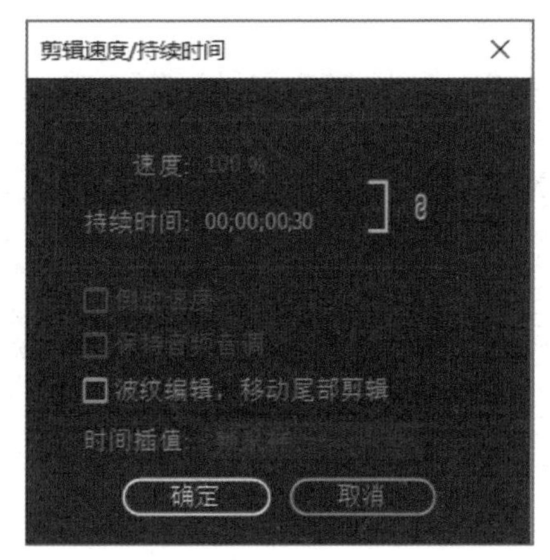

图 7-75

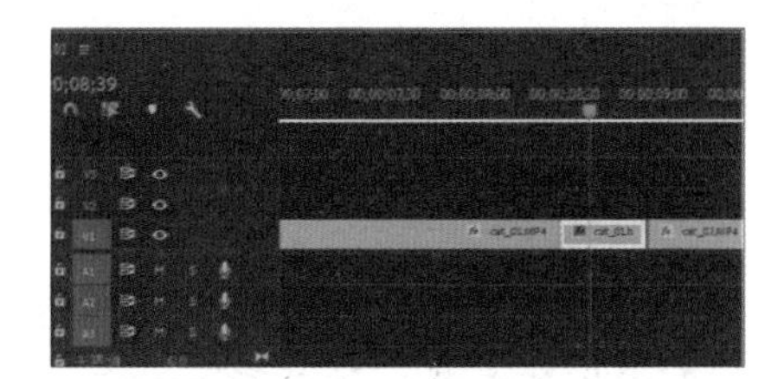

图 7-76

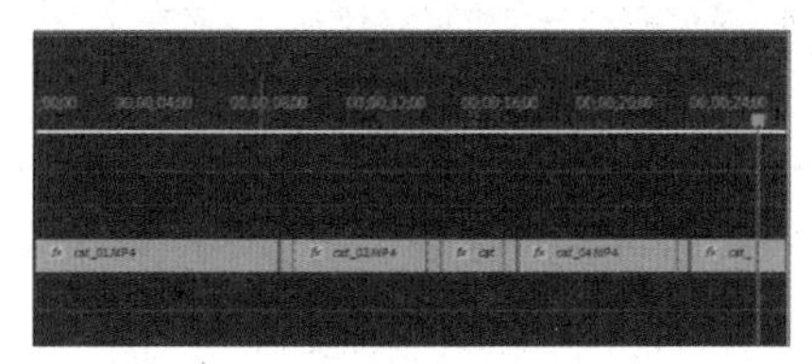

图 7-77

2. 添加和编辑字幕

视频内容剪辑完成后，创作者可以根据自己的习惯选择下一步要进行的操作，如添加音频、设置效果或编辑字幕等，这里先对短视频字幕进行添加和编辑，具体操作如下。

添加和编辑字幕

步骤 01 单击 Premiere 操作界面上方的“编辑”选项卡，然后单击工具栏中的“文字工具”按钮T，在“节目”面板中拖曳鼠标指针插入文本框，然后输入字幕“好香呀！”，如图 7-78 所示。

图 7-78

步骤 02 单击工具栏中的“选择工具”按钮▶，选择“时间轴”面板上的字幕素材，在“效果控件”面板中设置字幕的字体、字号、填充颜色和描边颜色，如图 7-79 所示。

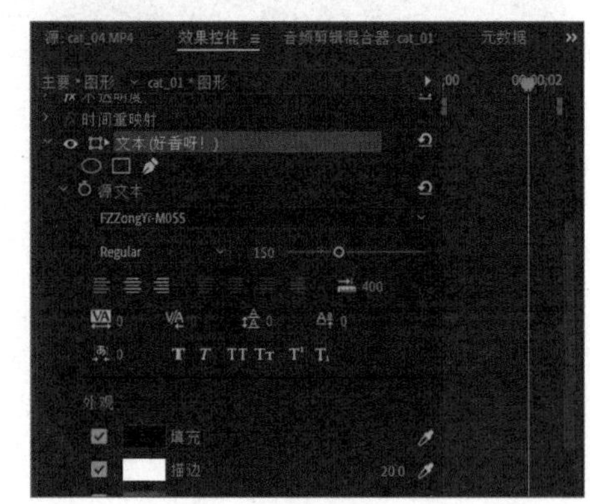

图 7-79

步骤 03 在“时间轴”面板上将字幕素材的持续时间设置为“1 秒”，移动其位置，然后在“节目”面板中拖曳字幕，调整其在视频画面中的显示位置，如图 7-80 所示。

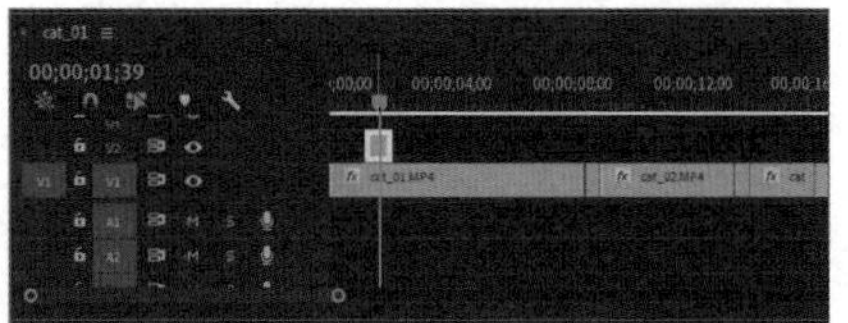

图 7-80

步骤 04 按相同的方法在合适的位置添加字幕，此时字幕的格式将自动应用之前设置的格式，调整字幕的持续时间和在视频画面上的显示位置，如图 7-81 所示。

图 7-81

步骤 05 在短视频的其他位置添加字幕，输入字幕内容，调整字幕的持续时间和在视频画面中的显示位置，如图 7-82 所示。

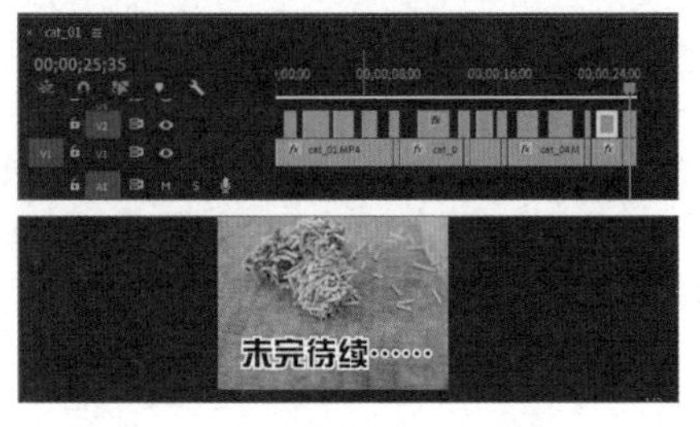

图 7-82

3. 设置缩放效果和滤镜

设置缩放效果和滤镜

下面将为短视频中的部分图片设置缩放效果，使画面更富有戏剧性，同时还将使用滤镜将短视频结尾的画面打造成黑白风格的效果，具体操作如下。

步骤 01 选择“cat02.bmp”图片素材，将时间轴定位到该素材的第1帧，在“效果控件”面板中单击“缩放”参数左侧的“切换动画”按钮，如图7-83所示。

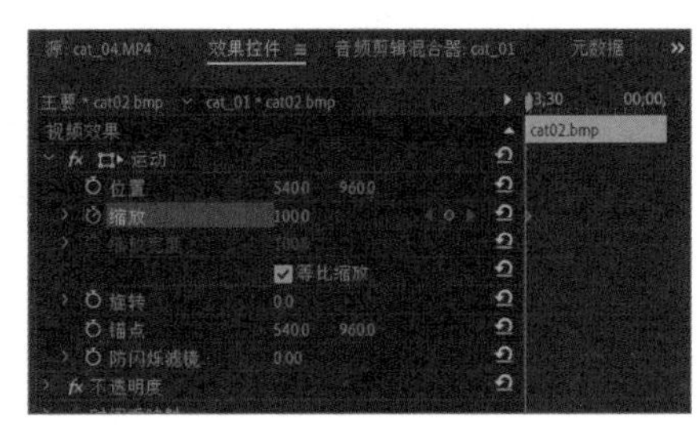

图 7-83

步骤 02 将时间轴拖曳到“cat02.bmp”图片素材的中间位置，在“效果控件”面板中将“缩放”参数的比例设置为“150.0”，表示图片素材在从第1帧播放到中间的过程中尺寸将逐渐放大为“150%”，如图7-84所示。

图 7-84

步骤 03 按相同方法为“cat03~cat05.bmp”图片素材设置相同的缩放效果，如图7-85所示。

步骤 04 选择“时间轴”面板上的最后一个图片素材，在“效果”面板中依次展开【Lumetri 预设】/【单色】滤镜，将“黑白淡化胶片 50”滤镜效果拖曳到该图片素材上，如图7-86所示。

图 7-85

图 7-86

步骤 05 将时间轴拖曳到最后一个图片素材的中间位置，在“效果控件”面板中单击所添加滤镜效果下的“曝光”参数左侧的“切换动画”按钮，如图7-87所示。

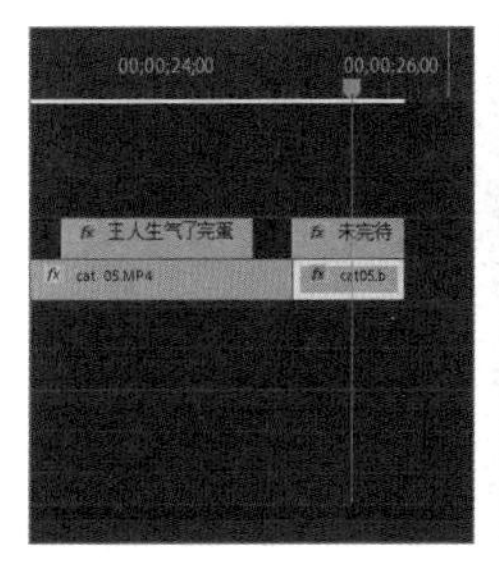

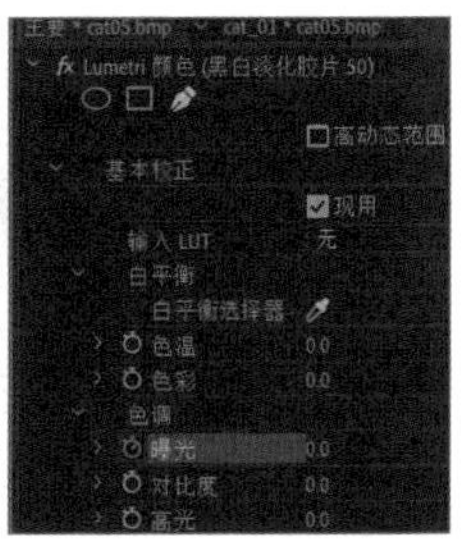

图 7-87

步骤 06 将时间轴拖曳到最后一个图片素材结束前的位置，在“效果控件”面板中将“曝光”参数修改为“-7.0”，如图 7-88 所示。

图 7-88

4. 添加音频素材并导出短视频

完成短视频内容的剪辑后，创作者就可以为短视频添加音频素材了，最后预览短视频效果，确认无误后即可导出短视频，具体操作如下。

添加音频素材并导出短视频

步骤 01 在“项目”面板中导入“音效 01~音效 03.wav”音频素材（配套资源：素材\第 7 章），如图 7-89 所示。

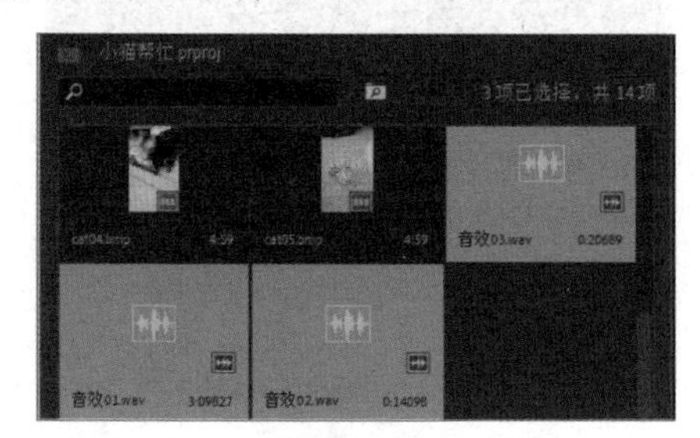

图 7-89

步骤 02 将“音效 01.wav”音频素材拖曳到“时间轴”面板的“A1”轨道上，然后将时间轴拖曳到音频素材的末尾，如图 7-90 所示。

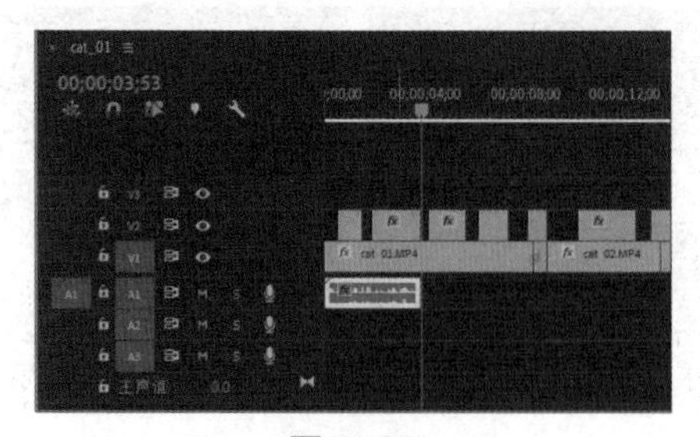

图 7-90

步骤 03 按【Ctrl+C】组合键复制选择的音频素材，按多次【Ctrl+V】组合键粘贴素材，直至音频长度超过视频长度，如图 7-91 所示。

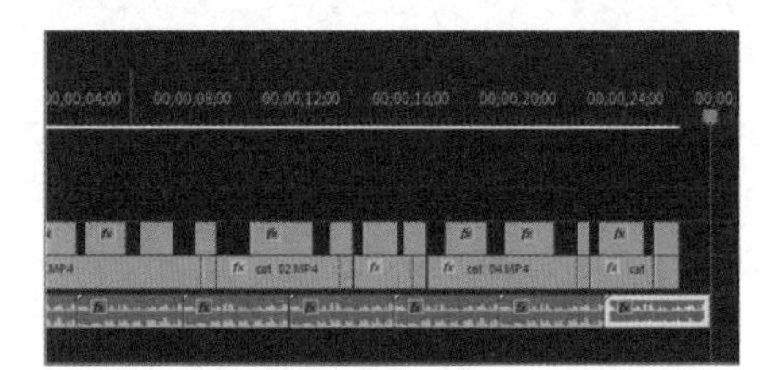

图 7-91

步骤 04 将最后粘贴得到的音频素材进行适当裁剪，使其与上方视频素材的长度对齐，如图 7-92 所示。

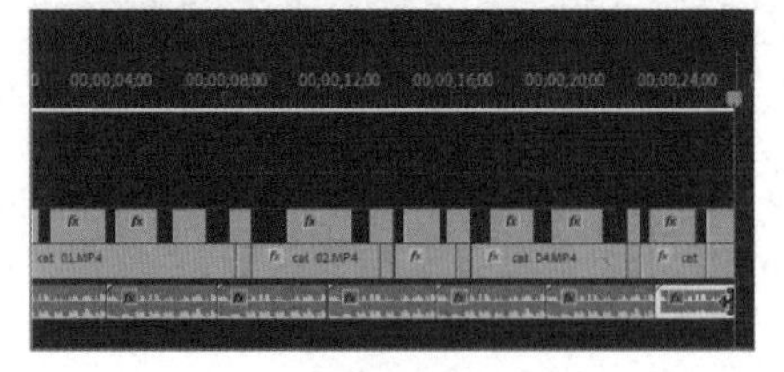

图 7-92

步骤 05 将“音效 02.wav”音频素材拖曳到“时间轴”面板的“A2”轨道上，

右端与“cat02.bmp”图片素材的右端对齐，如图 7-93 所示。

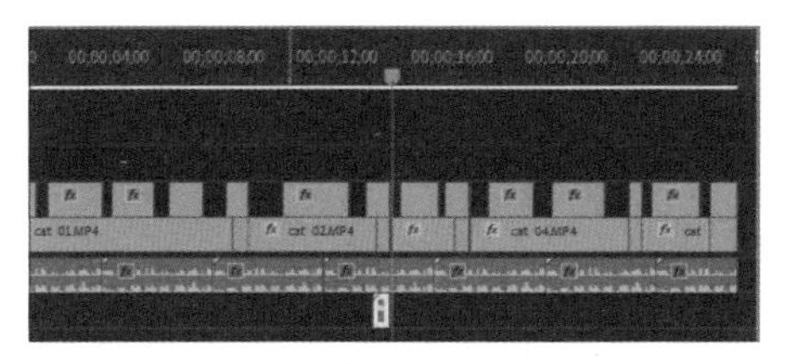

图 7-93

步骤 06 按相同方法在“cat03.bmp”和“cat04.bmp”图片素材下方添加“音效02.wav”音频素材，如图 7-94 所示。

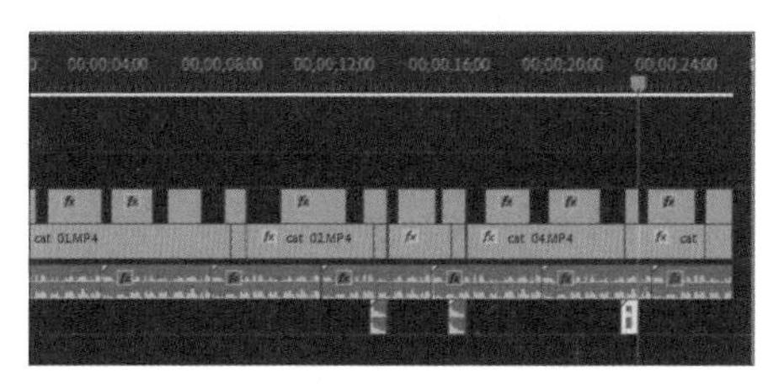

图 7-94

步骤 07 将“音效 03.wav”音频素材拖曳到“时间轴”面板的“A2”轨道上，左端与“cat05.bmp”图片素材的左端对齐，如图 7-95 所示。

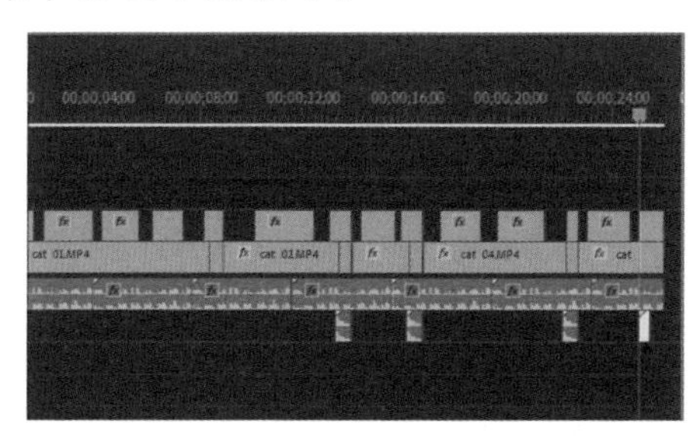

图 7-95

步骤 08 预览短视频效果，确认无误后按【Ctrl+S】组合键保存项目，然后按【Ctrl+M】组合键打开“导出设置”对话框，在“格式”下拉列表框中选择“AVI（未压缩）”选项，单击“输出名称”栏中的超链接，如图 7-96 所示。

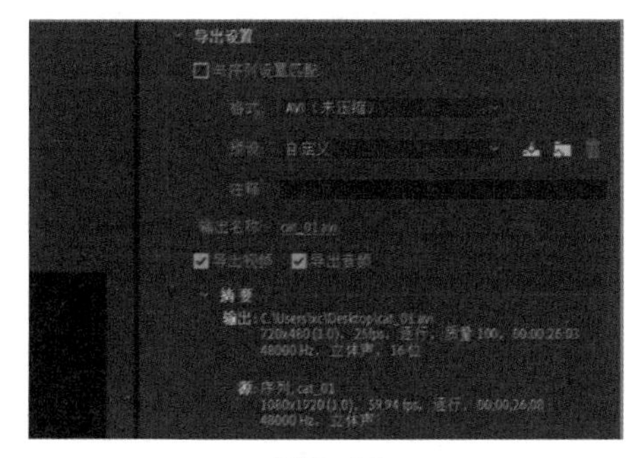

图 7-96

步骤 09 打开“另存为”对话框，在其中设置短视频导出后的保存位置和文件名称，然后单击 保存(S) 按钮，如图 7-97 所示。

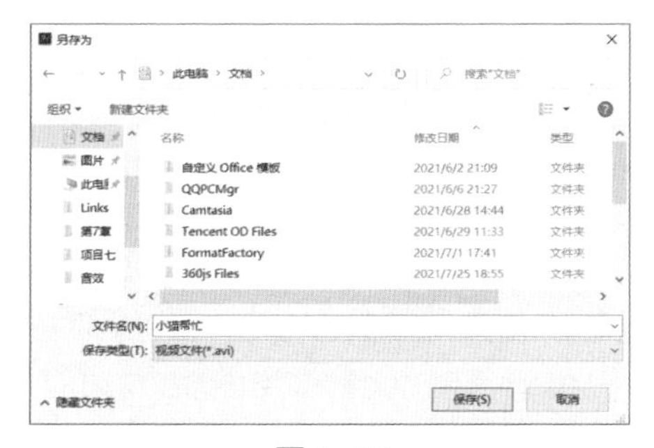

图 7-97

步骤 10 返回“导出设置”对话框，单击 导出 按钮，如图 7-98 所示。

图 7-98

步骤 11 打开显示导出进度的对话框，如图 7-99 所示，当该对话框自动关闭后便完成导出操作（配套资源：效果\第7章\小猫帮忙.avi）。

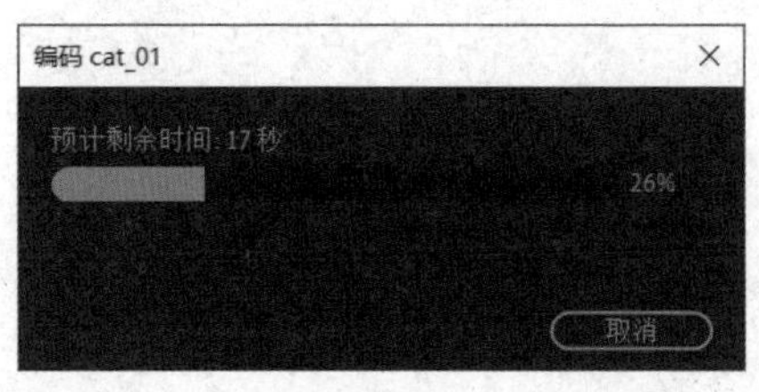

图7-99

若想在Premiere中将现有的素材分割为两部分或更多的部分，创作者只需要在“时间轴”面板上选择该素材，将时间轴移至需要分割的位置，然后按【Ctrl+K】组合键，就能以时间轴所在位置为分界线将素材分割成两部分。按照相同的操作就可以进一步将素材分割为多个部分。

7.3 使用剪映App剪辑短视频

剪映App是由抖音官方推出的一款短视频剪辑软件，它的功能非常丰富，而且整合了抖音的各类热门资源，如特效等，为喜欢在移动端剪辑短视频的创作者提供了有力的支持。

7.3.1 认识剪映App

剪映App目前支持苹果公司开发的iOS和谷歌公司开发的Android（安卓）两种操作系统，它集合了同类App的很多优点，功能齐全且操作灵活，可以在手机上完成一系列复杂的短视频剪辑操作，其主要特点如下。

- **支持一键成片：**剪映App的“一键成片”功能非常实用，只需选择短视频中的视频或图片素材就能自动生成带有音频、字幕和特效的短视频。如果对短视频不满意，还可以对生成的短视频进行编辑，非常适合新手创作者。
- **支持剪同款：**剪映App的“剪同款”功能提供了大量的热门模板，可以让创作者轻松剪辑出当下热门的短视频效果。
- **支持自动踩点：**剪映App具备“自动踩点”功能，可以根据音频的节拍和旋律，对视频进行踩点，创作者可根据这些踩点标记来剪辑短视频。
- **操作方便：**剪映App中的时间线支持双指放大/缩小的操作，十分方便。
- **音频制作自由方便：**在剪映App中，创作者可以为短视频添加合适的音效，提取其他短视频中的背景音乐，或录制旁白解说，也可以对插入的音乐进行调整和编辑。
- **调色功能强大：**剪映App具备高光、锐化、亮度、对比度、饱和度等多种色彩调节参数，这是很多短视频剪辑App所不具备的。
- **辅助工具齐备：**剪映App具备美颜、特效、滤镜和贴纸等辅助工具，这些工具不但样式很多，实际应用效果也不错，可以让剪辑后的短视频变得与众不同。
- **支持自动添加字幕：**剪映App支持手动添加字幕和自动语音转字幕功能，并且该功能完全免费。此外，创作者还可以为字幕中的文字设置样式、动画效果。

7.3.2 剪映App的剪辑功能

剪映 App 的剪辑功能非常强大，创作者在添加好素材后，点击操作界面左下角的“剪辑”按钮就可以展开“剪辑”工具栏，如图 7-100 所示，其中包含了分割、变速、音量、动画、删除、智能抠像等功能。下面对部分功能的作用和使用方法进行介绍。

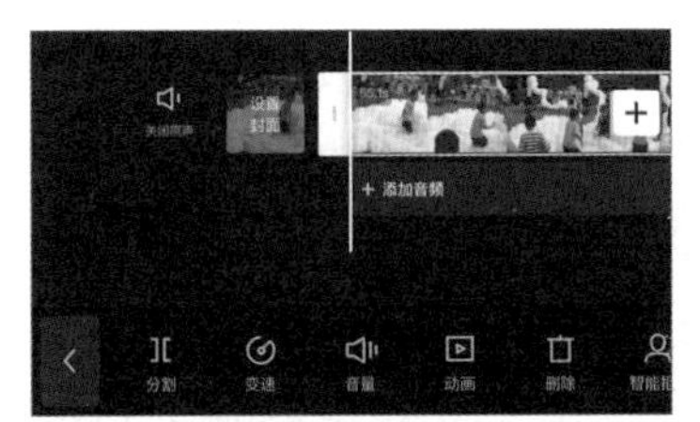

图 7-100

- **分割：**点击“分割”按钮，将以上方白色的时间轴为分界线，将素材分割为前后两个部分。
- **变速：**点击“变速”按钮，可展开“变速”栏，进行常规变速和曲线变速设置。其中，常规变速可以在“0.1~100 倍”的范围内对素材整体的播放速度进行调整，如图 7-101 所示；曲线变速则可以自定义素材各个部分的播放速度，如图 7-102 所示。

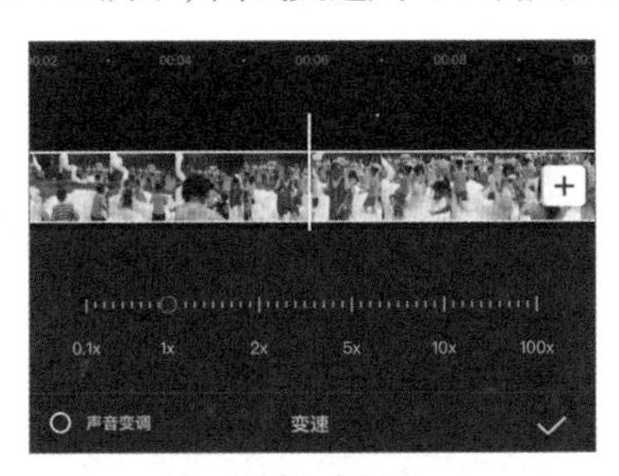

图 7-101

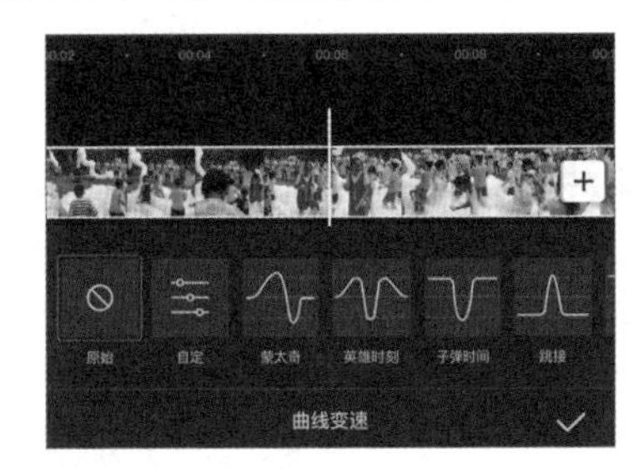

图 7-102

- **音量：**点击“音量”按钮，可在展开的“音量”栏中调节当前视频素材的音量大小。另外，点击编辑窗格左侧的“关闭原声”按钮，可以关闭所有视频素材的声音。
- **动画：**点击“动画”按钮，可展开“动画”栏，其中包括入场动画、出场动画和组合动画 3 种形式。以设置入场动画为例，点击“入场动画”按钮，将展开“入场动画”栏，在其中选择需要的动画样式，就可以将其应用到视频素材中，如图 7-103 所示。

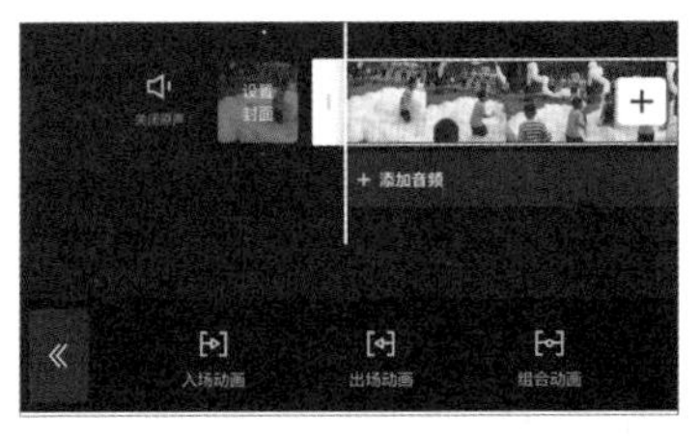

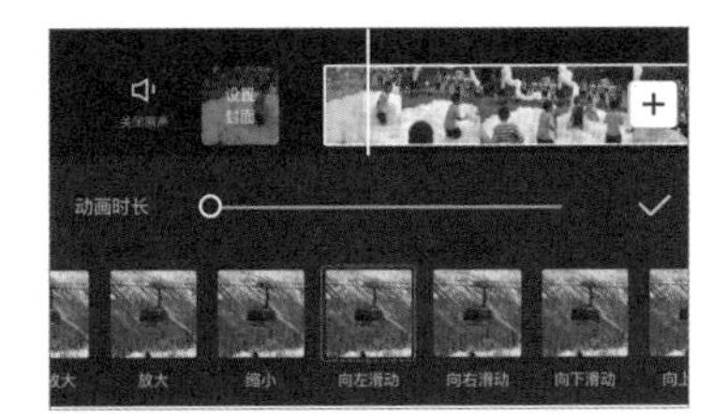

图 7-103

- **删除：**点击“删除”按钮，可删除当前选择的视频素材。
- **编辑：**点击“编辑”按钮，将展开“编辑”栏，其中包括镜像、旋转和裁剪 3 种形式，点击“镜像”按钮可以将视频素材进行镜像翻转；点击“旋转”按钮可以将视频素材按照顺时针方向进行 90° 旋转；点击“裁剪”按钮将展开“裁剪”栏，在其中选择任意一种裁剪样式，可以按所选样式中设定的比例关系裁剪视频素材，如图 7-104 所示。

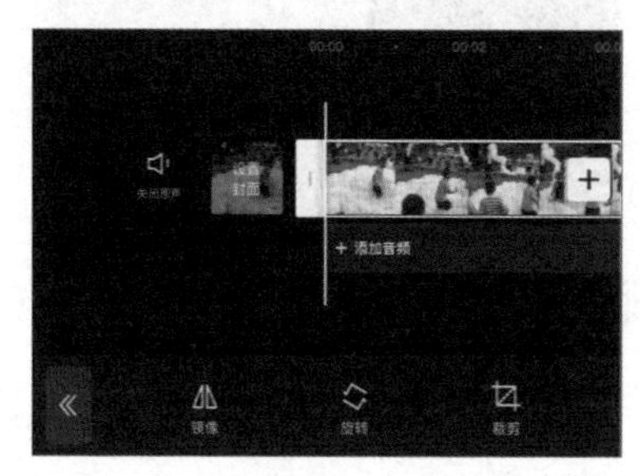

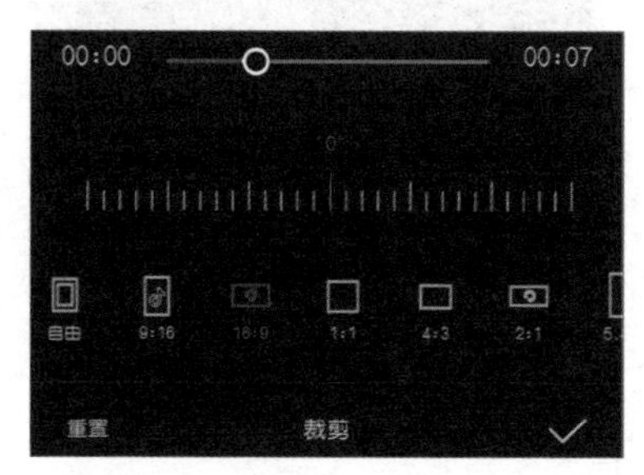

图 7-104

- **滤镜：**点击“滤镜”按钮，将展开“滤镜”栏，在其中可以快速为选择的视频素材添加滤镜效果，如图 7-105 所示。
- **调节：**点击“调节”按钮，将展开“调节”栏，利用其中的各种按钮可调节视频素材的亮度、对比度、饱和度、光感、锐化、高光等属性，如图 7-106 所示。

图 7-105

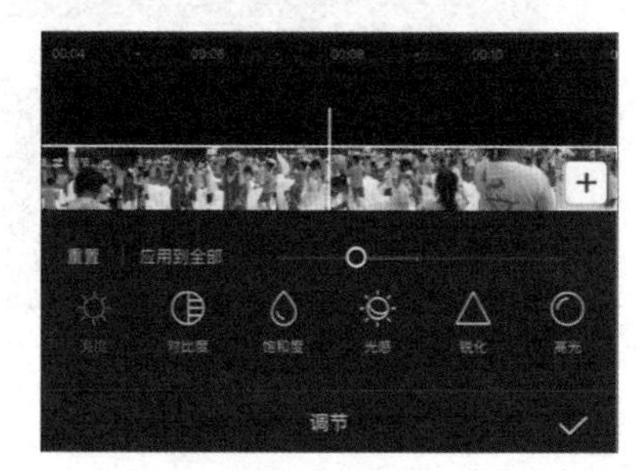

图 7-106

- **美颜：**点击“美颜”按钮，将展开“美颜”栏，其中包括磨皮和瘦脸两种功能，点击对应的按钮，通过拖曳滑块便可以对视频素材中的人物进行美颜设置，如图 7-107 所示。
- **不透明度：**点击“不透明度”按钮，将展开“不透明度”栏，在其中可以调整视频素材的不透明度，如图 7-108 所示。
- **变声：**点击“变声”按钮，将展开“变声”栏，在其中可选择不同的变声效果，如“女生”“男生”等，如图 7-109 所示。
- **降噪：**点击“降噪”按钮，将展开“降噪”栏，在其中可以根据视频拍摄环境的噪声情况来选择是否开启降噪功能，如图 7-110 所示。

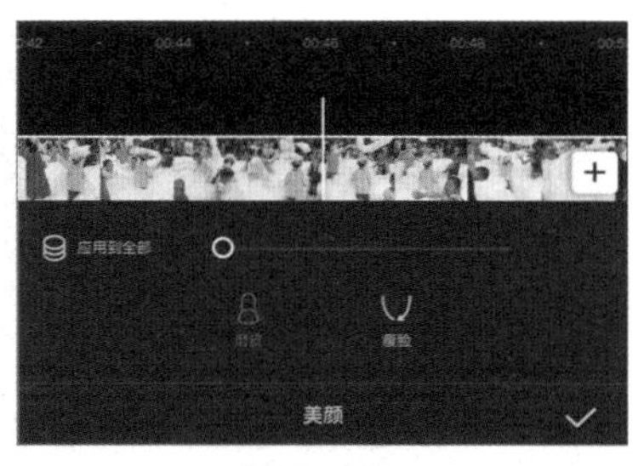

图 7-107

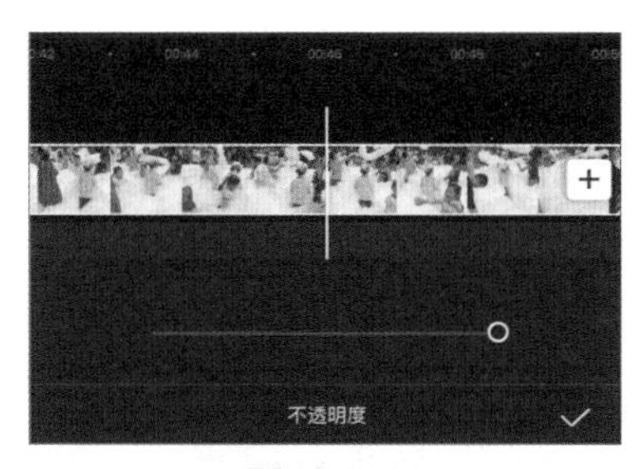

图 7-108

图 7-109

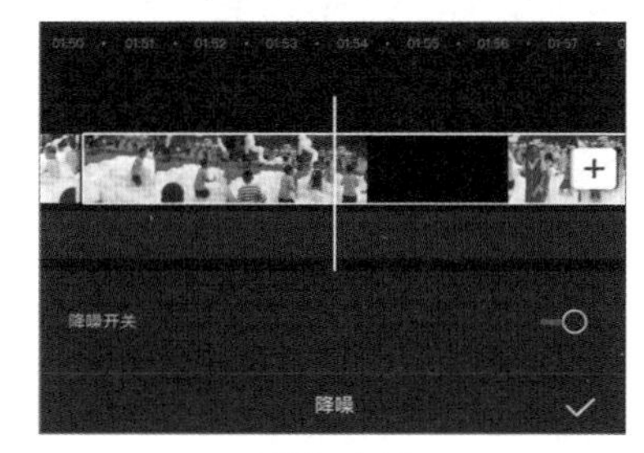

图 7-110

- **复制：** 点击“复制”按钮，可复制当前所选的视频素材，并将其粘贴到原视频素材前面。
- **倒放：** 点击“倒放”按钮，可将当前视频素材设置为倒放状态，再次点击该按钮则可正放视频。

7.3.3 在剪映App中设置音频

点击剪映 App 操作界面下方的“音频”按钮，或在编辑窗格中点击“+ 添加音频”按钮，可展开“音频”工具栏，如图 7-111 所示。其中各功能的作用和使用方法分别如下。

- **音乐：** 点击“音乐”按钮，将进入“添加音乐”界面，在其中可以试听、下载和收藏相关音乐，并将其添加到视频素材中，如图 7-112 所示。

图 7-111

图 7-112

- **版权校验：** 点击“版权校验”按钮，可对使用的音频素材进行版权校验，确保音频素材能够使用且不会产生版权问题。

- **音效：** 点击“音效”按钮，将展开“音效”栏，在其中可以下载和应用相关的音效，如图 7-113 所示。
- **提取音乐：** 点击“提取音乐”按钮，可提取手机中其他视频文件中的音频素材作为当前视频的音乐。
- **抖音收藏：** 点击“抖音收藏”按钮，可将用户在抖音中收藏的音乐应用到视频中。

图 7-113

- **录音：** 点击“录音”按钮，将展开“录音”栏，在其中可以录制声音并添加到视频中。

7.3.4 在剪映App中设置文本

点击剪映 App 操作界面下方的“文本”按钮，将展开“文本”工具栏，如图 7-114 所示，其中各功能的作用和使用方法分别如下。

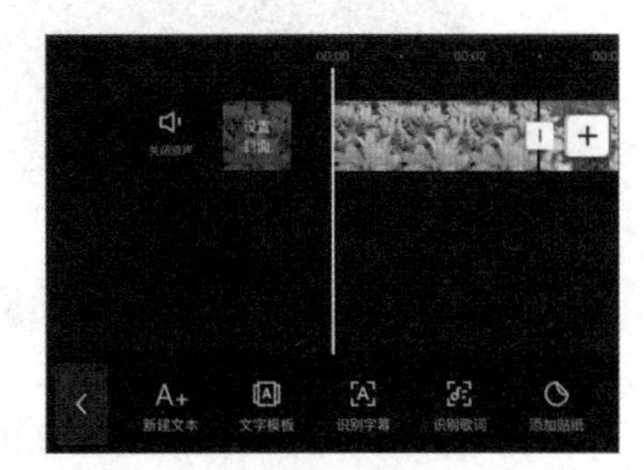

图 7-114

- **新建文本：** 点击“新建文本”按钮，将展开“文本”栏，同时在视频素材中会添加文本框，在“文本”栏中可输入文本内容，并可设置文本样式。在视频素材中点击添加的文本，可以调整其大小、位置、方向和角度等，如图 7-115 所示。

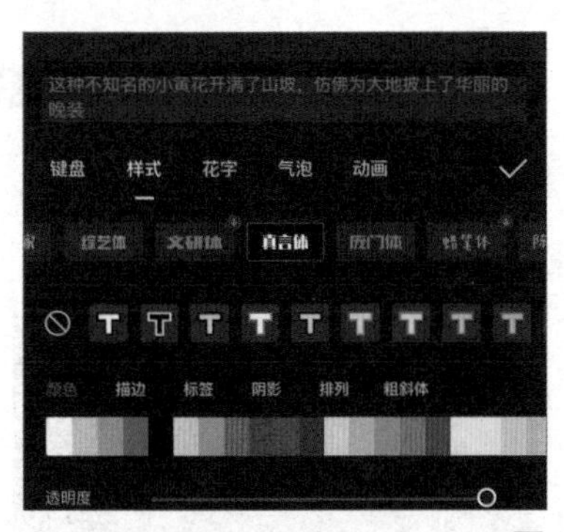

图 7-115

- **文字模板：** 点击“文字模板”按钮，可以在视频素材上添加已设置好样式和动画效果的文本对象。
- **识别字幕：** 点击“识别字幕”按钮，可自动识别视频中的音频内容，并将其转换为文本。
- **识别歌词：** 点击“识别歌词”按钮，可自动识别视频中添加的音乐的歌词。

- **添加贴纸：**点击“添加贴纸”按钮，将展开“添加贴纸”栏，在其中可以选择不同样式的贴纸并应用到视频素材中。

7.3.5 在剪映App中设置背景

点击剪映 App 操作界面下方的“背景”按钮，将展开“背景”工具栏，如图 7-116 所示，其中各功能的作用和使用方法分别如下。

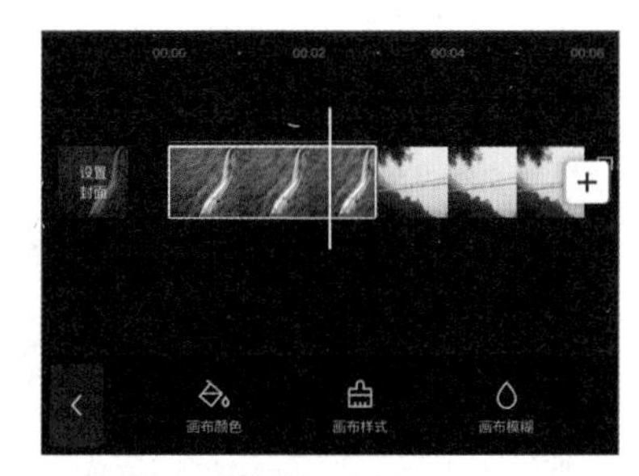

图 7-116

- **画布颜色：**点击“画布颜色”按钮，将展开“画布颜色”栏，在其中可以选择一种颜色作为短视频的背景颜色。
- **画布样式：**点击“画布样式”按钮，将展开“画布样式”栏，在其中可以选择一张图片作为短视频的背景样式。
- **画布模糊：**点击“画布模糊”按钮，将展开“画布模糊”栏，在其中可以设置短视频背景的模糊程度。

7.3.6 在剪映App中设置特效

点击剪映 App 操作界面下方的“特效”按钮，将展开“特效”工具栏，选择其中的某种特效，便可为视频素材应用所选的特效。图 7-117 所示为视频素材添加了“变秋天”的特效，视频素材中的绿色树木将逐渐变为黄色。

图 7-117

7.3.7 剪辑“吹风机”短视频

凭借着丰富的功能和快捷的操作，以及丰富的音效、特效等资源，剪映 App“俘获”了大量创作者的“芳心”，成为创作者在移动端首选的剪辑工具。下面便利用剪映 App 完成“吹风机”短视频的剪辑操作。

剪辑视频素材

1. 剪辑视频素材

在使用手机拍摄完视频后，创作者可以直接在剪映 App 中对保存在手机上的视频文件进行剪辑。下面在手机上打开剪映 App，通过添加素材、分割素材、删除素材、旋转素材、音频分离等操作，剪辑出最终的短视频作品，具体操作如下。

步骤 01 在手机上打开剪映 App，点击“开始创作”按钮+，如图 7-118 所示。

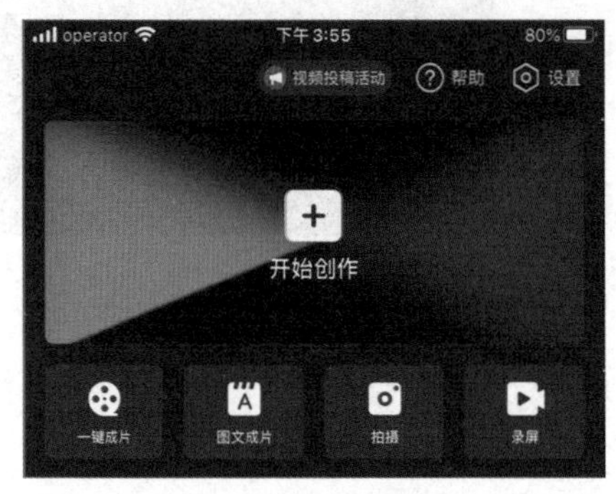

图 7-118

步骤 02 按顺序选择需要剪辑的视频素材（配套资源：素材\第 7 章\吹风机_01~吹风机_07.mp4），然后单击添加(7)按钮，如图 7-119 所示。

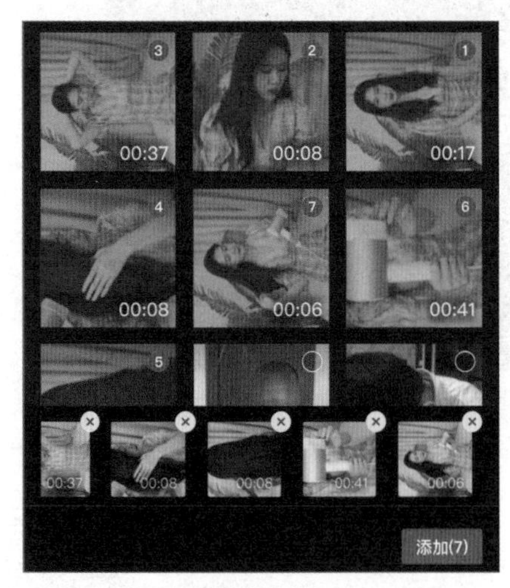

图 7-119

步骤 03 剪映 App 将按照选择视频素材的先后顺序，依次将其添加到时间轴上，选择“吹风机_01.mp4”视频素材，点击下方的“编辑”按钮，如图 7-120 所示。

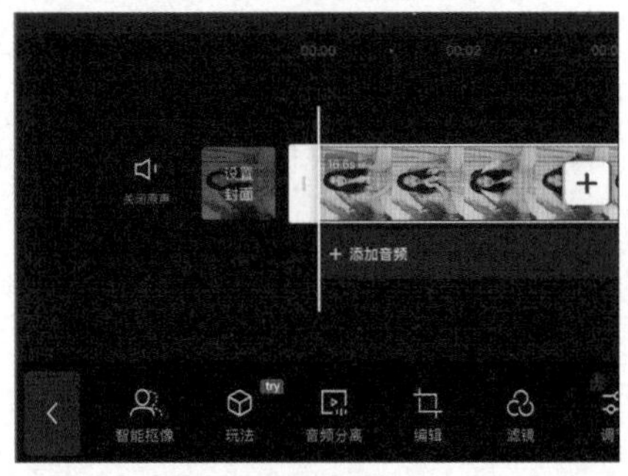

图 7-120

高手秘技

添加视频素材后，在未选择任何视频素材的前提下，点击剪映 App 操作界面下方的“比例”按钮，可在展开的“比例”栏中选择画面比例，如“9:16”是抖音上常见的竖屏画面比例，“16:9”则是横屏画面比例。

步骤 04 点击“旋转”按钮将视频素材按顺时针方向旋转 90°，然后点击左下角的“返回”按钮，如图 7-121 所示。

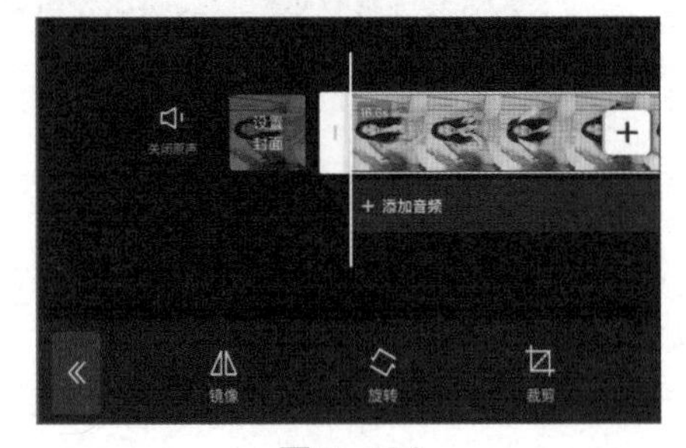

图 7-121

高手秘技

如果需要在时间轴上调整素材的位置，可选择某个素材，然后长按素材并将其拖曳到目标位置。

步骤 05 拖曳视频素材定位时间轴，点击“分割”按钮，然后选择分割出的多余的内容，点击“删除”按钮将其删除，如图 7-122 所示。

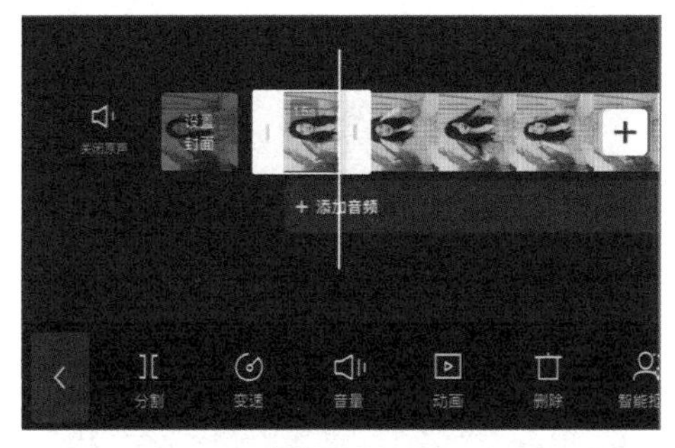

图 7-122

步骤 06 将该视频素材右侧多余的内容分割出来并删除，如图 7-123 所示。

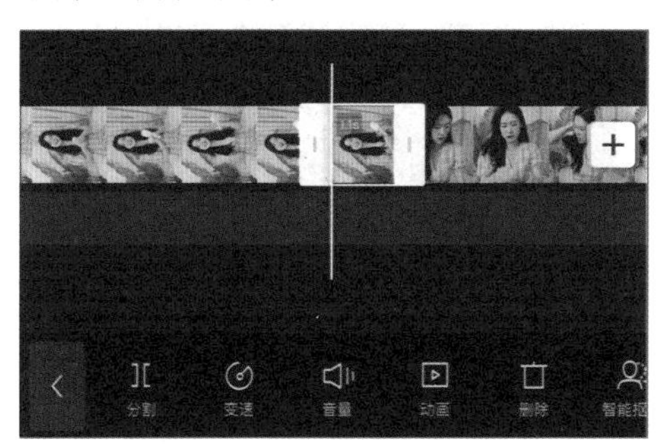

图 7-123

步骤 07 按相同方法将“吹风机 _02~ 吹风机 _04.mp4”视频素材按顺时针旋转 90°，并删除多余的内容。然后选择“吹风机 _04.mp4”视频素材，点击“音频分离”按钮，如图 7-124 所示。

步骤 08 选择分离出的音频内容，点击“删除”按钮将其删除，如图 7-125 所示。

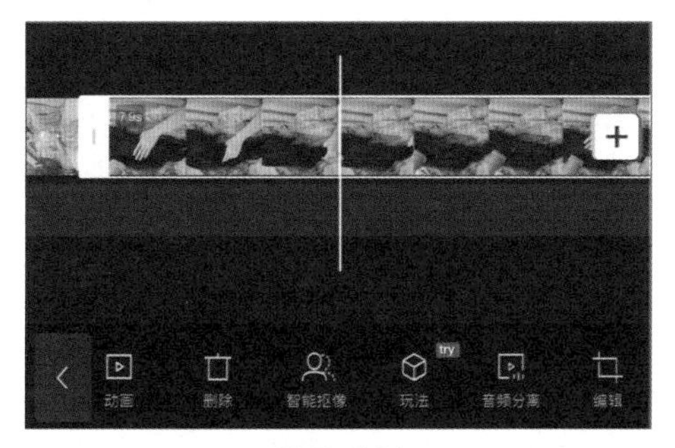

图 7-124

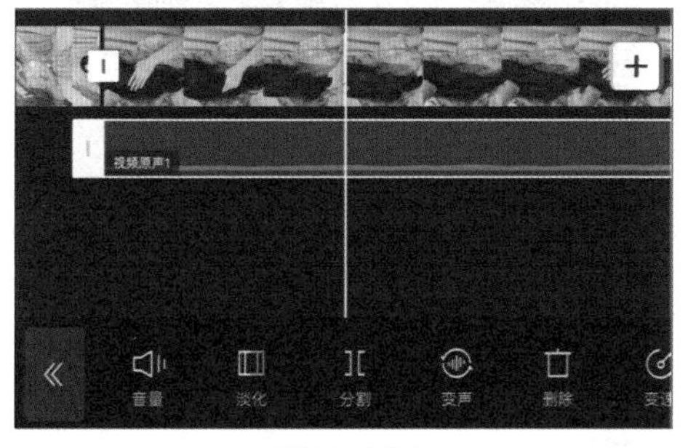

图 7-125

步骤 09 按相同的方法对“吹风机 _05~ 吹风机 _07.mp4”视频素材进行旋转，并分割、删除多余的内容。此外还需要将“吹风机 _05~ 吹风机 _06.mp4”视频素材中的音频内容分离出来并删除，最终效果如图 7-126 所示。

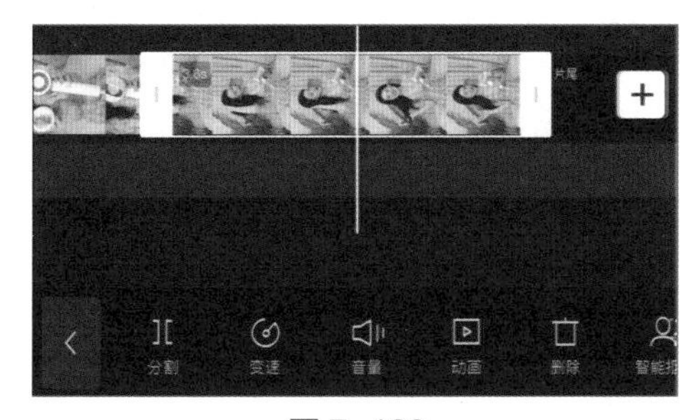

图 7-126

2. 调整视频素材

调整视频素材

在完成了短视频内容的剪辑后，考虑到短视频内容的节奏和画面的呈现等问题，创作者还需要进一步对视频素材进行一定的调整，这里主要将对视频素材进行变速（播放速度均设置为 1.5 倍）和添加滤镜操作，然后为所有视频素材应用滤镜效果，具体操作如下。

步骤 01 选择“吹风机_01.mp4”素材，依次点击“变速”按钮和“常规变速”按钮，在显示的界面中拖曳滑块至“1.5×”的位置，然后点击“确定”按钮，如图 7-127 所示。

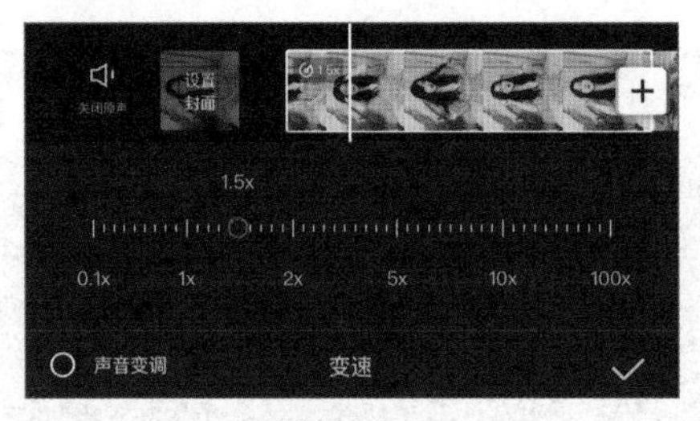

图 7-127

高手秘技

当操作有误时，创作者可以点击时间轴上方的“撤销”按钮取消操作。

步骤 02 依次将其他视频素材的播放速度设置为 1.5 倍，如图 7-128 所示。

步骤 03 选择任意一个视频素材，点击“滤镜”按钮，为视频素材应用一种滤镜效果，这里选择“精选”类型下的“气泡水”滤镜样式，并拖曳上方的滑块调整滤镜的深浅程度。然后依次点击应用到全部按钮和“确定”按钮，如图 7-129 所示。

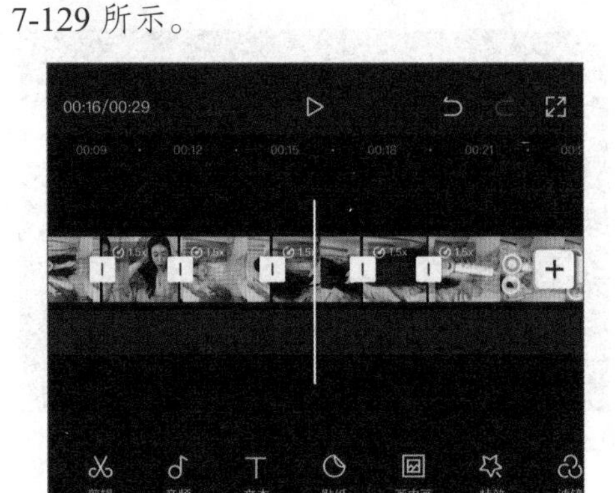

图 7-128

图 7-129

3. 添加并设置音频

添加并设置音频

在此短视频提供的 7 个视频素材中，有 4 个视频素材在拍摄时进行了解说，另有 3 个视频素材已经分离了音频内容，下面将主要为这 3 个视频素材添加并设置音频，具体操作如下。

步骤 01 在剪映 App 中依次点击“音频”按钮和“音乐”按钮，如图 7-130 所示。

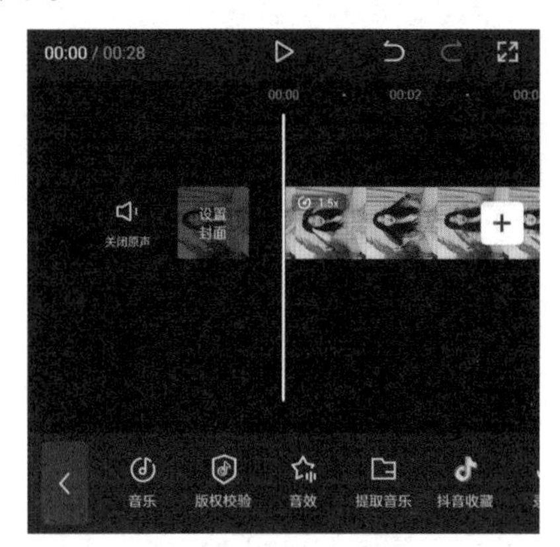

图 7-130

步骤 02 在显示的界面中点击“导入音乐”选项卡，再点击“本地音乐”按钮，此时可选择手机上的音频素材，再点击使用按钮就可将其添加到时间轴上，如图 7-131 所示。

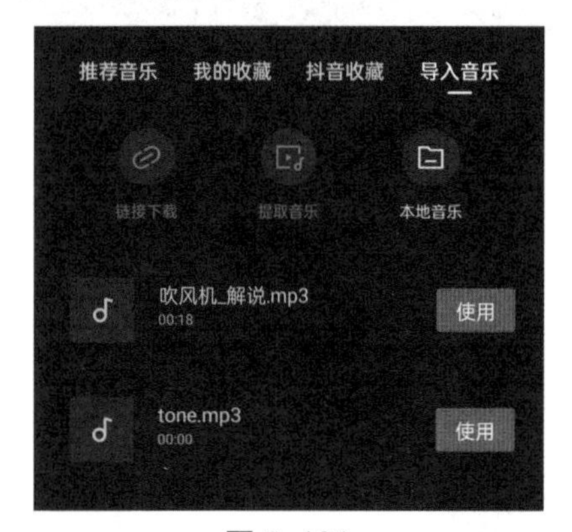

图 7-131

步骤 03 拖曳音频素材。将时间轴定位到要分割的目标位置，点击“分割”按钮，然后选择分割出的多余的部分，点击“删除”按钮将其删除，如图 7-132 所示。

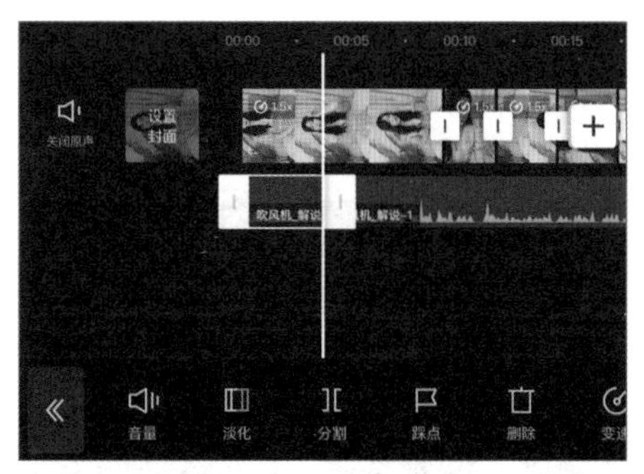

图 7-132

步骤 04 拖曳视频素材。将时间轴定位至需要添加音频的位置，然后选择音频素材，长按该音频素材将其拖曳到时间轴定位处，如图 7-133 所示。

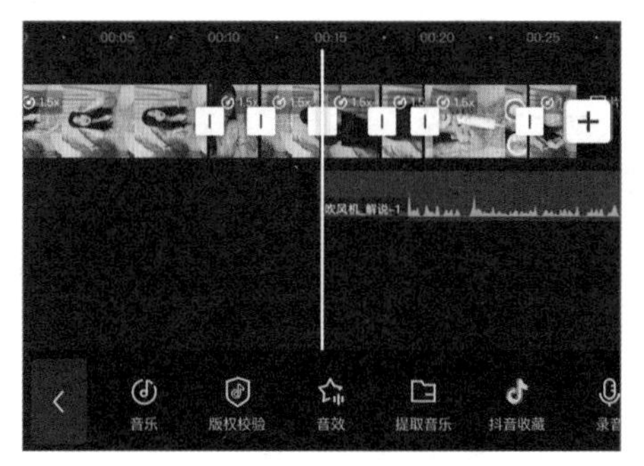

图 7-133

步骤 05 调整时间轴位置，在该处分割音频素材，然后重新定位时间轴，将剩余的音频素材移至该处，如图 7-134 所示。

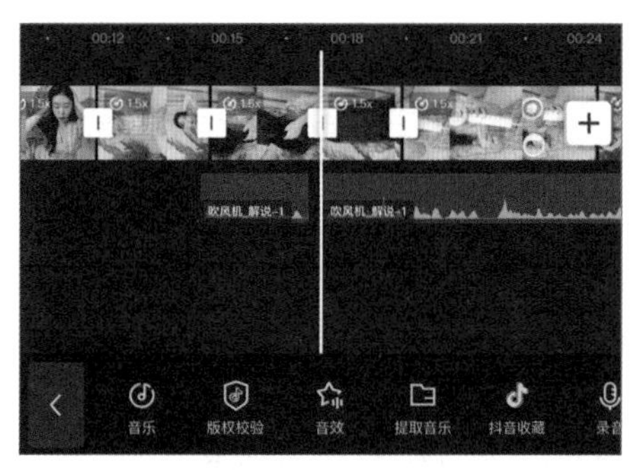

图 7-134

步骤 06 按相同的方法分割剩余的音频素材，并调整其位置，如图 7-135 所示。

图 7-135

步骤 07 选择“吹风机 _04.mp4”视频素材对应的音频素材，点击“变速”按钮，在显示的界面中拖曳滑块至“1.5×”的位置，然后点击“确定”按钮，如图 7-136 所示。

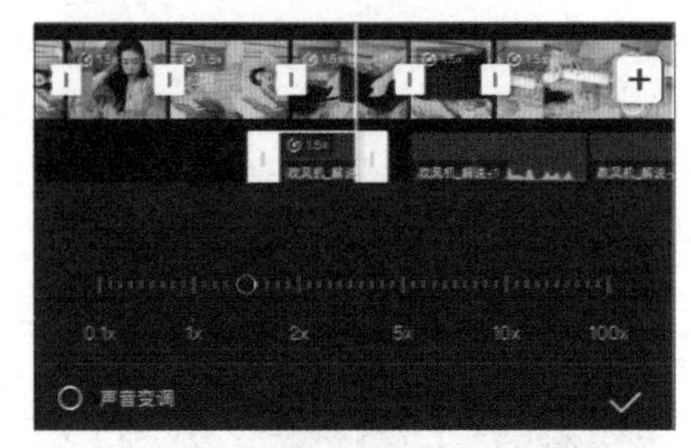

图 7-136

步骤 08 按相同的方法将其他两段音频素材的播放速度设置为 1.5 倍，并调整音频素材的位置，如图 7-137 所示。

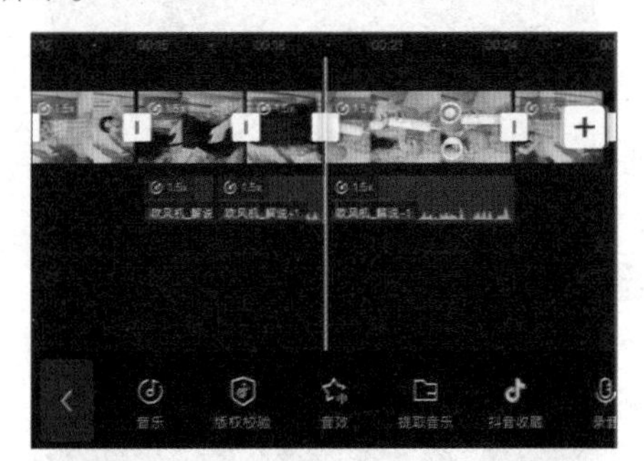

图 7-137

4. 添加并设置字幕

添加并设置字幕

由于部分视频素材中包含音频解说，因此创作者可以利用剪映 App 的“识别字幕”功能自动识别字幕内容，检查字幕内容是否正确，并对字幕的样式进行适当美化，然后手动补充没有音频解说的视频素材对应的字幕内容。最后，创作者可以在适当位置添加贴纸，让短视频更加生动形象，具体操作如下。

步骤 01 点击功能按钮上方的空白区域取消素材的选择，然后依次点击“文本”按钮和“识别字幕”按钮，在显示的界面中点击 开始识别 按钮，如图 7-138 所示。

图 7-138

步骤 02 选择自动识别出的第 1 个字幕，点击“样式”按钮Aa，如图 7-139 所示。

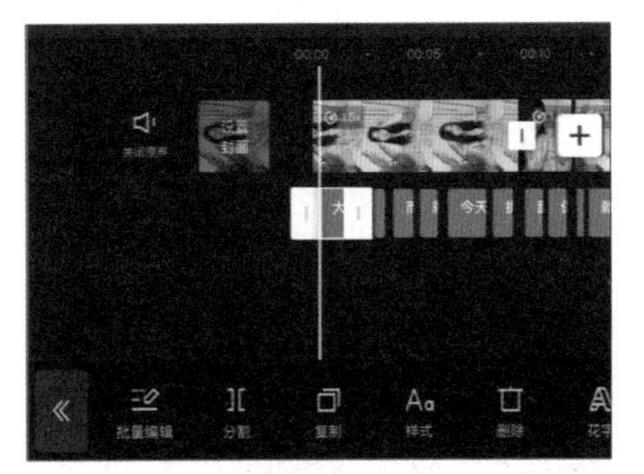

图 7-139

高手秘技

在识别出字幕后，点击“批量编辑”按钮，可在显示的界面中查看所有字幕内容，若发现有错误，可直接点击该字幕进行修改。

步骤 03 在显示的界面中选择“新青年体”字体样式，然后选择白底红边样式，最后点击“确定”按钮✓，如图 7-140 所示。

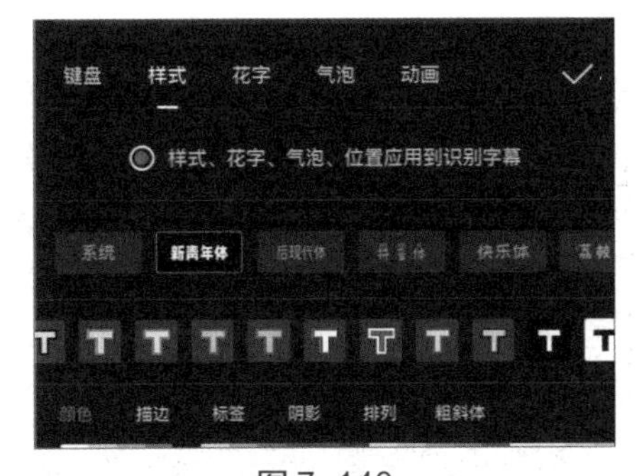

图 7-140

步骤 04 为其他字幕设置相同的样式时，若字幕超出视频画面，可拖曳视频画面中的“缩放和旋转”按钮缩小字幕，如图 7-141 所示。

图 7-141

步骤 05 将时间轴定位到“吹风机_04.mp4”视频素材的开始处，点击“新建文本”按钮A+，如图 7-142 所示。

图 7-142

步骤 06 根据视频中的解说内容输入相应的文本字幕，然后为其设置与其他字幕相同的样式，如图 7-143 所示。

图 7-143

步骤 07 按相同的方法手动为“吹风机_06~吹风机_07.mp4”视频素材添加字幕并适当调整其位置和长度（拖曳所选字幕的两端），如图 7-144 所示。

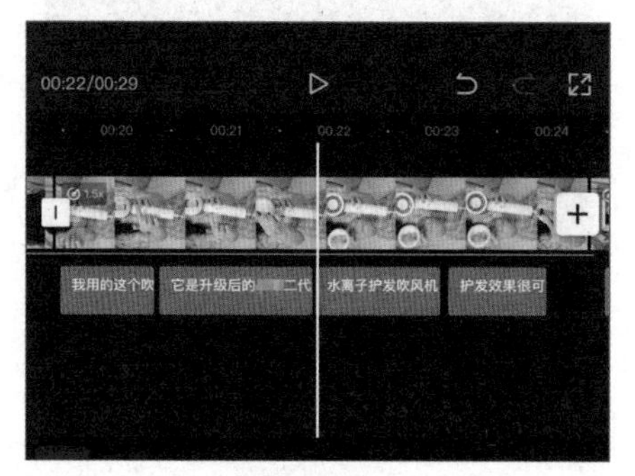

图 7-144

步骤 08 在文本编辑界面点击“添加贴纸”按钮，在显示的界面中选择某种贴纸，并在视频画面中调整贴纸的大小、位置和角度，点击“确定”按钮，如图 7-145 所示。

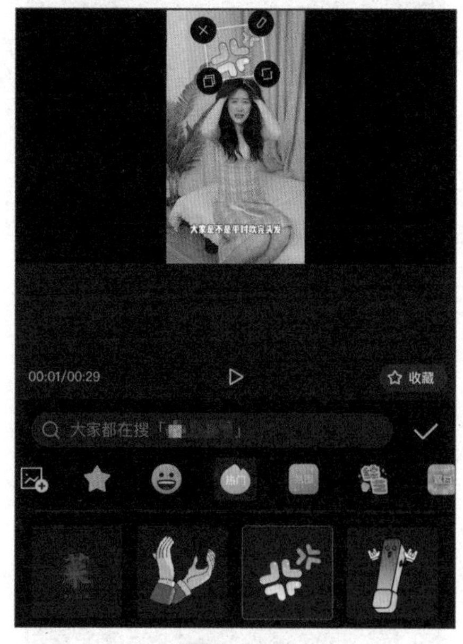

图 7-145

高手秘技

在视频画面中拖曳“缩放和旋转”按钮可调整贴纸的大小和角度。

步骤 09 在时间轴上调整贴纸的位置和长度，如图 7-146 所示。

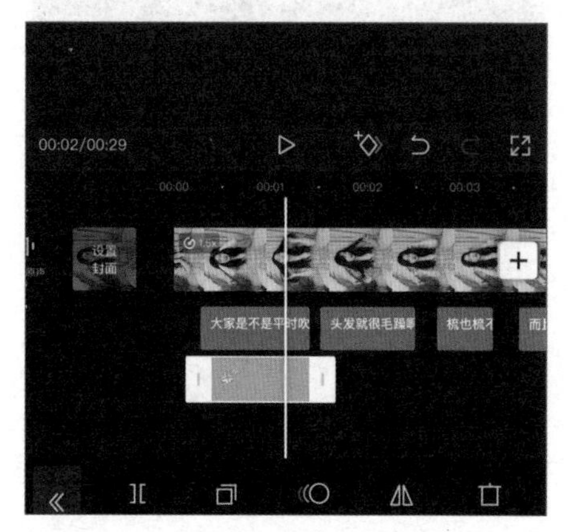

图 7-146

步骤 10 按相同的方法为短视频添加合适的贴纸，并调整贴纸在视频画面中的大小、位置和角度，以及在时间轴上的位置和长度，如图 7-147 所示。

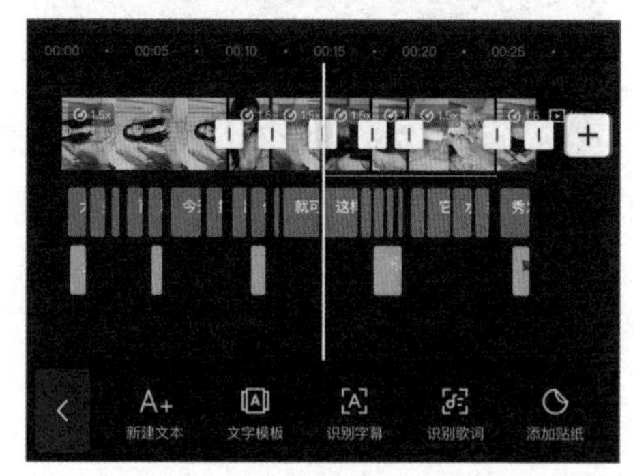

图 7-147

高手秘技

为视频素材添加贴纸时，创作者可以充分利用添加贴纸界面的搜索框，在其中不仅可以查看当前的热门贴纸，还可以搜索想要的各种贴纸，从而提高贴纸的使用和编辑效率。

5. 导出短视频

完成上述所有操作后，创作者可以预览短视频内容，若确认无误，则可以将其导出。需要注意的是，剪映 App 会自动在创建的短视频中添加片尾内容，如果不需要设置片尾，则在导出前还需要将该内容删除。下面介绍导出短视频的方法，具体操作如下。

导出短视频

步骤 01 选择短视频最后的片尾内容，点击“删除”按钮将其删除，如图 7-148 所示。

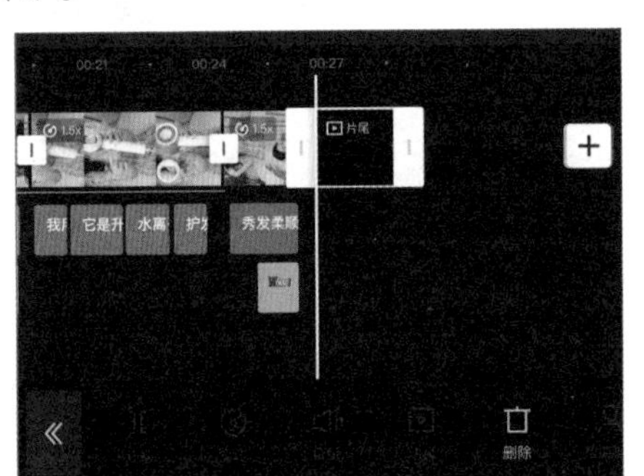

图 7-148

步骤 02 点击剪映 App 操作界面右上角的 导出 按钮，如图 7-149 所示。

图 7-149

步骤 03 剪映 App 开始导出创作的短视频，并显示导出进度，如图 7-150 所示。

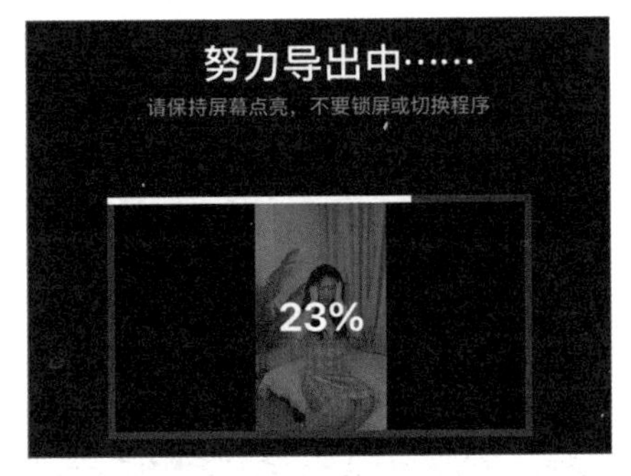

图 7-150

步骤 04 完成后将提示短视频“已保存到相册和草稿”，如图 7-151 所示（配套资源：效果\第 7 章\吹风机 .mp4）。

图 7-151

本章小结

本章讲解了短视频后期剪辑的常用工具和剪辑方法，主要包括音频剪辑工具Audition、视频剪辑工具Premiere和剪映App的应用，以及一些常见的剪辑手法。

对于短视频创作而言，如果前期的脚本和拍摄素材足够优秀，那么后期剪辑可以让最终的短视频作品“熠熠生辉”；如果前期的脚本和拍摄素材受限于各种条件而质量不佳，后期剪辑也完全有可能让短视频作品“化腐朽为神奇”。短视频后期剪辑是每一位创作者应当掌握的技能，同时，创作者也应在后期剪辑过程中发挥各种灵感和创意，提升短视频作品的吸引力。

实战演练

本次实战演练将分别使用Premiere和剪映App来剪辑两条短视频，帮助大家通过练习进一步巩固剪辑短视频的方法。

剪辑“电热锅”短视频

实战演练1 剪辑“电热锅”短视频

下面在Premiere中剪辑“电热锅”短视频，主要操作步骤如下。

步骤 01 启动Premiere，新建“电热锅”项目，如图7-152所示。

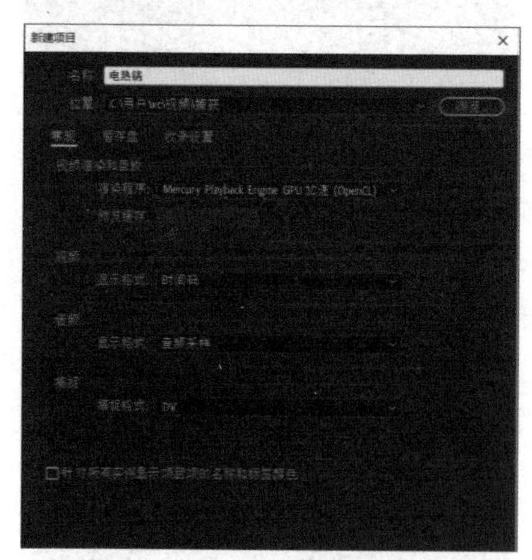
图7-152

步骤 02 在“项目”面板中导入“电热锅_01~电热锅_13.mp4”视频素材（配套资源：素材\第7章），如图7-153所示。

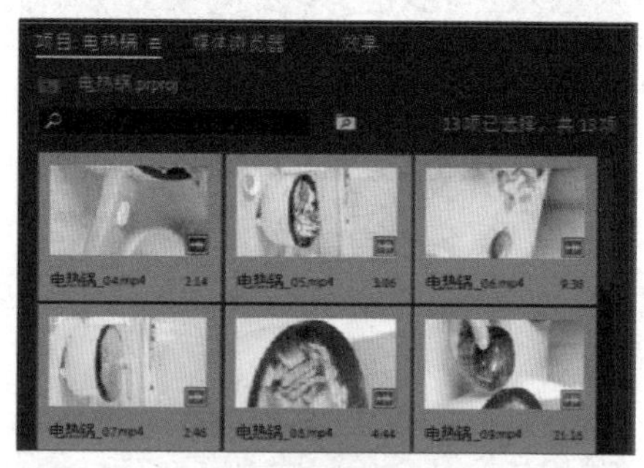
图7-153

步骤 03 将所有视频素材拖曳到“时间轴”面板中，然后选择【序列】/【序列设置】菜单命令，在打开的对话框中设置“编辑模式”为“自定义”，“帧大小”为“1080”×“1920”，如图7-154所示。

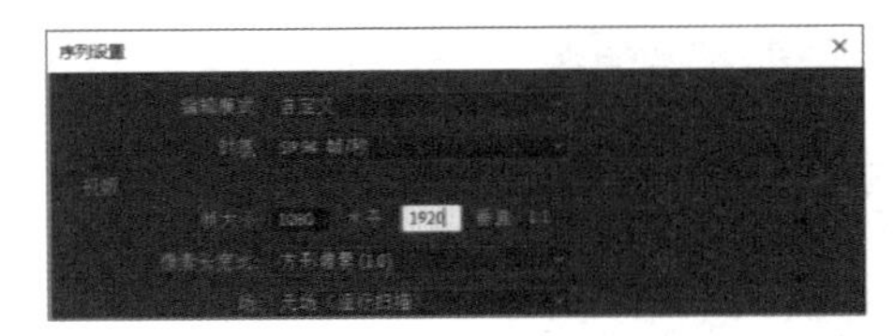

图 7-154

步骤 04 将所有视频素材的音频部分分离出来，如图 7-155 所示，并从时间轴上删除。

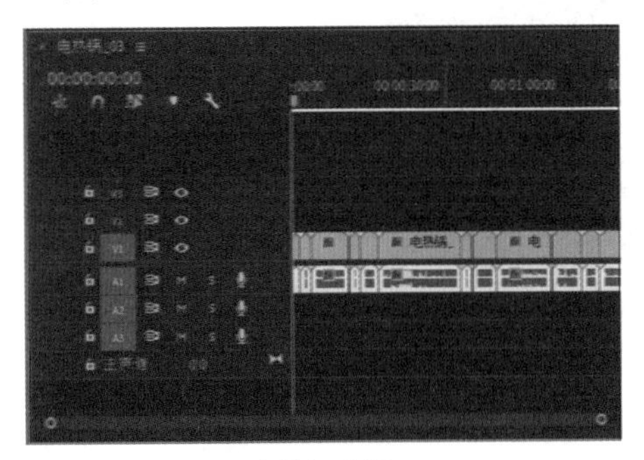

图 7-155

步骤 05 将时间轴上的视频素材按编号顺序排列在一起，如图 7-156 所示。

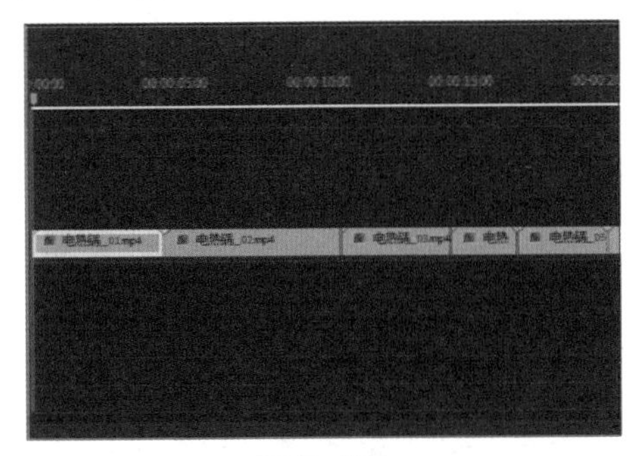

图 7-156

步骤 06 在“效果控件”面板中将“旋转”参数设置为“-90.0°”，以调整时间轴上所有视频素材的画面角度，如图 7-157 所示。

步骤 07 依次对每个视频素材的内容进行裁剪，使画面完整而紧凑，使整条短视频内容的时长保持为 20 秒，如图 7-158 所示。

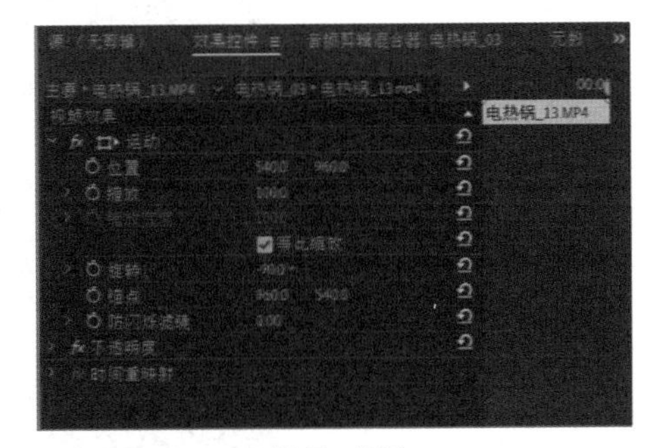

图 7-157

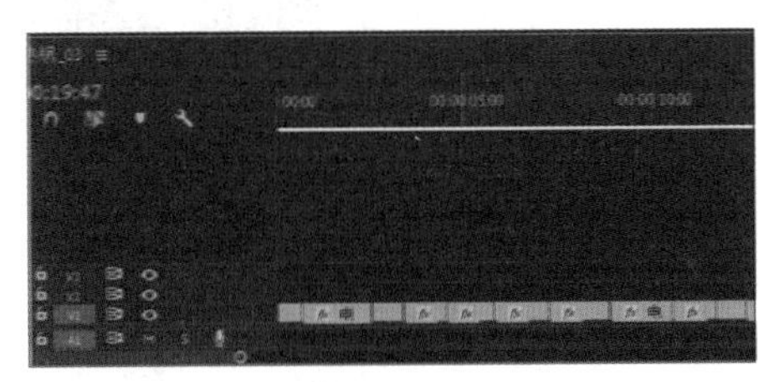

图 7-158

步骤 08 在“项目”面板中导入“电热锅 _ 背景音乐 .mp3”音频素材（配套资源：素材 \ 第 7 章），将其裁剪到时长为 20 秒，如图 7-159 所示。

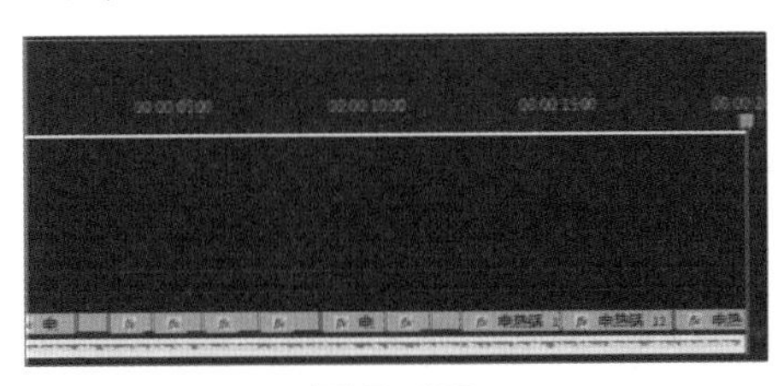

图 7-159

步骤 09 预览效果，确认无误后按【Ctrl+S】组合键保存项目，然后按【Ctrl+M】组合键打开“导出设置”对话框，设置短视频的导出格式、名称和位置，如图 7-160 所示，然后单击 导出 按钮导出短视频（配套资源：效果 \ 第 7 章 \ 电热锅 .mp4）。

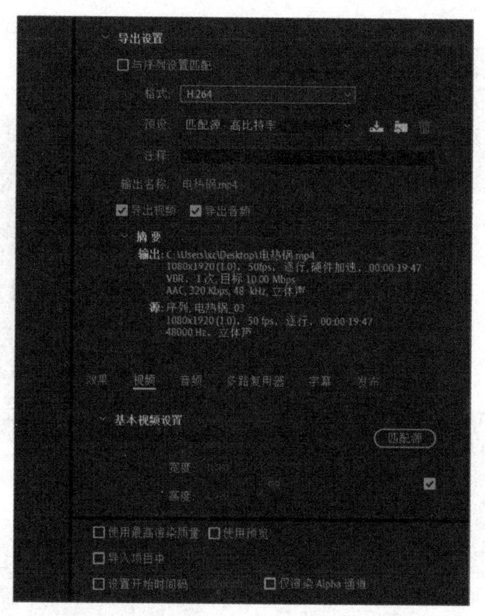

图 7-160

实战演练2 剪辑“电暖器”短视频

下面将在手机上利用剪映 App 剪辑“电暖器”短视频，主要操作步骤如下。

剪辑“电暖器”短视频

步骤 01 在手机上打开剪映 App，点击“开始创作”按钮[+]，选择需要剪辑的视频素材（配套资源：素材\第 7 章\电暖器_01~电暖器_06.mp4），然后单击下方的 添加(6) 按钮，如图 7-161 所示。

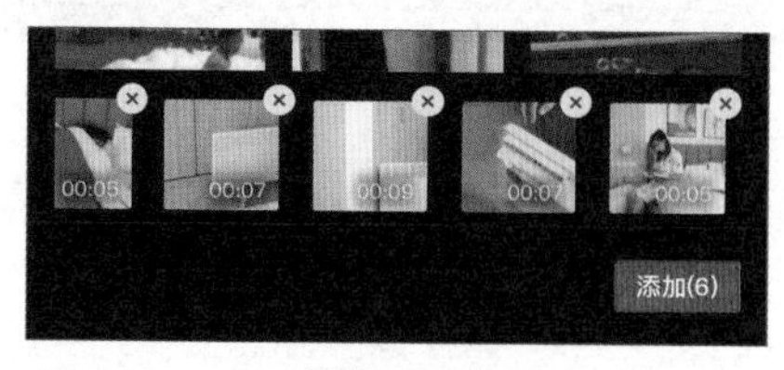

图 7-161

步骤 02 利用“音频分离”按钮将所有视频素材中的音频内容分离出来，如图 7-162 所示，并将其删除。

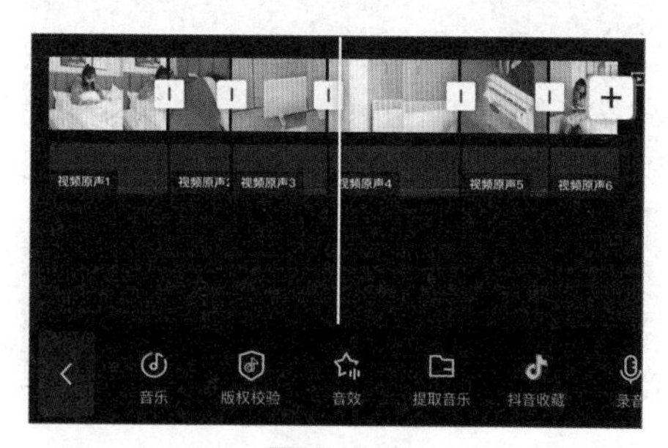

图 7-162

步骤 03 拖曳每一个视频素材两端的控制点裁剪视频素材，仅保留 3 秒的内容，然后删除剪映 App 自动添加的片尾内容，效果如图 7-163 所示。

图 7-163

步骤 04 在剪映 App 中依次点击“音频”按钮和“音乐”按钮，在显示的界面中点击“纯音乐”缩略图，选择并使用某个喜欢的音乐。然后利用“版权校验”按钮校验所选的音乐是否有版权问题，如图 7-164 所示。

图 7-164

步骤 05 拖曳音频素材两端的控制点，将音频的时长调整为 18 秒，如图 7-165 所示。

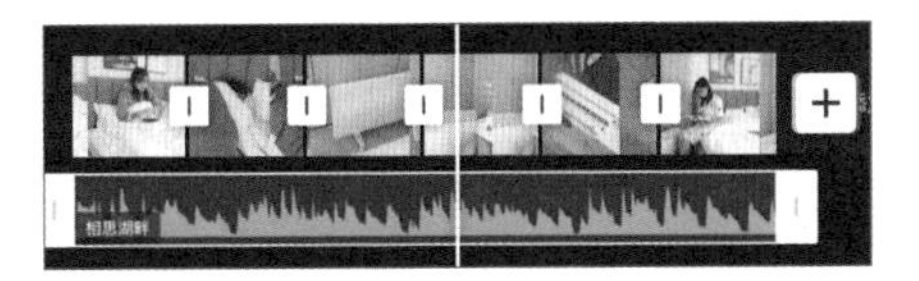

图 7-165

步骤 06 点击功能按钮上方的空白区域取消素材的选择，然后依次点击“文本”按钮和“新建文本”按钮，在显示的文本框中输入字幕内容并设置相应的样式，如图 7-166 所示。

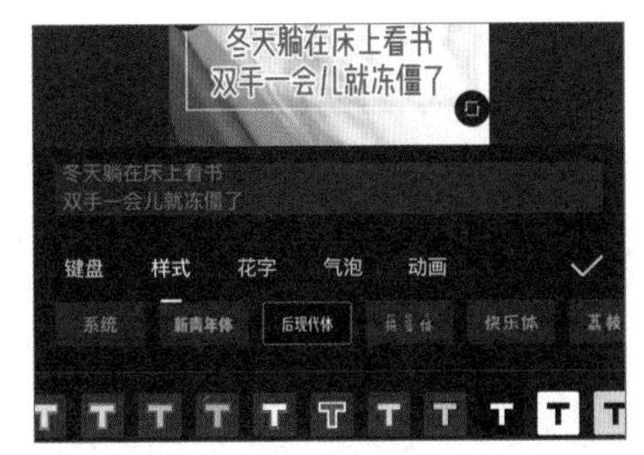

图 7-166

步骤 07 点击“动画”选项卡，选择“入场动画”类型下的“弹入”动画，拖曳下方的滑块将动画时间设置为“1 秒”，如图 7-167 所示。

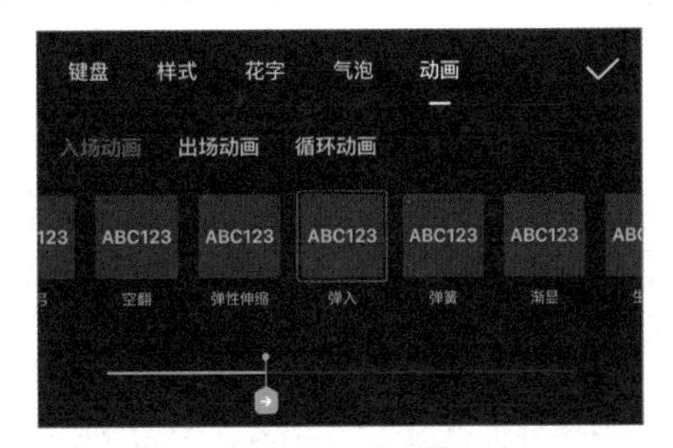

图 7-167

步骤 08 调整字幕在时间轴上的位置和长度。然后按相同方法为其他视频素材添加字幕，如图 7-168 所示。

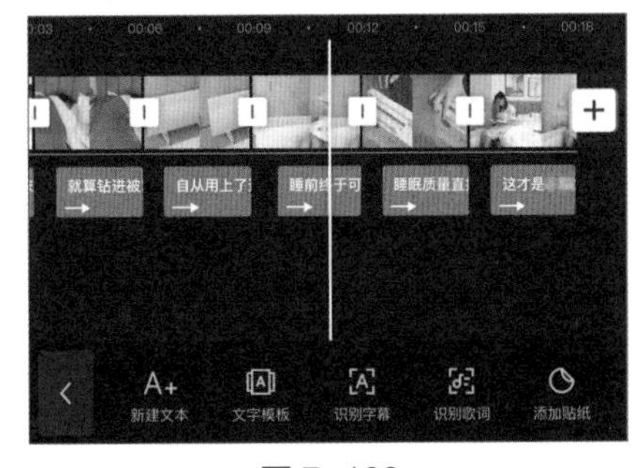

图 7-168

步骤 09 在“电暖器 _05.mp4”视频素材下再次添加字幕，设置样式，选择“音符弹跳”入场动画，并选择一种气泡效果，如图 7-169 所示。

图 7-169

步骤 10 在时间轴上调整字幕的位置和长度，并在视频画面上调整其大小、位置和角度，如图 7-170 所示。

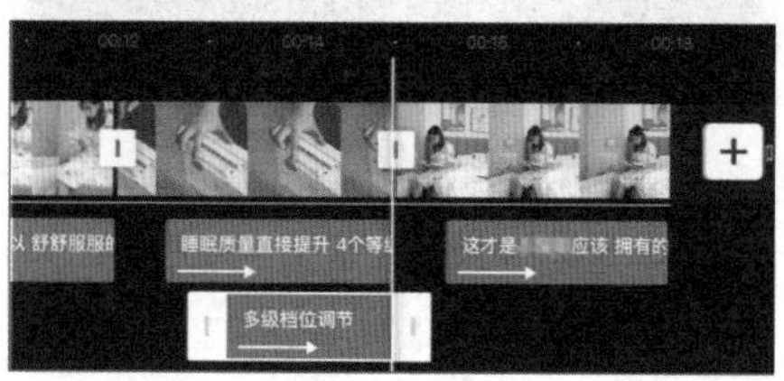

图 7-170

步骤 11 为“电暖器 _03.mp4”视频素材添加一种闪光贴图，并按图 7-171 所示进行设置。

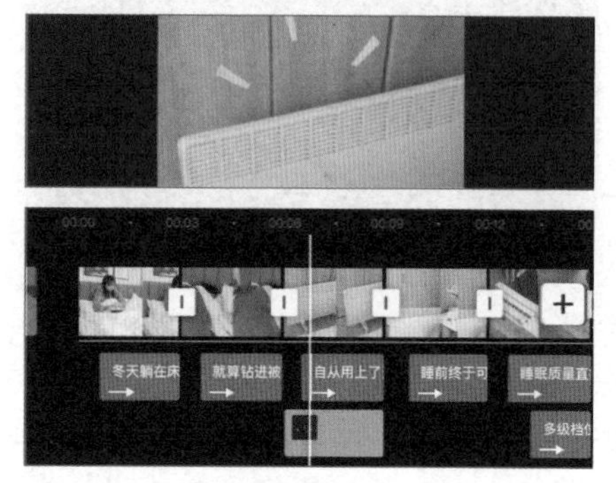

图 7-171

步骤 12 点击 导出 按钮导出短视频，如图 7-172 所示（配套资源：效果 \ 第 7 章 \ 电暖器 .mp4）。

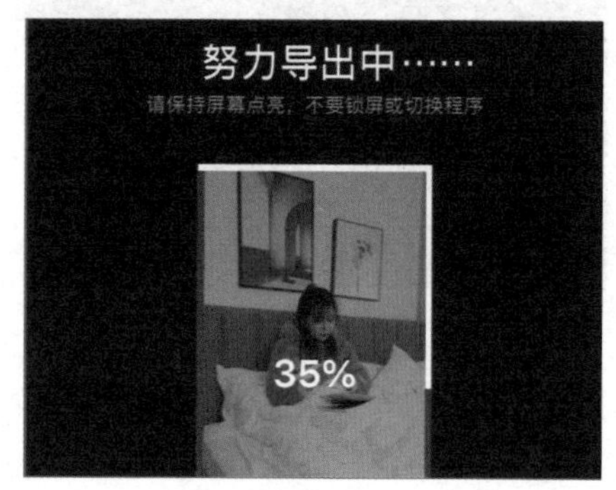

图 7-172

第 8 章
短视频发布与推广

互联网是网络时代获取信息与展开交流的最大媒介，无论信息体量的增加还是信息内容的更新，其速度都是非常快的。仅仅依靠“酒香不怕巷子深”的理论，创作者的短视频很快就会湮没在网络中。因此，为了使精心创作的短视频能够被更多的用户看到，创作者应该掌握一些关于发布和推广短视频的方法与技巧。

【学习目标】

- 掌握短视频的发布方法
- 熟悉短视频的发布技巧
- 了解短视频的推广渠道
- 了解短视频的推广技巧

8.1 短视频发布方法

不同的短视频平台有不同的短视频发布方法，但总体来看，短视频的发布方法都比较简单，即便是新手创作者也能轻松完成。下面重点介绍电商类短视频和抖音、快手等平台类短视频的发布方法。

8.1.1 发布电商类短视频

发布电商类短视频

电商类短视频的发布往往都需要在商家后台进行操作，下面以淘宝为例，介绍为产品上传主图短视频的方法，具体操作如下。

步骤 01 登录淘宝网站，单击右上角的“千牛卖家中心”超链接，如图 8-1 所示。

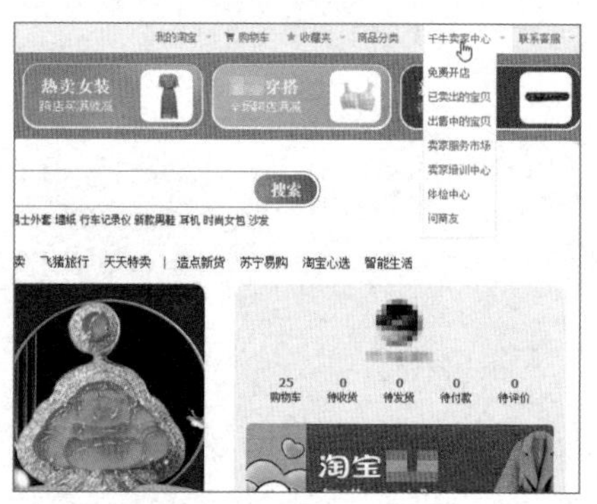

图 8-1

步骤 02 进入千牛卖家中心，选择左侧列表框中的“商品”选项，在“我的宝贝”栏中单击需上传短视频的产品右侧对应的“编辑商品”超链接，如图 8-2 所示。

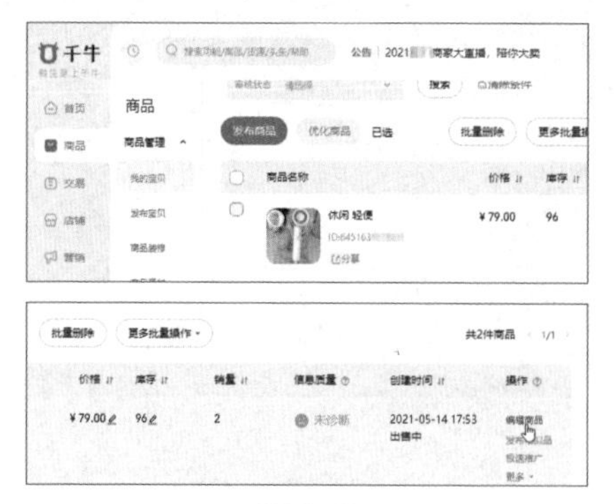

图 8-2

步骤 03 显示该产品的编辑页面，单击“主图多视频”缩略图，如图 8-3 所示。

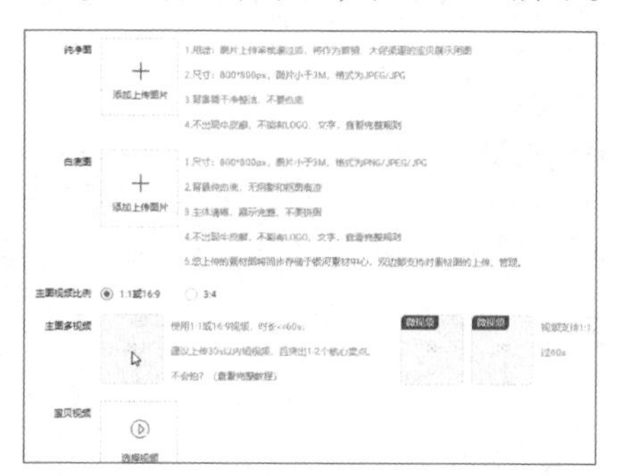

图 8-3

步骤 04 打开“选择视频”对话框，单击“主图视频”缩略图，如图 8-4 所示。

图 8-4

步骤 05 在打开的对话框中单击 上传视频 按钮，如图 8-5 所示。

图 8-5

步骤 06 打开“上传视频”对话框，单击“添加视频”缩略图，如图 8-6 所示。

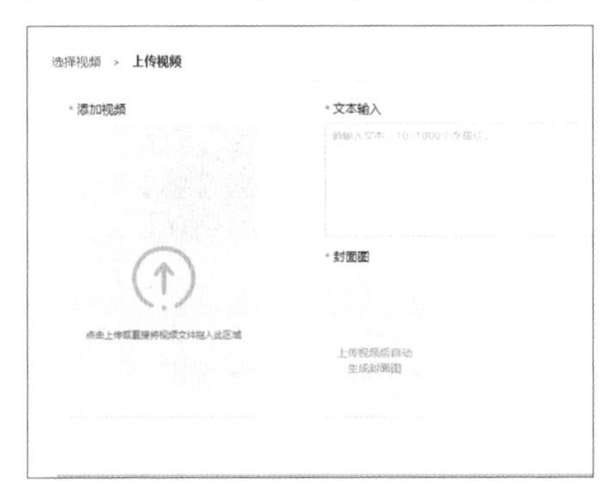

图 8-6

步骤 07 打开“打开”对话框，找到并双击需要上传的短视频，如图 8-7 所示。

步骤 08 开始上传视频，完成后在“文本输入”文本框中输入相关的介绍文本，单击 立即发布 按钮发布短视频，如图 8-8 所示。发布成功后会出现相应提示，只需待短视频通过审核后就能在商品详情页看到主图视频了。

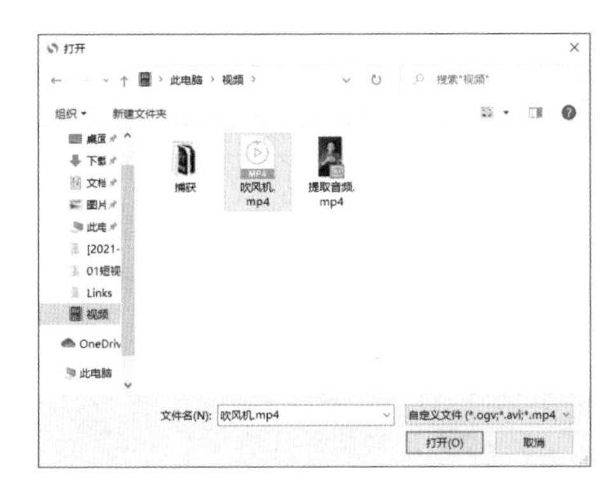

图 8-7

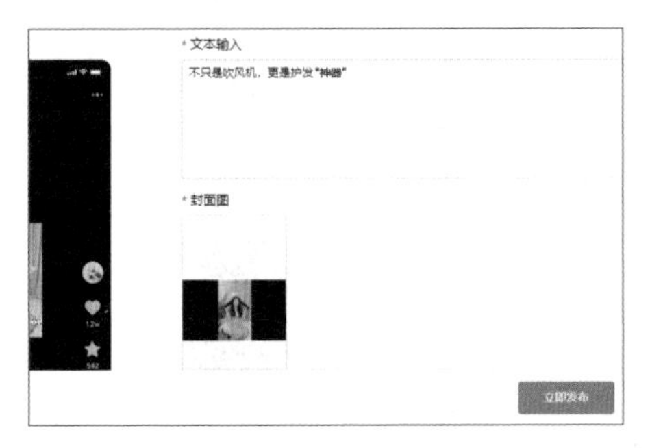

图 8-8

高手秘技

若想通过手机将主图视频上传到淘宝，创作者首先需要在手机上下载千牛 App（淘宝天猫卖家版），然后启动该 App，点击右上角的“搜索”按钮，输入“淘拍”，选择搜索结果中的“淘拍视频”选项，在显示的界面中点击“高清直发”按钮，选择需要发布的短视频，然后设置短视频封面、内容介绍和主图视频对应的产品，点击 发布 按钮就能完成发布操作。

8.1.2 发布抖音、快手等平台类短视频

发布抖音、快手等平台类短视频

抖音、快手等短视频平台都支持"拍摄—剪辑—发布"的短视频创作模式，创作者可以利用这些App拍摄并剪辑短视频，然后将短视频及时发布到相应平台上，也可以将已经创作好的短视频发布到相应平台上。下面以抖音App为例，介绍通过抖音App发布创作好的短视频的方法，具体操作如下。

步骤 01 打开抖音App，点击下方的"创作"按钮[+]，如图8-9所示。

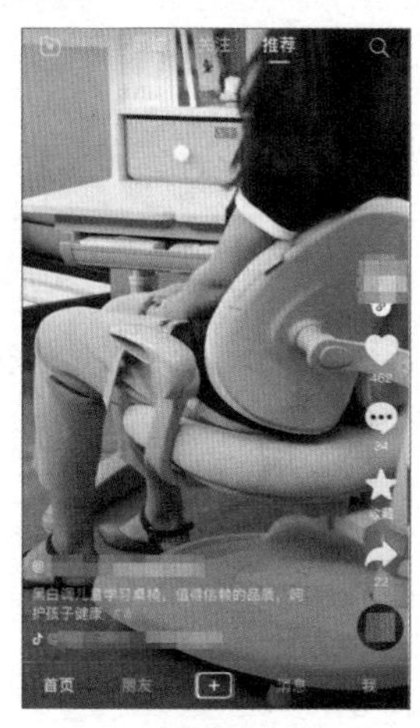

图 8-9

步骤 02 进入视频拍摄界面，点击右下方的"相册"按钮，如图8-10所示。

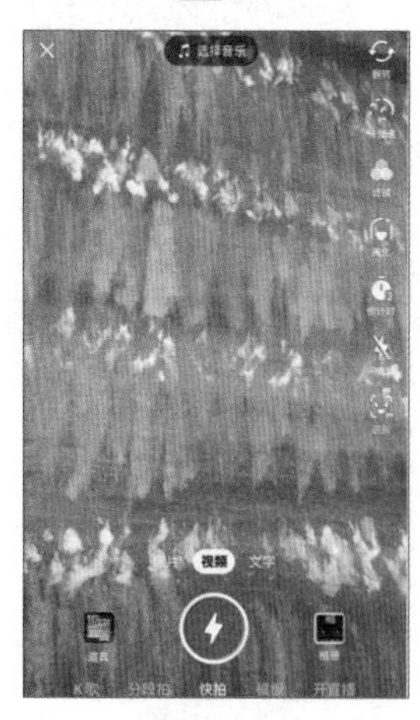

图 8-10

步骤 03 在显示的界面中点击"视频"选项卡，然后选择需要发布的短视频，并点击下一步按钮，如图8-11所示。

图 8-11

步骤 04 在显示的界面中可重新调整短视频的播放速度，这里直接点击下一步按钮，如图8-12所示。

图 8-12

步骤 05 在显示的界面中可设置音乐、文字、贴纸、特效等，这里直接点击 下一步 按钮，如图 8-13 所示。

图 8-13

步骤 06 打开短视频的发布界面，在其中可输入介绍内容、设置封面、添加话题并设置地理位置和短视频可见范围等，完成后点击 发布 按钮便可完成发布操作，如图 8-14 所示。

图 8-14

8.2 短视频发布技巧

光学会短视频的发布方法是完全不够的，创作者还应该掌握各种发布技巧，让自己的短视频能够被更多用户注意，能够更契合短视频平台的推荐机制，从而得到更多被推荐的机会。

8.2.1 设计吸睛的短视频封面

微课视频

短视频封面是短视频的重要组成部分，但有些创作者对封面没有引起足够的重视，往往会使用默认的短视频封面设置。实际上，好的封面能有效吸引用户的注意力，让用户情不自禁地点开短视频观看。

既然短视频封面的作用如此重要，那么创作者应该如何设计出吸睛的封面呢？下面介绍一些常用的封面设计技巧。

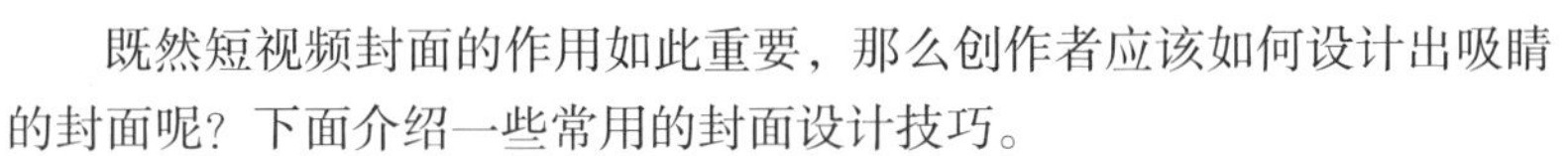

1. 设置悬念

无论内容还是封面，设置悬念都是一种能有效吸引用户的手段。就封面而言，通过画面中呈现出的内容并结合一定的文字说明，创作者可以设计出一种充满悬念的氛围，充分调动用户的好奇心。当用户看到这个封面后，就会忍不住点开短视频，以满足自己的好奇心。

例如，某条短视频的内容是外国人第一次品尝上海灌汤包的情形，该视频的封面选择了外国人拿着盛有灌汤包的器皿反复研究，无从下口的画面，并配上文字“被烫到了吗？”，这里设置的悬念就是外国人吃下灌汤包后究竟有没有被烫到，如果被烫到了他会有什么样的反应。

又如，某抖音“粉丝”上千万的创作者，其前期并没有为视频封面设置悬念，而是采用平铺直叙的方式进行表达，后来形成了自己的创作风格后，对封面重新进行了设计，每次都使用“当我用 ×× 的语气跟我妈说话时”的文案加上黑底图片的固定模式，一方面统一了作品风格，另一方面设置了悬念，让用户非常想知道采用这种语气说话后会产生什么样的结果。图 8-15 所示便是该创作者前后两种封面设计风格的点赞量对比，很明显具有悬念的封面得到了更多用户的喜欢。

图 8-15

2. 制造视觉冲击

除了设置悬念外，使用具有视觉冲击力的封面也是一种吸睛的方法。那么如何才能让封面具有视觉冲击力呢?

首先，创作者可以对选择的短视频封面进行一定的加工、美化等再创作，配合夸张、对比等手法，人为制造出具有视觉冲击力的封面。图 8-16 所示便是创作者通过再创作将人物缩小，将物品放大，形成与现实的反差，使封面具备了一定的视觉冲击力。

另外，创作者也可以根据自己创作的短视频内容来有针对性地设计具有视觉冲击力的封面。例如，美食类短视频的创作者可以将封面设计为令人垂涎欲滴的美食的图片；绘画、手工等领域的创作者可以充分对成品图片进行优化，将其设计成让人拍案叫绝的封面；体育领域的创作者则可以抓取惊心动魄的运动瞬间作为封面等，如图 8-17 所示。

旅游、探险等短视频的创作者可以充分抓住“猎奇”这个吸引点，通过封面让用户看到平时无法或很少看到的画面，使用户产生打开眼界的感觉，如图 8-18 所示。

图 8-16

图 8-17

图 8-18

3. 展现故事性

如果受限于短视频内容，无法设置具有悬念或视觉冲击力的封面，创作者还可以考虑利用画面和文字来设计带有故事性的封面，通过调动用户的情绪、引发用户精神上的共鸣来吸引用户。例如，一条短视频封面的画面是医院里多名医护人员抢救一位严重烧伤的伤员的画面，文字内容介绍是“平民英雄王锋闯火海救出邻居 20 多人，自己却被烧成‘碳人’，因伤情严重离世”，如图 8-19 所示。这条短视频本来仅凭画面就非常引人注意，加上文字描述，更会强化短视频将要展现的内容，让看到的人无不惋惜、称赞，进而通过快速的传播效应向社会散发出强大的正能量。

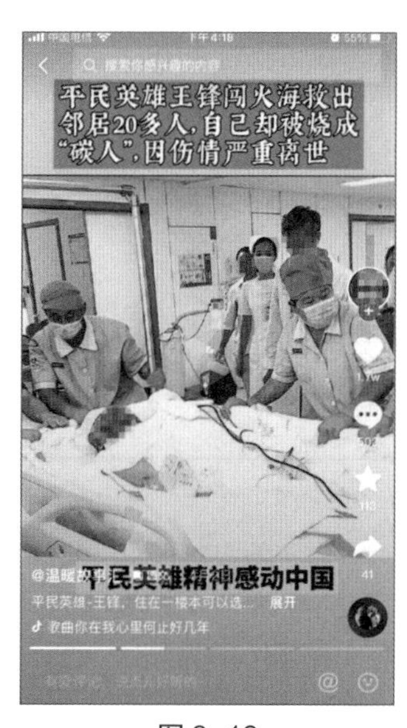

图 8-19

高手秘技

无论使用哪种思路或技巧来设计封面，创作者都应该确保以下几点：①画面清晰；②构图美观；③文字样式美观；④文字大小合适；⑤内容简单易懂。

8.2.2 发布短视频时“蹭”热点

热点就是当下人们普遍关注的热门新闻、话题、事件等，创作者在发布短视频时，如果能够尽可能地“蹭”到一些热点，无疑会提高短视频被平台推荐、被用户分享的概率。

发布短视频时
“蹭”热点

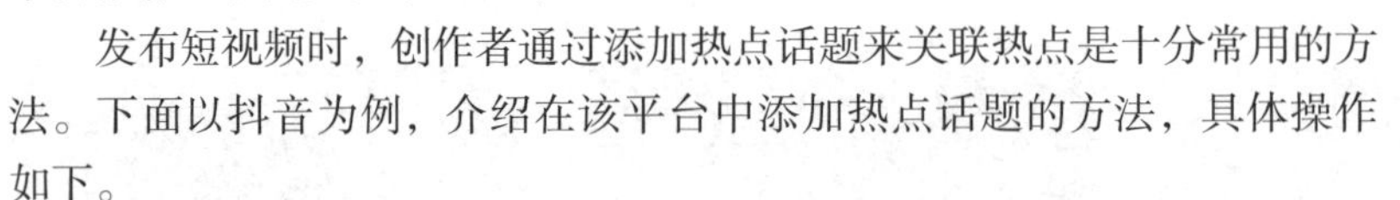

发布短视频时，创作者通过添加热点话题来关联热点是十分常用的方法。下面以抖音为例，介绍在该平台中添加热点话题的方法，具体操作如下。

步骤 01 在抖音中选择需要发布的短视频并进入发布界面，点击 #话题 按钮，如图 8-20 所示。

图 8-20

步骤 02 抖音会自动根据短视频内容显示相关的热点话题及其播放量，如图 8-21 所示。创作者可以根据短视频的实际情况选择某个热点话题。

图 8-21

步骤 03 此时所选热点将添加为短视频的介绍文本，如图 8-22 所示。

图 8-22

步骤 04 按相同的方法为短视频添加更多合适的热点话题，如图 8-23 所示。待短视频发布后，抖音便会根据算法向喜欢这类热点话题的用户推荐此短视频。

图 8-23

高手秘技

需要注意的是，创作者应该尽量避免添加与短视频内容无关的热点话题。如果短视频内容与当前热点话题没有任何关联，创作者则可以为短视频添加热点音乐、热点特效、热点贴图等，通过这种方式提升短视频自身的热度。

8.2.3 其他短视频发布技巧

除了封面设计、关联热点之外，短视频发布还有一些常用技巧。下面以抖音为例进行简单介绍。

1. 写好短视频介绍

在发布短视频时，创作者需要在发布界面填写短视频介绍，以帮助用户快速了解短视频的内容。

就抖音而言，好的短视频介绍可以立刻抓住用户的眼球，让用户在极短的时间内做出观看短视频的决定。那么，如何写好短视频介绍呢？创作者主要可以从“引导”“悬念”“互动”3 个方面着手，如图 8-24 所示。

图 8-24

2. 发布频率

一般来说，短视频作品质量高、制作精良的创作者，花费的创作时间往往更长，因此其发布短视频的频率相对更低。而普通的创作者则可以每日都发布短视频，且数量可以达到两条及以上。

总的来说，短视频发布频率应当视创作者创作的内容而定，但发布频率确定后尽量不要随意调整，以免影响用户养成观看习惯。

高手秘技

需要维持账号热度的创作者应尽量做到每天发布短视频，实在无新内容可发布时，也应该发布与粉丝互动的短视频，如回复粉丝留言等，以提高账号的活跃度和关注度。

3. 发布时间

发布时间对短视频的影响较大，创作者选择合适的时间发布短视频，有助于短视频获得更高的播放量、点赞量、分享量等。

因此，为了在最佳时间发布短视频，创作者可以分析不同平台用户的活跃时间分布情况，具体可以利用专门的短视频数据分析工具来查看，如飞瓜数据等。图 8-25 所示为某创作者在抖音上分析关注了自己账号的用户的活跃时间，从中可以明显看出用户在一天中的活跃时间分布情况和一周的活跃时间分布情况。创作者只要选择用户活跃度最高的时间发布自己的短视频，就可能获得更好的短视频发布效果。

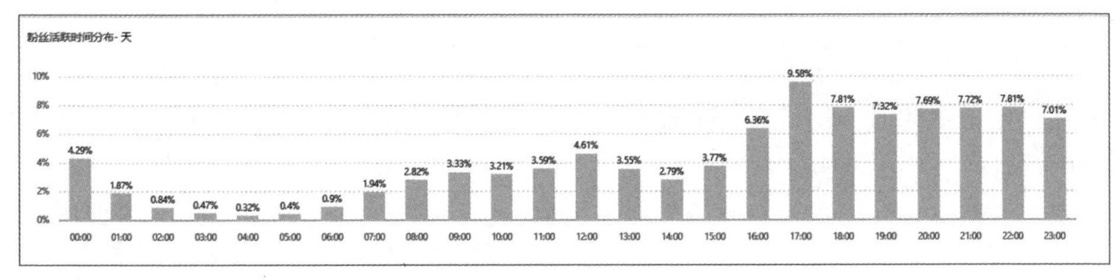

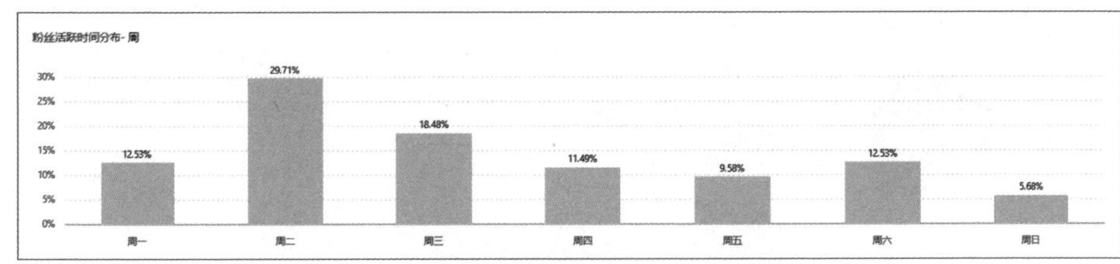

图 8-25

4. “@”抖音小助手

抖音小助手是抖音官方账号专门评选精品内容的服务助手。只要短视频内容足够优秀，在发布该短视频时“@”抖音小助手，该短视频就有机会被评选为精品内容，并得到抖音小助手的推荐，甚至被转发到官方平台上，提高成为热门短视频的概率。

“@”抖音小助手

下面介绍在发布短视频时“@”抖音小助手的方法，具体操作如下。

步骤 01 打开抖音 App，点击右上角的“搜索”Q按钮，如图 8-26 所示。

图 8-26

步骤 02 在“搜索”文本框中输入“抖音小助手”，然后选择搜索结果中的“抖音小助手”选项，如图 8-27 所示。

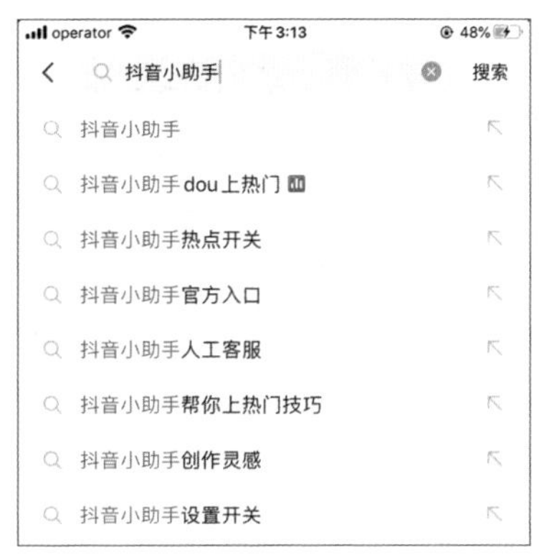

图 8-27

步骤 03 在显示的新界面中点击抖音小助手对应的 关注 按钮，如图 8-28 所示。

图 8-28

步骤 04 关注了抖音小助手后开始发布短视频，在发布界面设置封面，输入介绍内容并关联热点话题后，点击 **@朋友** 按钮，如图 8-29 所示。

图 8-29

步骤 05 此时将显示该账号关注的所有账号，选择“抖音小助手”选项，如图 8-30 所示。

图 8-30

步骤 06 这样发布短视频后就会“@”抖音小助手了，如图 8-31 所示（另外，发布短视频后，创作者还可以在短视频的评论区再次“@”抖音小助手）。

图 8-31

8.3 短视频推广渠道与技巧

创作者在发布短视频时即便使用了众多技巧，也不能保证短视频一定能获得满意的播放量和点赞量。所以创作者还需要继续进行短视频推广，扩大短视频的传播范围。本节将以抖音为例，介绍短视频的推广渠道与技巧。

微课视频

8.3.1 流量池

要想在抖音上更好地进行推广，首先要了解“流量池”这个概念。

抖音为每一条短视频都提供了一个流量池，无论短视频账号的关注度高低，或短视频内容的质量好坏，每一条短视频都会在预定的流量池中传播，而之后的传播效果就取决于短视频在这个流量池里的表现了。评价短视频表现的数据指标包括点赞比、关注比、转发比、评论比等。当这些数据指标达到了平台推荐机制的要求时，短视频就可以进入下一个更大的流量池，获得更多的推荐机会。

抖音的流量池分为 8 个级别，每个级别的推荐播放量都会有大幅提升，具体如图 8-32 所示。

对于新用户而言，只要短视频不存在违规或未出现平台规定的敏感词和违禁词，抖音就会给予该短视频 300 次左右的播放量；然后根据这 300 次播放后的反馈数据，来决定继续推荐还是停止推荐。例如，当在这 300 次播放中，短视频的点赞比达到 5%，关注比达到 0.8%，评论比达到 1%，转发比达到 1% 时，该短视频就会被投放到下一个流量池，获得 3 000 次左右的播放量。

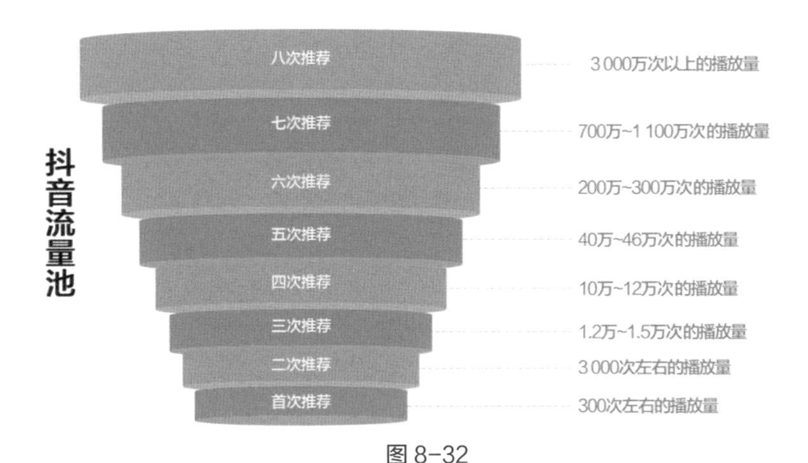

图 8-32

8.3.2 使用“DOU+”推广

当创作者创作的短视频完全符合平台的各种规则，且内容质量较高，但却没有得到理想的反馈数据，以至于无法进入更大的流量池时，创作者就可以使用“DOU+”这个工具来进行推广。

“DOU+”是抖音官方出品的抖音内容“加热”和营销推广产品，创作者可以利用“DOU+”的内容“加热”功能让自己的短视频被更多用户看到。下面介绍“DOU+”的使用方法，具体操作如下。

使用“DOU+”推广

步骤 01 打开抖音 App，在自己发布的短视频中选择需要推广的短视频，点击界面右侧的“更多”按钮，如图 8-33 所示。

步骤 02 在展开的工具栏中点击“上热门”按钮，如图 8-34 所示。

图 8-33

图 8-34

步骤 03 进入"DOU+"推广界面，首先设置希望推荐的人数，这里点击 自定义 按钮，如图 8-35 所示。

图 8-35

步骤 04 打开"自定义人数"对话框，在其中的文本框中输入希望推荐的人数，如"8000"，然后点击 确定 按钮，如图 8-36 所示。

图 8-36

步骤 05 设置希望通过推广而提升的项目，包括点赞评论量和粉丝量，这里选择"粉丝量"选项。确认无误后点击 支付 按钮支付相应的费用，如图 8-37 所示，该短视频就会被"DOU+"推广。

图 8-37

高手秘技

通常支付 100 元可以为短视频增加 5 000 次左右的播放量，但这类播放量只是预计的，并不完全精确，这与"DOU+"投放的精准度有关。要想提高精准度，可以在"DOU+"推广界面中点击"定向版"选项卡，在其中点击选中"自定义定向推荐"单选项，并根据需要设置目标投放用户的性别、年龄、地域、兴趣等，以提高投放精准度。

8.3.3 其他推广渠道与技巧

创作者应该认清自身所处的领域或行业以及创作短视频的目的，这样才能更有针对性地选择合适的推广渠道与技巧。下面介绍一些常见的短视频推广渠道和技巧。

1. 短视频推广渠道

短视频推广渠道主要有三大类，分别是短视频播放平台渠道、资讯类平台渠道、社交类平台渠道。

- **短视频播放平台渠道：**目前的短视频播放平台有很多，包括抖音、快手、哔哩哔哩、微信视频号、小红书、西瓜视频、好看视频、全民小视频、腾讯微视等，如图 8-38 所示。这些平台都拥有较大流量，创作者可以尝试将短视频发布到多个短视频播放平台中，但要注意不能违反这些平台的规定。

图 8-38

- **资讯类平台渠道：**资讯类平台包括新闻聚合平台、垂直新闻资讯平台等，前者主要包括今日头条、一点资讯等，后者则属于行业性较强的平台，典型代表有财经类的和讯资讯、汽车类的汽车之家、体育类的虎扑体育等。创作者可以根据自己的短视频内容选择垂直新闻资讯平台进行短视频的发布和推广，例如专门分享汽车使用和维护知识的短视频，就可以选择汽车之家作为推广渠道，如图 8-39 所示。

图 8-39

- **社交类平台渠道：**社交类平台的典型代表是微博、微信，如图 8-40 所示。这类渠道的特点是传播性强、使用频率高，用户的信任度也较高，因此是较好的短视频推广渠道。

图 8-40

2. 短视频推广技巧

除了充分利用短视频发布界面的各种设置项外，创作者还可以在发布短视频后，通过在短视频评论区进行评论来吸引用户积极观看，并引导用户参与互动，这也是一种推广短视频的实用技巧。

创作者可以主动在自己短视频的评论区中发布评论来提高短视频的热度，让用户围绕该评论产生各种讨论行为。总体来说，创作者可以采取发布引导性评论，让好友发布“神回复”，以及主动回复用户评论等方式来提升用户的参与积极性。

- **发布引导性评论：**发布引导性评论的目的是引导用户做出评论，最好采用与用户互动的形式设计评论内容，如“下一个视频你们想看什么？”“想要什么礼物”等。这种征集答案式的评论可以促使用户积极回复，从而有效增加短视频的评论量。
- **让好友发布“神回复”：**所谓“神回复”，是指回复角度新奇、内容出人意料但又很贴切的回复。“神回复”就像一枚炸弹，可以瞬间提高短视频评论区的热度。创作者可以事先准备好“神回复”，安排自己的好友适时地发布在短视频评论区。用户看到“神回复”后，就很容易产生大量互动行为，如回复评论、点赞评论等。图 8-41 所示的“神回复”便得到了 2.7 万次点赞，针对该回复的评论也有 18 条。
- **主动回复用户评论：**创作者应该积极主动地回复用户的评论，这样不仅可以提升用户的好感度，还能提升与互动相关的数据。图 8-42 所示的创作者便对几乎每一条用户评论进行了回复，让用户感觉到了创作者的亲和力。

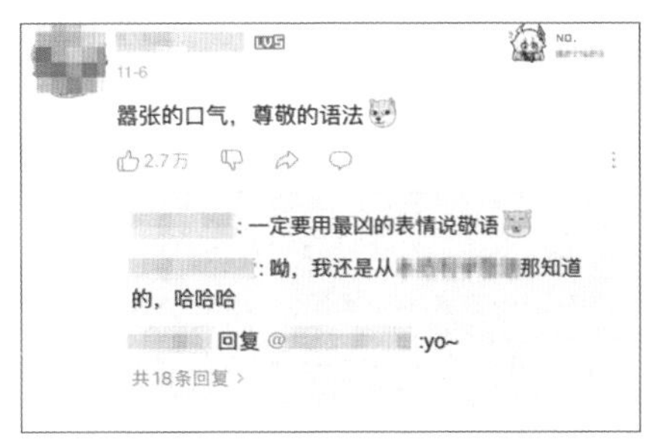

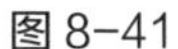

图 8-41　　图 8-42

本章小结

本章重点以淘宝和抖音为例，介绍了短视频的发布方法、发布技巧，以及短视频发布后的推广渠道与技巧，具体包括封面的设计、短视频的发布频率和时间、关联热点、短视频介绍的写作、“@”抖音小助手、使用“DOU+”推广等内容。

需要说明的是，虽然短视频的发布与推广是一个非常重要的环节，但短视频内容质量的高低才是真正决定短视频能否成功突围的关键。创作者应该重视短视频的前期筹备、选题策划、拍摄、后期剪辑等工作，而不应该仅把注意力放在钻研各种发布和推广技巧上。

实战演练——在抖音 App 中发布短视频

注册抖音账号，利用抖音 App 拍摄一条短视频并进行适当设置，然后将其发布到抖音平台上，并做好以下操作。

（1）根据短视频内容，设计具有悬念、视觉冲击力或故事性的封面。

（2）关联与短视频内容相关的热点话题，并“@”抖音小助手和其他抖音好友。

（3）使用引导、悬念或互动的手法填写短视频介绍。

（4）将短视频发布到快手、哔哩哔哩、微信视频号、西瓜视频、微博等平台。

（5）在各平台中评论短视频并回复用户的评论。